Dutos enterrados
aspectos geotécnicos

Benedito Bueno | Yuri Costa

2ª edição | revista e atualizada

© 2012 Oficina de Textos

Grafia atualizada conforme o Acordo Ortográfico da Língua Portuguesa de 1990, em vigor no Brasil a partir de 2009.

CONSELHO EDITORIAL Cylon Gonçalves da Silva; José Galizia Tundisi; Luis Enrique Sánchez; Paulo Helene; Rozely Ferreira dos Santos; Teresa Gallotti Florenzano

CAPA Malu Vallim
DIAGRAMAÇÃO Casa Editorial Maluhy & Co.
PROJETO GRÁFICO Douglas da Rocha Yoshida
PREPARAÇÃO DE TEXTO Felipe Marques
REVISÃO DE TEXTO Gerson Silva

Dados Internacionais de Catalogação na Publicação (CIP)
(Câmara Brasileira do Livro, SP, Brasil)

Bueno, Benedito
    Dutos enterrados : aspectos geotécnicos / Benedito Bueno, Yuri Costa. – 2. ed. – São Paulo : Oficina de Textos, 2012.

    Bibliografia
    ISBN 978-85-7975-060-1

    1. Construção subterrânea 2. Mecânica do solo I. Costa, Yuri. II. Título.

12-10141   CDD-624.15136

Índices para catálogo sistemático:
1. Construção subterrânea : Engenharia geotécnica   624.15136

Todos os direitos reservados à **Editora Oficina de Textos**
Rua Cubatão, 959
CEP 04013-043 São Paulo SP
tel. (11) 3085 7933   fax (11) 3083 0849
www.ofitexto.com.br
atend@ofitexto.com.br

Apresentação

Ruínas e remanescentes milenares de dutos enterrados ainda podem ser encontrados em diversas partes do mundo e constituem um marco civilizatório, pois permitiram o transporte de água para as comunidades e o seu consequente despejo. Essas estruturas têm acompanhado o homem até hoje, sendo inconcebível pensar em um núcleo urbano sem suas redes de água, de esgoto, de telefonia e de eletricidade, entre outras facilidades. Esses exemplos contemplam apenas algumas possibilidades de uso, pois outras aplicações são possíveis, como as dutovias, extensas obras lineares projetadas para o transporte de diferentes produtos, tais como água, petróleo e gás. Essas estruturas passam praticamente despercebidas pelo cidadão comum, que, em geral, só se dá conta de sua existência quando falham, mas constituem um desafio para o engenheiro que se defronta com uma estrutura cujo comportamento depende de como interagirá o sistema solo-estrutura.

Se em tempos passados os dutos eram construídos com base no empirismo, no limiar do século XX diversos novos conhecimentos foram postos à disposição da comunidade técnica. A abordagem racional do projeto de dutos enterrados pode ser centrada nos estudos pioneiros de Marston, que estudou as formas com que as tensões decorrentes do solo são transmitidas aos dutos e desenvolveu um método de cálculo de tensões sobre dutos rígidos. Em seguida, estudos complementares de Spangler trataram da questão dos dutos flexíveis e possibilitaram o surgimento de métodos para o cálculo de tensões e deflexões dessas estruturas. A partir do gérmen desses trabalhos, diferentes contribuições envolvendo experimentação de protótipos, trabalhos de laboratório, modelos de comportamento de solos mais elaborados e ferramentas numéricas permitiram aprimorar o conhecimento acerca do assunto, assim como projetar e construir essas estruturas com níveis de segurança semelhantes aos obtidos em outras especialidades da Engenharia.

O projeto de um duto depende, essencialmente, de suas características mecânicas, em especial da resistência e da rigidez, e do solo envolvente, pois, do íntimo contato com o solo e das deformações associadas resultarão os esforços a que a estrutura deverá resistir. Ressalte-se que, em certos casos, como nos dutos flexíveis, é o solo envolvente que praticamente comanda a estabilidade do sistema, pois esses dutos valer-se-ão do solo para obter praticamente toda a resistência de que necessitam para se manterem estáveis.

Este livro aborda justamente as questões geotécnicas associadas ao projeto e à construção dos dutos enterrados e vem suprir a carência de textos em língua portuguesa sobre o assunto, que é, aliás, praticamente ignorado nos cursos de Engenharia, algo que parece ser uma tendência inclusive em países de primeiro mundo. Fruto de anos de pesquisa e de experiência do Prof. Benedito Bueno, este livro, escrito em colaboração com o Prof. Yuri Costa, reúne informações clássicas da literatura e contribuições dos autores ao assunto. Entre essas contribuições, pode-se citar a técnica da Geovala, desenvolvida pelo Prof. Benedito Bueno para minimizar as tensões sobre dutos, e o estudo das interferências de perdas de apoio e de levantamento sobre o desempenho de dutos, assunto pesquisado pelo Prof. Yuri Costa em sua tese de doutorado.

Trata-se de uma obra fundamental, indicada para todos os profissionais que se interessam pelo assunto, pois constitui uma rica fonte de referência para embasar o projeto e a construção de dutos enterrados. O texto é ainda apropriado para aqueles que pretendem se iniciar no tema, uma vez que a forma didática e evolutiva com que foi escrito e os exemplos de cálculo presentes facilitarão a leitura e o aprendizado dos conceitos apresentados.

São Carlos, julho de 2012
ORENCIO MONJE VILAR
Departamento de Geotecnia
Escola de Engenharia de São Carlos
Universidade de São Paulo

Prefácio

Os dutos enterrados são estruturas que interagem fortemente com o solo circundante, compondo um sistema de comportamento geotécnico complexo. Por esse motivo, a competência do projeto e da execução de obras de dutos enterrados deve repousar sobre profissionais qualificados, com conhecimentos gerais sobre Mecânica dos Solos e noções específicas acerca de seu desempenho geotécnico. De certa forma, isso não é fácil, uma vez que, seguindo uma postura de caráter mundial, os cursos de graduação em Engenharia Civil no Brasil geralmente não abordam o assunto. Depende da iniciativa individual do profissional buscar as informações não fornecidas em sala de aula.

Fruto de dez anos de trabalho, esta obra tem por objetivo contribuir para o preenchimento dessa lacuna, divulgando os aspectos mais relevantes do projeto geotécnico e da construção de dutos enterrados. Visa, sobretudo, fornecer informações aos profissionais e iniciantes no tema, para que obras de dutos enterrados possam ser projetadas e executadas com maior segurança e economia.

O presente texto é organizado em oito capítulos. No Cap. 1, é feita uma introdução do tema ao leitor, apresentando-se, entre outros aspectos, os tipos e instalações de dutos. Como o enfoque da obra é fundamentalmente geotécnico, decidiu-se incluir um capítulo sobre conceitos básicos de Mecânica dos Solos (Cap. 2), de modo a propiciar ao leitor não familiarizado com a área geotécnica o embasamento mínimo necessário para a compreensão dos assuntos abordados nos demais capítulos.

Após a instalação, o duto provoca uma intensa redistribuição de tensões no solo adjacente, fenômeno que é conhecido como arqueamento. Presente em diversas obras geotécnicas, seu entendimento é essencial para a compreensão do comportamento dos dutos. Assim, decidiu-se escrever o Cap. 3, no qual as principais ideias e teorias relacionadas ao fenômeno do arqueamento de solos são abordadas.

No Cap. 4, são apresentados métodos analíticos para o cálculo da carga decorrente do peso do solo de cobertura sobre dutos. Em particular, aborda-se a Teoria de Marston-Spangler, aplicada a diferentes condições de instalação em valas e aterros.

O Cap. 5 é dedicado aos dutos flexíveis, cujo desenvolvimento está intimamente ligado ao desenvolvimento da própria Mecânica dos Solos, uma vez que o sucesso desse tipo de duto depende basicamente do comportamento do solo circundante. O vasto emprego das estruturas flexíveis enterradas direcionou grande esforço de pesquisa neste assunto, especialmente depois da segunda metade do século XX. Recomenda-se ao leitor ler este capítulo com especial atenção, visto que ele expõe questões importantes para a compreensão da interação solo-duto.

Os projetos de dutos enterrados tornam-se mais complexos quando o duto necessita ser implantado sob condições especiais, não convencionais. Instalações múltiplas, dutos em valas escoradas, dutos sujeitos a movimentações laterais, perda de suporte ou elevação localizada são alguns exemplos de condições especiais de instalação. Este assunto é tratado no Cap. 6.

Nos últimos anos, o estudo de formas de minimização de cargas em dutos enterrados tem constituído tema de muitas pesquisas. Entre os métodos de maior destaque estão o berço compressível, a falsa trincheira e os que utilizam geossintéticos. Os principais aspectos sobre a redução de tensões em dutos enterrados são discutidos no Cap. 7.

No Cap. 8, são feitas considerações sobre as especificações construtivas de dutos enterrados, com ênfase na execução de envoltórias de dutos rígidos e flexíveis.

Por fim, gostaríamos de expressar nossos sinceros agradecimentos a todos os colegas que nos incentivaram ao longo dessa jornada. A todos, boa leitura!

BENEDITO BUENO
YURI COSTA

Dedicamos esta obra

À minha família
(B. Bueno)

À Carina e Clarice
(Y. Costa)

SUMÁRIO

1 ASPECTOS GERAIS 9

    1.1 Métodos de instalação 10

    1.2 Tipos de duto e rigidez relativa do sistema 13

    1.3 Condição de trabalho dos dutos 15

    1.4 Terminologia 16

2 ASPECTOS ESSENCIAIS DE MECÂNICA DOS SOLOS 17

    2.1 Formação dos solos 17

    2.2 Caracterização dos solos 18

    2.3 Classificação dos solos 23

    2.4 Permeabilidade 26

    2.5 Tensões totais e efetivas e pressões neutras 29

    2.6 Propagação de tensões no solo por carregamentos externos 30

    2.7 Compactação dos solos 31

    2.8 Recalques 36

    2.9 Resistência ao cisalhamento 41

    2.10 Empuxos de terra 48

    2.11 Investigação do subsolo 54

3 REDISTRIBUIÇÃO DE TENSÕES NO SOLO 68

    3.1 Mobilização do arqueamento 70

    3.2 Avaliação do arqueamento positivo 75

    3.3 Avaliação do arqueamento negativo 87

4 DETERMINAÇÃO DA CARGA EM DUTOS DECORRENTE DO PESO DE SOLO .. 93

    4.1 Método de Marston-Spangler 94

    4.2 Método alemão 108

    4.3 Carga decorrente do peso de solo em dutos flexíveis 111

5	**Dutos flexíveis**	113
	5.1 Modos de ruptura de dutos flexíveis	114
	5.2 Avaliação das deflexões	115
	5.3 Teoria da compressão anelar (esmagamento da parede)	134
	5.4 Ruptura por flambagem elástica	136
	5.5 Métodos de dimensionamento	139
	5.6 Previsão da carga de ruptura a partir da observação de obras	150
6	**Dutos enterrados em condições especiais**	155
	6.1 Instalações múltiplas	155
	6.2 Dutos submersos	161
	6.3 Dutos muito rasos	162
	6.4 Dutos em valas preenchidas com concreto	163
	6.5 Dutos em valas escoradas	163
	6.6 Dutos em interação longitudinal	169
7	**Minimização de tensões sobre dutos enterrados**	190
	7.1 Trincheira induzida	191
	7.2 Berço compressível	202
	7.3 Uso de geossintéticos	203
8	**Especificações construtivas**	210
	8.1 Planejamento da construção	210
	8.2 Serviços preliminares	211
	8.3 Compra, recebimento e estocagem dos tubos	212
	8.4 Testes de especificação e recebimento	212
	8.5 Escavação da vala	214
	8.6 Execução da envoltória	216
	8.7 Instalação do duto	225
	8.8 Testes de estanqueidade	226
Referências Bibliográficas		227
Índice remissivo		238

Aspectos gerais 1

Atualmente, cerca de 85% da população mundial vive em cidades, onde as redes de serviços desempenham um papel primordial, atendendo às necessidades básicas e contínuas de seus habitantes. Redes de abastecimento de água e de gás, de coleta de esgoto, de águas pluviais e de passagens de cabos de eletricidade, telefonia e de transmissão de dados são normalmente implantadas no subsolo do espaço urbano por meio de linhas de dutos enterrados. Além desses serviços básicos, as dutovias enterradas são também empregadas no transporte de fluidos (gás, petróleo e derivados), polpas industriais e sólidos granulares; como linhas adutoras; como emissários; e para canalizações de cursos d'água.

Os dutos enterrados representam um modo seguro e barato de transporte de fluidos. Entretanto, independentemente dessas vantagens e de possuírem métodos de dimensionamento adequados, essas estruturas ainda são, na maioria das vezes, executadas sem uma preocupação maior com o projeto geotécnico. Frequentemente, ao se projetar e instalar tubulações enterradas no Brasil, a atenção é limitada quase que exclusivamente à definição do processo construtivo. Várias ocorrências negativas, como elevações do duto, abertura de juntas, perfurações localizadas, trincas e até rupturas generalizadas, podem ser evitadas se a obra for embasada em um projeto geotécnico consistente. Casos de insucesso trazem prejuízos materiais consideráveis e, dependendo do fluido transportado, agressões severas ao meio ambiente e à população. Um fato preocupante é que esses insucessos não raro geram julgamentos tecnicamente infundados contra as instalações enterradas, principalmente as de grande diâmetro e as mais flexíveis.

De modo geral, os fabricantes preocupam-se em fornecer produtos que atendam às normas específicas, como, por exemplo, resistir a determinado nível de carregamento se o duto for rígido, ou apresentar certo grau de deflexão sob determinada altura de cobertura de solo, se for flexível. Em ambos os casos, no entanto, a questão não é tão simples, pois o comportamento mecânico do duto é função de uma série de fatores, desde a escolha do solo da envoltória e seu grau de compactação até a avaliação do histórico de deflexões a que o duto estará submetido durante os processos construtivos, de transporte e de instalação. Pode-se afirmar que a maior missão do projetista é adequar a estrutura ao meio circundante, no sentido de uniformizar ao máximo as tensões em seu entorno e, se possível, reduzi-las. O desempenho do duto também está intimamente ligado à fase de instalação, a qual deve ser executada sob procedimentos criteriosos, principalmente no que se refere à conservação da forma geométrica original da tubulação.

1.1 Métodos de instalação

Os dutos enterrados podem ser classificados, segundo a forma de instalação, em duas classes distintas: em vala e salientes. Os dutos em vala podem ser implantados em valas estreitas (Fig. 1.1a) ou largas, com paredes escalonadas (Fig. 1.1b) ou inclinadas (Fig. 1.1c). Além disso, cada instalação pode ser constituída de uma linha simples de dutos (Fig. 1.1a,b,c) ou acomodar mais de uma rede, em instalações múltiplas (Fig. 1.1d).

Os dutos em vala (Fig. 1.1) são executados por meio da escavação de uma trincheira no terreno, a qual é recompactada depois que o duto é implantado em seu interior. Em vista da sequência construtiva, essa forma de implantação de dutos é denominada *corte e aterro* (*cut and cover*, em inglês). Esse método de instalação também tem sido utilizado para executar outros tipos importantes de obra subterrânea, como túneis e estações subterrâneas de metrô.

Os dutos salientes são implantados sob aterros. Nessa condição, podem ocorrer duas situações diferentes, conhecidas como *saliência positiva* e *saliência negativa* (Fig. 1.2). Na primeira condição (Fig. 1.2a), a geratriz inferior do duto repousa sobre a superfície natural do terreno ou em uma vala rasa, de tal forma que sua geratriz superior se projeta acima da superfície do solo natural. Em seguida, executa-se o aterro, que envolve e cobre a tubulação. O material natural

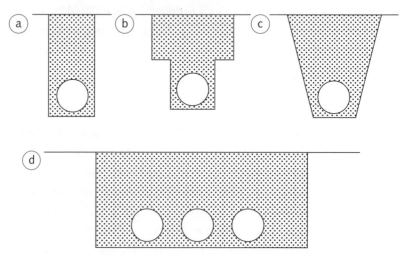

Fig. 1.1 *Formas de instalação de dutos enterrados: (a) em vala com paredes verticais; (b) em vala com paredes escalonadas; (c) em vala com paredes inclinadas; (d) instalação múltipla*

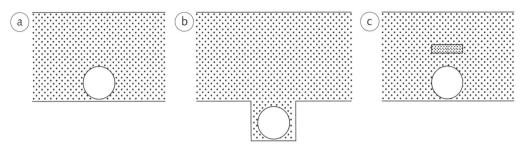

FIG. 1.2 *Tipos de instalação em saliência: (a) saliência positiva; (b) saliência negativa; (c) saliência positiva com falsa trincheira*

geralmente constitui o meio de suporte da tubulação, mas sua interação principal ocorre com o solo adjacente do aterro.

Quando o duto é implantado em uma vala rasa, mas com profundidade suficiente para acomodá-lo totalmente em seu interior, a instalação é denominada *saliência negativa* (Fig. 1.2b).

Outro expediente de instalação adotado com alguma frequência é esquematizado na Fig. 1.2c. Trata-se de uma instalação em saliência positiva, com a inclusão de um material compressível no solo de cobertura acima do topo do duto, com a função de reduzir as tensões verticais sobre a estrutura. Essa diminuição de tensões ocorre normalmente em instalações em vala estreita, em virtude do atrito desenvolvido entre o aterro compactado e as paredes da vala. Por essa razão, esse sistema construtivo é denominado *falsa trincheira*. Detalhes de seu dimensionamento e benefícios são abordados no Cap. 7.

Nos dutos salientes, positivos ou negativos, considera-se a diferença de altura entre o prisma de solo do aterro sobre o duto (prisma interno) e os prismas de solo situados em suas laterais (prismas externos) como igual ao produto $\beta \cdot B$ (Fig. 1.3). No caso de dutos salientes positivos (Fig. 1.3a), os prismas externos são mais extensos do que o prisma interno, ao passo que, nos dutos salientes negativos, é observado o inverso (Fig. 1.3b). Os parâmetros β e B são chamados de *razão de saliência* e *dimensão característica*, respectivamente. Em instalações salientes positivas, B é igual ao diâmetro do duto (B_c) e, em instalações salientes negativas, B é igual à largura da vala (B_v).

Os dutos também podem ser instalados por meio de técnicas que eliminam a execução de trincheiras, minimizando as perturbações ao meio físico externo. Com esses processos construtivos, classificados como *sem trincheira* (ou, em inglês, *trenchless pipes*), é possível, por exemplo, implantar um duto sob uma avenida movimentada sem causar nenhuma interrupção no tráfego de veículos.

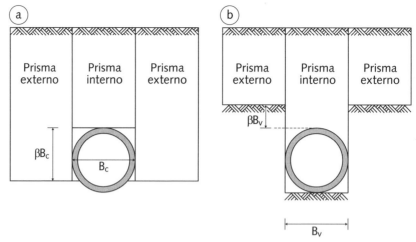

FIG. 1.3 *Distância β·B em saliências (a) positiva e (b) negativa*

Há várias formas de execução dos dutos sem trincheira. Em uma delas, pode-se executar um orifício no terreno por meio da cravação de uma barra maciça, em que o solo é deslocado para as laterais, o que possibilita o avanço do equipamento sem remoção do material escavado. A cravação geralmente é conduzida por maquinário hidráulico ou pneumático disposto em uma cava e que reage contra uma placa rígida de aço, e pode ser auxiliada por percussão, utilizando um equipamento autopropelente que trabalha a uma frequência média de 500 golpes por minuto. A cravação é bastante empregada na instalação de tubos com diâmetros de até 200 mm. Em geral, solos argilosos de consistência baixa a intermediária e solos arenosos pouco a medianamente compactos são os mais indicados para o método.

O orifício no solo também pode ser aberto com equipamentos dotados de uma broca e operados remotamente por uma estação de controle na superfície. Geralmente, é necessário executar um orifício-guia passando ao longo do eixo central da futura instalação e, em seguida, alargar a perfuração para se atingir o diâmetro desejado. A perfuração também pode ser realizada com jatos pressurizados de água ou lama bentonítica, associados ou não à broca. O emprego de bentonita é particularmente importante na estabilização de solos com percentual elevado de areia fina. Quando a escavação é procedida a seco, o solo escavado é removido por tradagem. No entanto, quando fluidos são utilizados, a remoção é feita juntamente com o líquido retornado. A técnica comporta tubos de até 0,6 m de diâmetro.

A inserção mecanizada ou manual da linha de tubos por meio de cilindros hidráulicos é conhecida como *pipe jacking*. Os tubos são forçados horizontalmente a partir de uma estação de trabalho até a estação subsequente, com um operário comandando as atividades. Cada segmento é descido à estação de base e preso ao segmento já instalado. As operações continuam até que as forças resistivas que se desenvolvem ao longo do trecho instalado igualem-se à máxima reação disponível. Nesse momento, uma nova estação deve ser aberta na frente de escavação, a partir da qual novos avanços serão realizados. Cada estação deve ser ampla o suficiente para acomodar um tramo inteiro da tubulação, além do sistema de reação. Para minimizar os esforços resistivos, lubrificantes (como lama bentonítica) são dispostos no espaço anelar entre as paredes da escavação e a face externa do tubo a partir de furos horizontais disponíveis na frente de escavação. O alinhamento da linha é complexo, especialmente se o terreno escavado for heterogêneo e apresentar irregularidades como matacões, por exemplo. Tubos de concreto armado, aço e PVC são os mais utilizados na técnica.

1.2 TIPOS DE DUTO E RIGIDEZ RELATIVA DO SISTEMA

Aço, cerâmica, concreto, ferro fundido, plástico, fibra de vidro e cimento amianto são os materiais mais comumente empregados na fabricação de dutos utilizados em obras civis. O uso desses materiais permite a confecção de tubos de diversas geometrias, desde cilíndrica até formas mais complexas. Os tubos cilíndricos constituem o tipo mais comum de estruturas enterradas, sendo os de pequena seção transversal quase que exclusivamente executados com esse formato. Por outro lado, em se tratando de maiores diâmetros ou vãos, não é raro o emprego de dutos no subsolo confeccionados com seção trapezoidal, em arco, elíptica ou ovoide. Ao longo do texto, maior ênfase é dada aos dutos de seção transversal circular. No entanto, alguns conceitos introduzidos podem ser aplicáveis a outros tipos de seção.

Ao longo dos anos, os dutos enterrados têm sido classificados, quanto ao comportamento estrutural, como *rígidos* ou *flexíveis*. Segundo esse conceito, um duto é considera rígido se possuir rigidez estrutural suficiente para sustentar por si só as cargas que lhe são impostas, sejam elas provenientes do peso próprio do solo de cobertura, sejam oriundas de carregamentos externos. Por outro lado, duto flexível é aquele que depende de sua interação com o solo envolvente para suportar o carregamento aplicado.

Uma classificação mais consistente quanto à rigidez estrutural foi introduzida por Allgood e Takahashi (1972) e aperfeiçoada por Gumbel et al. (1982) (Tab. 1.1). Os dutos são agrupados em classes de acordo com a relação entre a rigidez da seção transversal da estrutura (R_c) e a rigidez do solo circundante (R_s), parâmetro denominado *rigidez relativa* (*RR*), ou seja:

$$RR = \frac{R_S}{R_C} \qquad \text{[1.1]}$$

$$R_C = \frac{E_p \cdot I}{D^3} \qquad \text{[1.2]}$$

$$R_S = \frac{E_S}{(1 - v_S)} \qquad \text{[1.3]}$$

em que: D = diâmetro do duto; E_p = módulo de elasticidade do material constituinte do duto; I = momento de inércia da parede do duto = $t^3/12$, em que t é a espessura do duto; E_s = módulo de deformabilidade do solo circundante; v_s = coeficiente de Poisson do solo circundante.

TAB. 1.1 Classificação dos dutos enterrados segundo a rigidez relativa

Rigidez Relativa (RR)	Proporção da carga suportada pelo duto, em flexão	Comportamento do sistema
$RR < 10$	Mais de 90%	Rígido
$10 < RR < 1.000$	De 10% a 90%	Intermediário
$RR > 1.000$	Menos de 10%	Flexível

Fonte: Gumbel et al. (1982).

Os dutos flexíveis possuem rigidez à flexão muito baixa, ou seja, a rigidez do solo circundante é muito maior que a rigidez do duto. Essas estruturas necessitam, pois, interagir fortemente com o solo para adquirir condições para suportar os esforços. Por sua vez, os dutos rígidos dependem comparativamente menos do comportamento do solo de envoltória, uma vez que possuem rigidez elevada.

A Fig. 1.4 mostra o intervalo de rigidez ao qual podem pertencer os tipos mais comuns de dutos comerciais, dependendo da deformabilidade do solo no qual são implantados. Para cada tipo de duto, são também indicados os intervalos mais comuns da relação entre o diâmetro e a espessura do duto (D/t), a qual fornece uma noção preliminar da rigidez estrutural do mesmo. Valores altos de D/t caracterizam dutos mais flexíveis.

Apesar do caráter ilustrativo, as informações da Fig. 1.4 sugerem que o conceito de rigidez, associado ao material constituinte do duto, não deve ser utilizado de forma absoluta para classificá-lo. Vê-se, por exemplo, que dutos feitos com materiais como ferro fundido e amianto, habitualmente tidos como rígidos, só de fato o são quando possuem baixa relação D/t ou são implantados em meios de menor rigidez. Da mesma forma, é possível ter dutos em aço corrugado, por exemplo, geralmente considerados flexíveis, comportando-se como dutos rígidos.

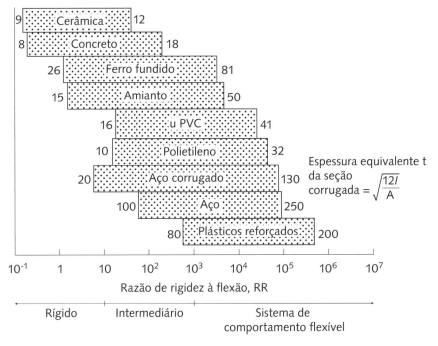

FIG. 1.4 *Classificação de dutos enterrados conforme a rigidez relativa*
Fonte: Gumbel et al. (1982).

Em vez disso, é possível ajustar o meio de suporte da tubulação a fim de obter-se um sistema mais rígido ou mais flexível, cada qual com vantagens próprias. Diante da diversidade das condições de campo com as quais o projetista pode se defrontar, é de se cogitar que a liberdade de escolha da rigidez relativa do duto represente um fator importante a ser trabalhado em prol da qualidade, da exequibilidade e da redução de custos de uma obra.

Os métodos de dimensionamento e análise de dutos enterrados foram desenvolvidos separadamente para instalações rígidas e flexíveis, porque os mecanismos de interação, como mencionado anteriormente e como será discutido mais profundamente nos capítulos subsequentes, diferem de uma classe para outra.

1.3 Condição de trabalho dos dutos

Os dutos podem ser classificados como livres ou forçados, de acordo com a pressão interna a que são submetidos quando em operação. No primeiro caso, o material é transportado sob pressão atmosférica. No segundo, os materiais são transportados sob pressões que podem atingir valores bastante elevados, da ordem de 30 MPa, como é o caso dos polidutos para transporte de petróleo e derivados. Em dutos livres, o projeto geotécnico da instalação é condicionado pelas cargas externas. Já em dutos forçados, as pressões internas contrapõem-se às tensões externas, e a instalação possui duas fases de comportamento distintas: quando está vazia e quando contém o material a ser transportado. As ações nas duas fases devem ser levadas em conta no projeto.

1.4 TERMINOLOGIA

A Fig. 1.5 ilustra as partes constituintes de uma instalação típica. *Envoltória* é o nome dado ao material compactado adjacente ao duto, e envolve o berço, a zona do reverso e o aterro inicial. A envoltória tem função estrutural muito importante, principalmente em dutos mais flexíveis, cuja capacidade de sustentação das cargas impostas depende de um suporte lateral adequado.

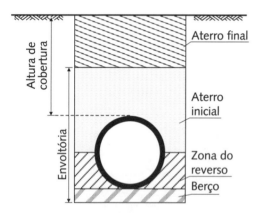

FIG. 1.5 *Definição dos elementos constituintes de uma instalação típica*

Define-se berço como a camada de apoio do duto. O berço pode ser executado de várias formas, podendo ser constituído de uma camada compactada do solo de reaterro ou executado em concreto.

A zona do reverso e o aterro inicial são regiões da envoltória que necessitam de um acompanhamento executivo muito criterioso para que o sistema apresente o desempenho desejado, principalmente quando a instalação envolve dutos flexíveis.

O solo de cobertura refere-se às camadas compactadas dispostas sobre a estrutura enterrada, desde o topo até a superfície do terreno natural, para os dutos em vala, ou até a superfície do aterro, no caso dos dutos salientes. A espessura do solo de cobertura é denominada *altura de cobertura*.

FIG. 1.6 *Terminologia adotada para a identificação dos locais da seção transversal do duto*

Os pontos característicos da seção transversal de um duto são nomeados na Fig. 1.6.

Aspectos essenciais de Mecânica dos Solos

2.1 Formação dos solos

Os solos são formados a partir da modificação das rochas que compõem a crosta terrestre, sob efeito de agentes dos intemperismos físicos e químicos e da decomposição de material orgânico. A ação do intemperismo físico é de desintegração das rochas sem modificação dos seus componentes, e tem como principais agentes o alívio de pressão, a variação da temperatura e o crescimento de cristais estranhos à rocha. O intemperismo químico, por sua vez, decompõe a rocha, alterando a constituição química do material virgem, sendo sua intensidade dependente das condições ambientais e da composição mineralógica da rocha. Em climas tropicais, a ação do intemperismo químico pode ser intensa, resultando em perfis de alteração com vários metros de profundidade. Os subprodutos gerados pelos intemperismos físico e químico, os solos, dependem da rocha mãe, do clima, da topografia e das condições de drenagem local.

Se o material resultante da ação do intemperismo permanece no local de origem, o solo é denominado *residual*. Em sua concepção mais simples, o perfil característico do solo residual possui tamanho das partículas crescente com a profundidade. O material mais superficial apresenta-se mais intemperizado e, portanto, mais decomposto que o material subjacente.

Caso seja transportado do local de origem para outro lugar, o solo é denominado *sedimentar* ou *transportado*. Nesse caso, conforme o agente de transporte (água, vento, geleira, gravidade), o material resultante pode apresentar tamanhos de partículas mais ou menos uniformes. É óbvio que um material transportado pode também sofrer efeito de envelhecimento e, portanto, com o tempo apresentar um perfil de alteração que varia com a profundidade, à semelhança do perfil de um solo residual, resguardados os efeitos genéticos. A Fig. 2.1 apresenta um perfil de alteração esquemá-

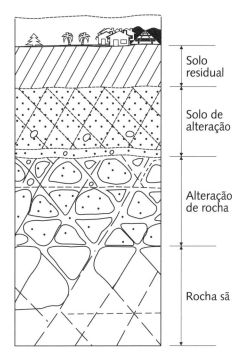

Fig. 2.1 *Perfil esquemático de solo residual*

tico, desde a rocha sã até a camada de solo residual superficial. O solo residual jovem (ou solo de alteração) possui as características da rocha de origem, sendo também denominado *saprólito*.

2.2 Caracterização dos solos

O solo, em seu estado mais geral, é um elemento composto de partículas sólidas que, ao se organizarem, formam uma matriz porosa cujos vazios podem estar preenchidos por água e/ou ar (Fig. 2.2a). Quando todos os vazios estão cheios d'água, o solo é denominado *saturado*, e, quando estão preenchidos apenas por ar, *solo seco*. Na condição intermediária, o solo é denominado *não saturado*.

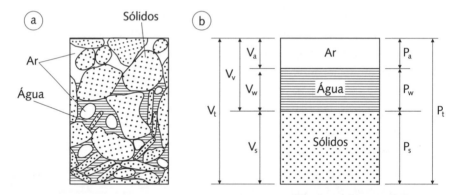

Fig. 2.2 *(a) Elemento de solo hipotético e (b) diagrama de fases*

A caracterização física de um solo abrange o conhecimento de aspectos de sua estrutura trifásica, ou seja, as partículas sólidas, a água e o ar presentes nos poros. A caracterização compreende a determinação dos índices físicos, da curva granulométrica e dos índices de consistência. A obtenção dos índices físicos envolve relações das três fases constituintes do solo, que são: *entre pesos*, *entre pesos e volumes* e *entre volumes*. Na Fig. 2.2b, as fases do solo são representadas esquematicamente por um diagrama, com as indicações de seus respectivos volumes no lado esquerdo e de seus respectivos pesos no lado direito.

O Quadro 2.1 apresenta os índices físicos usualmente utilizados em Mecânica dos Solos. Apenas o teor de umidade, o peso específico natural e o peso específico dos grãos podem ser determinados diretamente em laboratório, sendo os demais obtidos por meio de inter-relações. À exceção do peso específico natural, todos os índices são obtidos a partir de amostras de solo destorroado e podem, portanto, ser aplicados a amostras tanto de solos de áreas de empréstimo como de solos de fundação. Além dos índices físicos apresentados, há também o peso específico

QUADRO 2.1 Resumo dos índices físicos

Índice físico	Símbolo	Definição	Unidade	Determinação
Teor de umidade	w	P_w/P_s	%	Ensaio
Peso específico natural	γ	P_t/V_t	kN/m³	Ensaio
Peso específico dos grãos	γ_s	P_s/V_s	kN/m³	Ensaio
Peso específico aparente seco	γ_d	P_s/V_t	kN/m³	$\gamma/(1+w)$
Peso específico da água	γ_w	P_w/V_w	kN/m³	10
Índice de vazios	e	V_v/V_s	-	$(\gamma_s/\gamma_d)-1$
Porosidade	n	V_v/V_t	%	$e/(1+e)$
Grau de saturação	S_r	V_w/V_v	%	$(\gamma_s w)/(e\gamma_w)$

aparente saturado (γ_{sat}) e o peso específico submerso (γ_{sub}). O primeiro é o peso específico do solo na condição saturada ($S_r = 100\%$), e o último é o peso específico do solo quando submerso, que corresponde ao peso específico aparente saturado menos o peso específico da água.

A curva granulométrica é obtida por meio da separação do solo em várias frações, conforme o tamanho das partículas, e envolve duas fases distintas. Na fase de peneiramento, a porção mais grossa do solo passa através de peneiras com aberturas nominais padronizadas. Na fase de sedimentação, o diâmetro das partículas menores do solo é determinado indiretamente pelo registro da variação da densidade da suspensão. O processo é normalizado pela norma NBR 7181 da ABNT.

A Fig. 2.3 exibe as curvas granulométricas de alguns solos. O eixo das abscissas indica o diâmetro das partículas, e o eixo das ordenadas apresenta a porcentagem, em peso, das partículas com diâmetros iguais ou inferiores aos indicados na abscissa.

A curva granulométrica permite agrupar o solo em classes segundo o tamanho dos grãos, de acordo com o percentual da amostra de solo encontrado em cada intervalo de diâmetro, que define as classes pedregulho, areia, silte e argila. A Tab. 2.1 apresenta a classificação da norma NBR 6502 da ABNT.

TAB. 2.1 Classe dos solos segundo a norma NBR 6502

Classe	Diâmetro da partícula (D)
Pedregulho	$D > 2\,mm$
Areia	$0,06\,mm < D < 2\,mm$
Silte	$0,002\,mm < D < 0,06\,mm$
Argila	$D < 0,002\,mm$

As classes pedregulho e areia formam os solos grossos, também denominados *solos grosseiros*, *granulares* ou *incoerentes*. Esses solos possuem partículas

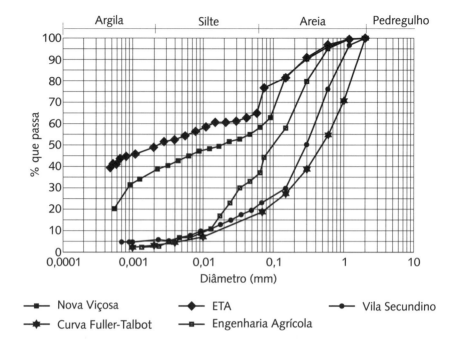

FIG. 2.3 *Curvas granulométricas de quatro solos de Viçosa (MG)*

que podem ser enxergadas a olho nu, com três dimensões ortogonais entre si de mesma ordem de grandeza. São materiais ásperos ao tato e de boa drenagem.

O tamanho e a forma geométrica dos grãos geram uma área superficial externa pequena quando comparada com a de solos mais finos. A relação entre a área externa da partícula por unidade de massa é denominada *superfície específica*. A baixa superfície específica dos solos grossos resulta em forças de atração muito pequenas entre as partículas, quando comparadas com as forças decorrentes do peso próprio. Portanto não formam torrões, a menos que haja agentes cimentantes presentes. Uma vez que seus arranjos de partículas são pobres, a distribuição granulométrica e o peso específico seco dos solos grossos são bons indicativos de seus comportamentos mecânico e hidráulico.

Sob o ponto de vista do uso do solo como material de construção, solos com partículas de vários tamanhos proporcionam melhores desempenhos mecânico e hidráulico, pois os vazios gerados pelos agrupamentos das partículas maiores podem ser ocupados por partículas menores. Diz-se, nesse caso, que o solo é bem graduado. Quando compactados, fornecem pesos específicos elevados, apresentam boa resistência ao cisalhamento e baixa compressibilidade.

Todas as curvas granulométricas apresentadas na Fig. 2.3 referem-se a solos bem graduados. O formato inclinado para a horizontal de seu trecho central é indicativo disso. A curva Fuller-Talbot é uma curva teórica que representa a granulometria de um solo ideal, em que o preenchimento dos vazios dos grãos maiores por partículas menores ocorre de uma forma contínua. A curva do solo Vila Secundino (areia siltosa) é bastante próxima da curva ideal, de modo que, quando está no estado compactado, o solo apresenta comportamentos mecânico e hidráulico bastante satisfatórios. A curva ideal é definida segundo a expressão:

$$P(\%) = \left(\frac{D}{D_{\text{máx}}} \right)^n \times 100 \qquad \textbf{[2.1]}$$

em que: $P(\%)$ = porcentagem de partículas com diâmetros menores do que o diâmetro D; $D_{\text{máx}}$ = diâmetro máximo das partículas presentes no solo; n = um expoente, em geral igual a 0,50.

Por outro lado, solos com curvas granulométricas muito verticais possuem partículas com diâmetros com pouca variação, sendo denominados *solos uniformes*. Os arranjos de partículas dos solos uniformes são mais simples, podendo ser comparados, *grosso modo*, a bolas de gude com aproximadamente o mesmo diâmetro dispostas em um recipiente. Por mais que se tente compactá-las, a estrutura obtida é praticamente a mesma, independentemente do esforço aplicado.

Há várias formações superficiais que apresentam uma curva granulométrica em degrau, ou seja, a porção intermediária da curva granulométrica é horizontal. Essa horizontalidade reflete uma ausência de partículas com determinados diâmetros. Tais solos podem ser problemáticos sob o ponto de vista do desempenho se forem submetidos a fluxo de água, pois as partículas menores podem ser arrastadas através dos vazios das partículas maiores, empobrecendo granulometricamente o meio.

A forma da curva granulométrica pode ser quantificada por meio de dois índices, definidos a partir de diâmetros característicos: o coeficiente de uniformidade (C_u) e o coeficiente de curvatura (C_c):

$$C_u = \frac{D_{60}}{D_{10}} \qquad \textbf{[2.2]}$$

$$C_c = \frac{(D_{30})^2}{D_{10} \cdot D_{60}} \qquad \textbf{[2.3]}$$

em que: D_{10} ou diâmetro efetivo (D_e) = diâmetro abaixo do qual se encontram 10%, em peso, do material. Os demais diâmetros característicos, D_{60} e D_{30}, são definidos de forma análoga.

Quanto menor o coeficiente de uniformidade, mais uniforme é o solo, ou seja, com partículas de tamanhos aproximadamente iguais. Solos com coeficiente de curvatura entre 1 e 3 são considerados bem graduados, com partículas de tamanhos uniformemente crescentes. C_c menor que 1 indica que o solo é mal graduado, com ausência de partículas de determinados diâmetros, o que é traduzido, na curva granulométrica, pelo "degrau" característico na parte central. Quando C_c é superior a 3, a curva torna-se vertical e o solo é denominado *graduação aberta*.

Solos siltosos e argilosos apresentam partículas muito pequenas, invisíveis a olho nu. Esses materiais são chamados de *solos finos, coesivos* ou *coerentes*. Nas argilas, as partículas são placoides, com duas dimensões muito maiores do que a terceira. Em razão de sua constituição química, as argilas são eletronegativas nas faces e eletropositivas nas arestas. Quanto menor o tamanho do grão e mais placoide a sua forma geométrica, maior a superfície específica. Isso implica dizer que as forças superficiais nesses solos, de natureza eletroquímica, passam a ter maior importância do que as forças de peso próprio. Por conta disso, as partículas possuem grande avidez por água. Cátions dissolvidos nela podem sofrer atração mútua e, portanto, formar torrões.

Os arranjos entre partículas podem ser complexos e dependem de fatores como o tipo de argilomineral que compõe a argila, o teor eletrolítico da água intersticial, o histórico das cargas a que o solo já esteve submetido ao longo de sua vida geológica, entre outros. Por esse motivo, a curva granulométrica dos solos finos passa a ter importância secundária, devendo a atenção ser focada no argilomineral presente.

Nesse contexto, foram introduzidos os limites de consistência, ou limites de Atterberg, que são os teores de umidade a partir dos quais o material passa de um estado físico para outro. Os limites de consistência dependem basicamente do teor de argila e de argilomineral presente no solo. A Fig. 2.4 esquematiza o que ocorre a um solo fino quando o teor de umidade é alterado. Um solo seco, que forma um torrão duro, encontra-se no estado sólido, em que o teor de umidade é inferior ao limite de contração (LC). Nesse estado, o material não apresenta variação de volume ao ser submetido à secagem. Adicionando-se água, de modo que o teor de umidade situe-se entre o LC e o LP (limite de plasticidade), o solo ainda possuirá a aparência de um sólido, mas irá se contrair ao secar. Adicionando mais água, de sorte que o teor de umidade situe-se entre o LP e o LL (limite de liquidez), o material passará para o estado plástico. Nesse estado, o solo pode ser facilmente moldado sem se fissurar. Teores de umidade acima do LL fazem com

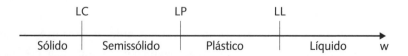

Fig. 2.4 *Limites de consistência de um solo*

que o solo adquira comportamento semelhante ao de um líquido, com resistência ao cisalhamento muito baixa ou nula.

O índice de plasticidade de um solo (IP) é definido como a diferença entre o LL e o LP. O IP indica o intervalo no qual o solo se encontra no estado plástico. Solos com IP elevado são geralmente expansivos. A determinação do limite de liquidez é normalizada pela norma NBR 6459 da ABNT, e o limite de plasticidade, pela norma NBR 7180.

O conhecimento dos limites de consistência e das frações granulométricas constituintes de um solo pode ajudar na identificação de características importantes de seu comportamento mecânico. Na escavação de valas, por exemplo, os solos devem possuir um determinado teor de material fino de boa plasticidade para dispensar o uso de escoramentos. Materiais isentos de fino e solos argilosos de menor consistência quase sempre requerem alguma forma de contenção das paredes. A Tab. 2.2 apresenta os limites de consistência de alguns solos.

TAB. 2.2 Valores típicos dos limites de consistência de alguns solos

Solo	LL	LP	IP
Caulinita	50	30	20
Ilita	120	60	60
Montmorilonita sódica	490	60	430
Areia siltosa (Vila Secundino)*	29	19	10
Areia siltoargilosa (ETA)*	63	33	30
Areia argilosa (Nova Viçosa)*	70	48	22
Argila porosa laterítica	85	30	55

* ver curvas granulométricas na Fig. 2.3.

2.3 CLASSIFICAÇÃO DOS SOLOS

O interesse pela classificação dos solos repousa na possibilidade de se obter uma tendência geral sobre o comportamento mecânico e hidráulico de um determinado tipo de solo, além de uma previsão da trabalhabilidade, a partir do conhecimento de índices classificadores simples, obtidos a partir da curva granulométrica e dos limites de consistência.

Entre os existentes, dois sistemas de classificação serão abordados a seguir: a classificação granulométrica e a classificação unificada. Em ambos os casos, trabalha-se com informações obtidas de amostras deformadas, de modo que a estrutura das partículas do solo *in situ* não é considerada. É por essa razão que esses dois sistemas são os mais adequados para a classificação de solos de empréstimos.

Na classificação granulométrica, os solos são descritos pelas frações preponderantes obtidas a partir da curva granulométrica, obedecendo aos intervalos de variação citados na Tab. 2.1. Por exemplo, um solo que apresenta 60% de pedregulho e 40% de areia será classificado como pedregulho arenoso. Da mesma forma, um solo com 40% de areia, 30% de silte e 30% de argila será denominado *areia siltoargilosa*.

As classes dos solos podem ser descritas da seguinte forma:

- Pedregulhos: são solos grosseiros com boas características de drenagem. Possuem elevada resistência ao cisalhamento e baixa compressibilidade, propriedades que se acentuam quanto mais bem graduado for o material.

- Areias: são materiais granulares com boas características de drenagem, boa resistência ao cisalhamento e baixa compressibilidade quando densos. O desempenho é maior quanto mais grosso, mais bem graduado e mais denso for o material.

- Siltes: são materiais finos de baixa plasticidade, que se comportam como areias muito finas quando mais grosseiros e como argilas pouco plásticas quando mais finos. São, no geral, materiais de má trabalhabilidade, bastante erodíveis, de drenagem difícil, de baixa resistência ao cisalhamento e que podem ser compressíveis quando pouco compactos.

- Argilas: são solos muito finos, de difícil drenagem, que absorvem água quando secos e se retraem quando úmidos, apresentando baixa resistência ao cisalhamento quando saturados e alta compressibilidade quando menos consistentes.

A separação do solo em classes pode ser feita com o auxílio do ensaio de granulometria conjunta, ou seja, o peneiramento da fração grossa e a sedimentação da fração fina. Também podem ser realizadas determinações expeditas no campo, com o manuseio de solo seco ou umedecido, a fim de se obter uma classificação preliminar. Na classificação expedita, procuram-se características físicas e de comportamento peculiares, como as descritas no Quadro 2.2.

Na classificação unificada, os solos são identificados pelas iniciais, em inglês, do seu tipo de material e de uma qualidade que identifique o seu comportamento

Quadro 2.2 Identificação visual e tátil dos solos

Característica	Areia	Argila
Sensação ao tato	Áspera	Farinácea (seca); saponácea (úmida)
Plasticidade	Não moldável	Moldável
Resistência do solo seco	Não forma torrões	Forma torrões duros
Mobilidade da água intersticial	Alta	Baixa
Dispersão em água	Deposita-se rapidamente	Turva a água e deposita-se lentamente

geotécnico. Os solos são divididos em dois grandes grupos: grossos e finos. Um solo será classificado como grosso se mais de 50% de suas partículas possuírem diâmetros superiores à abertura da peneira n° 200 (abertura de 0,074 mm). Os solos grossos são subdivididos em pedregulhos (*gravel*, G) e areias (*sand*, S). Serão pedregulhos se mais de 50% de partículas ficarem retidas na peneira n° 4 (4,78 mm). Além disso, pedregulhos e areias podem ser bem graduados (*well graded*, W) ou mal graduados (*poorly graded*, P) e conter finos siltosos (do sueco *mo*, M) ou argilosos (*clay*, C). A fração fina dos solos grossos pode assumir um papel importante em seu comportamento mecânico e, principalmente, hidráulico.

Os solos pedregulhosos são classificados nos seguintes grupos:

- ☑ *Grupo GW*: material desuniforme ($C_u \geq 4$), com pedregulhos ou misturas de pedregulho e areia, com menos de 5% de finos passando pela peneira n° 200;
- ☑ *Grupo GP*: material uniforme ($C_u < 4$), com pedregulhos ou misturas de pedregulho e areia, com menos de 5% de finos passando pela peneira n° 200;
- ☑ *Grupo GM*: pedregulhos siltosos ou misturas de pedregulho, areia e silte, com mais de 12% de finos passando pela peneira n° 200. Situam-se abaixo da linha A (Fig. 2.5);
- ☑ *Grupo GC*: pedregulhos argilosos ou misturas de pedregulho, areia e argila, com mais de 12% de finos argilosos passando pela peneira n° 200. Situam-se acima da linha A.

Os solos arenosos, por sua vez, são subdivididos da seguinte forma:

- ☑ *Grupo SW*: material desuniforme ($C_u \geq 6$), com areia pura ou misturas de pedregulho e areia, com menos de 5% de finos passando pela peneira n° 200;
- ☑ *Grupo SP*: material uniforme ($C_u < 6$), com areia pura ou misturas de pedregulho e areia mal graduada, com menos de 5% de finos passando pela peneira n° 200;
- ☑ *Grupo SM*: areias com mais de 12% de finos siltosos ou argilosos pouco plásticos passando pela peneira n° 200. Situam-se abaixo da linha A;
- ☑ *Grupo SC*: misturas de areia e argila, com mais de 12% de finos passando na peneira n° 200. Situam-se acima da linha A.

Solos com 5% a 12% de finos passando pela peneira n° 200 recebem classificação dupla.

Nos solos finos, mais de 50% das partículas têm diâmetro inferior à abertura da peneira n° 200 (0,074 mm). Eles são classificados conforme o comportamento plástico estabelecido por seus limites de consistência. Baseando-se no limite de liquidez (LL) e no índice de plasticidade (IP), o idealizador da classificação unificada, Prof. Arthur Casagrande, propôs um gráfico denominado *carta de plasticidade*, contendo linhas que delimitam as áreas em que os vários tipos de solo se encaixam, dependendo de seu comportamento plástico (Fig. 2.5). Os solos siltosos (M) encontram-se abaixo da linha A, ao passo que os solos argilosos (C) são posicionados acima dessa linha. Os solos à direita da linha B (aqueles com LL > 50%) são classificados como compressíveis (*high compressibility*, H), e os solos à esquerda de B (com LL < 50%) são considerados de baixa compressibilidade (*low compressibility*, L).

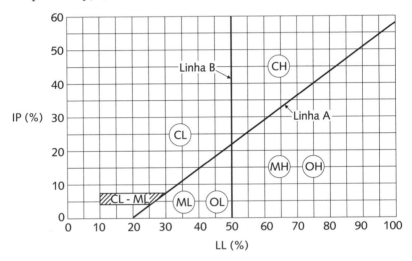

Fig. 2.5 *Carta de plasticidade*

Os solos finos são classificados da seguinte maneira:
- *Grupo CL*: argilas inorgânicas de baixa a média plasticidade, argilas arenosas de baixa plasticidade, argilas siltosas de baixa plasticidade.
- *Grupo ML*: siltes inorgânicos e areias finas, pó de pedra, areias muito finas, argilosas e siltosas de baixa plasticidade.
- *Grupo OL*: siltes orgânicos e misturas de silte e argila com matéria orgânica, de baixa plasticidade.
- *Grupo CH*: argilas inorgânicas de alta plasticidade, argilas arenosas de alta plasticidade, argilas siltosas de alta plasticidade.
- *Grupo MH*: siltes inorgânicos, micáceos ou diatomáceos, finos arenosos ou solos siltosos, siltes resilientes.
- *Grupo OH*: argilas orgânicas de média a alta plasticidade.

2.4 Permeabilidade

A permeabilidade é uma medida da dificuldade imposta pela estrutura sólida do solo ao fluxo de fluidos pelos seus vazios. A medida da permeabilidade é feita experimentalmente por meio do registro da condutividade hidráulica ou coeficiente de permeabilidade. Nos solos, inclusive os pedregulhos, a velocidade de percolação é muito baixa, e o fluxo é dito laminar. Nessa situação, a trajetória de um elemento hipotético de água é regular e não sofre interferência de elementos adjacentes. A trajetória é, portanto, bem definida, e a sua inclinação, em cada instante, fornece o vetor velocidade de fluxo. No fluxo laminar, admite-se que não há outra fonte de perda de energia senão a que ocorre pelo atrito viscoso entre a água e a superfície dos grãos do solo.

A energia da água livre que circula entre os poros do solo decorre da velocidade, pressão e altitude em que se encontra. A energia total é comumente expressa em unidade de altura de coluna d'água, e é denominada *carga hidráulica total* (H_t). O movimento da água só ocorre quando há uma diferença de carga hidráulica total entre dois pontos quaisquer. H_t é obtida da soma das parcelas de carga cinética, piezométrica e altimétrica, descrita pela equação de Bernoulli:

$$H_t = \frac{v^2}{2g} + \frac{u}{\gamma_w} + z \qquad [2.4]$$

em que: v = velocidade de descarga; g = aceleração da gravidade; u = pressão da água (ou pressão neutra); z = carga altimétrica.

A Fig. 2.6 mostra um esquema da carga total, juntamente com suas parcelas, atuante em uma determinada seção de um escoamento.

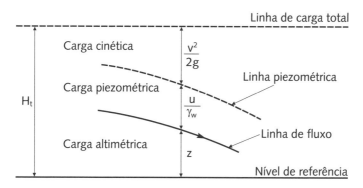

FIG. 2.6 *Fluxo de água através do solo*

Ao fluir através do solo, a água perde energia por atrito viscoso. A perda de carga hidráulica total pode ser expressa pela equação de Bernoulli, admitindo-se que o fluxo é irrotacional, ou seja, que não há vorticidade e a velocidade do fluxo é muito baixa, o que permite que o primeiro membro da Eq. 2.4 seja descartado. A perda de carga entre dois pontos genéricos A e B (ΔH_{AB}) pode ser expressa como:

$$\Delta H_{AB} = \left(\frac{u_A}{\gamma_w} + z_A \right) - \left(\frac{u_B}{\gamma_w} + z_B \right) \qquad \textbf{[2.5]}$$

A relação entre a velocidade de descarga da água entre os pontos A e B, admitindo-se fluxo laminar, pode ser obtida pela equação de Darcy:

$$v = k \cdot i \qquad \textbf{[2.6]}$$

em que: k = coeficiente de permeabilidade; i = gradiente hidráulico, que é dado por:

$$i = \frac{\Delta H_{AB}}{L} \qquad \textbf{[2.7]}$$

sendo L o comprimento de percolação, ou seja, a distância percorrida pela água entre os pontos A e B.

Sabendo-se a velocidade de descarga e a área A da seção transversal por onde o fluxo corre, a vazão de descarga pode ser calculada por:

$$Q = k \cdot i \cdot A \qquad \textbf{[2.8]}$$

Com a vazão conhecida, pode-se calcular o volume de água, V, que percola pelo solo em um tempo t qualquer:

$$V = k \cdot i \cdot A \cdot t \qquad \textbf{[2.9]}$$

O conhecimento dessas grandezas é fundamental para o dimensionamento de sistemas de drenagem e rebaixamento do nível d'água. O coeficiente de permeabilidade do solo (k) pode ser obtido por meio de ensaios de laboratório e de campo, bem como por correlações geralmente expressas em função do diâmetro efetivo (D_e) das partículas do solo. As normas da ABNT sobre ensaios de permeabilidade são a NBR 13292 e a NBR 14545. A primeira é para ensaios a carga constante, indicados para solos granulares, e a segunda é para ensaios a carga variável, recomendados para solos com maior teor de finos.

Mesmo com os ensaios de laboratório e de campo, o grau de incerteza na determinação do coeficiente de permeabilidade em solos de fundação é muito grande. Antes de qualquer coisa, é necessário compreender que o fluxo de água no solo é afetado fundamentalmente pela estrutura do solo, cujas anomalias, como heterogeneidades do meio, trincas, veios de materiais de permeabilidade diferentes, entre outros, podem comprometer bastante o valor medido. Os ensaios de campo, nesses casos, são mais indicados, visto que são realizados com o solo no estado natural. A Tab. 2.3 apresenta a ordem de grandeza de k para diversos tipos de solo.

TAB. 2.3 Valores de k para alguns tipos de solo

Solo	k (m/s)
Pedregulhos	10^0 a 10^{-2}
Areias limpas e misturas de areia e pedregulho	10^{-2} a 10^{-5}
Areias muito finas, siltes, misturas de areia, silte e argilas	10^{-5} a 10^{-9}
Argilas puras não fissuradas	$< 10^{-9}$

2.5 Tensões totais e efetivas e pressões neutras

A Fig. 2.7 apresenta um elemento de solo, de volume $V = \Delta x \cdot \Delta y \cdot \Delta z$, no interior de um maciço com superfície horizontal. O solo apresenta peso específico γ e, de início, considera-se que o nível freático esteja abaixo do elemento em questão. A tensão total vertical (σ_v) que atua no plano P, sobre o topo do elemento, será:

$$\sigma_v = \gamma \cdot z \qquad [2.10]$$

em que: $z = $ profundidade do elemento desde a superfície do terreno.

Considerando agora que o nível d'água coincide com o nível do terreno, a tensão intergranular, ou tensão efetiva (σ'_v), que atua no topo do elemento será a diferença entre a tensão vertical total e a pressão da água intersticial, ou pressão neutra (u), que atua sobre o elemento e que possui a mesma intensidade em todas as direções:

$$\sigma'_v = \sigma_v - u \qquad [2.11]$$

Se o nível d'água permanecer estático, a pressão neutra é calculada como a pressão resultante da altura da coluna d'água, ou seja:

$$u = \gamma_w \cdot z \qquad [2.12]$$

Pressões no fluido intersticial também surgem por efeito de carregamentos externos aplicados à camada de solo ou durante o processo de cisalhamento. Nesses casos, as parcelas resultantes devem ser adicionadas aos valores

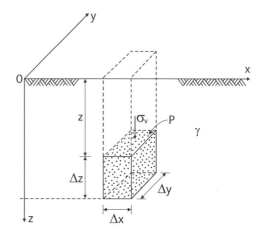

FIG. 2.7 *Tensão vertical por peso próprio atuante em um elemento de solo no maciço*

de u correspondentes ao nível d'água estático (Eq. 2.12) ou em condição de fluxo (Eq. 2.4). A determinação da pressão neutra para a condição de fluxo pode ser feita com o uso de redes de fluxo. Detalhes do traçado de redes de fluxo estão fora do escopo deste texto, podendo ser obtidos nos principais livros de Mecânica dos Solos.

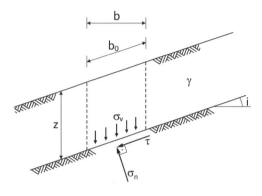

FIG. 2.8 *Tensões decorrentes do peso próprio em terrenos inclinados*

Caso a superfície do terreno seja inclinada segundo um ângulo i com a horizontal (Fig. 2.8), as tensões normal ao plano (σ_n), vertical (σ_v) e cisalhante (τ) são dadas pelas seguintes equações, considerando-se uma lamela de largura b e comprimento unitário na direção perpendicular ao plano da página:

$\sigma_n = \gamma \cdot z \cdot \cos^2 i$ **[2.13]**

$\sigma_v = \gamma \cdot z \cdot \cos i$ **[2.14]**

$\tau = \gamma \cdot z \cdot \sen i \cdot \cos i$ **[2.15]**

2.6 PROPAGAÇÃO DE TENSÕES NO SOLO POR CARREGAMENTOS EXTERNOS

Às tensões decorrentes do peso próprio de solo devem ser somadas as parcelas oriundas de carregamentos externos aplicados na superfície. Duas condições devem ser consideradas, as de carregamento de extensão infinita e as de carregamento de extensão finita (ou limitada).

Um carregamento de extensão infinita aplica, em toda a área de interesse, um acréscimo de carga de igual intensidade, independentemente da profundidade ou de suas coordenadas no plano. Já os carregamentos finitos perturbam apenas uma área restrita do substrato, nas proximidades de aplicação da carga. Essa zona perturbada é denominada *bulbo de tensões*. A Fig. 2.9 ilustra o bulbo gerado por uma carga P aplicada na superfície do terreno. Cada linha, denominada *isóbara*, representa um conjunto de pontos no maciço de igual acréscimo de tensão. A intensidade do acréscimo de tensões depende da magnitude do carregamento, da geometria da área carregada, da profundidade e da distância da carga na superfície em relação ao ponto de aplicação.

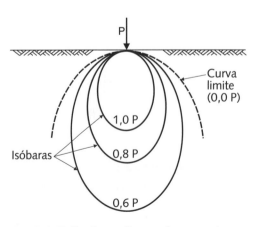

FIG. 2.9 *Bulbo de tensões gerado no maciço por uma carga concentrada P*

Diversas soluções baseadas na teoria da elasticidade foram propostas para o cálculo do acréscimo de tensões causado por cargas superficiais concentradas. O Quadro 2.3 sumariza algumas expressões para casos particulares de interesse em um projeto de tubulações enterradas. Nas formulações, uma carga superficial de determinada geometria causa um acréscimo de tensão vertical $\Delta\sigma_v$ em um ponto q, que está situado em uma posição específica do maciço.

QUADRO 2.3 Expressões para cálculo de acréscimos de tensão no solo para algumas situações típicas

Configuração	Acréscimo de tensão vertical ($\Delta\sigma_v$)	
Carga concentrada na superfície horizontal de um maciço semi-infinito	$\Delta\sigma_v = \frac{3P}{2\pi z^2}\left[1+\left(\frac{r}{z}\right)^2\right]^{-5/2}$ em que: P = carga concentrada aplicada na superfície	
Carga uniformemente distribuída sobre faixa infinita	$\Delta\sigma_v = \frac{\sigma_0}{\pi}(\alpha + \operatorname{sen}\alpha \cdot \cos 2\beta)$ em que: σ_0 = tensão vertical aplicada na superfície	$\beta = \frac{\alpha}{2} + \delta \qquad \beta = \frac{\alpha}{2} - \delta$
Carga uniformemente distribuída sobre placa circular	$\Delta\sigma_v = \sigma_0\left\{1-\left[\frac{1}{1+\left(\frac{R_0}{z}\right)^2}\right]^{3/2}\right\}$	
Carga concentrada distribuída ao longo de uma linha	$\Delta\sigma_v = \frac{2pz^3}{\pi(x^2+z^2)^2}$ em que: p = carga por unidade de comprimento	

2.7 COMPACTAÇÃO DOS SOLOS

Os solos de preenchimento de valas e de aterros sobre tubulações implantadas em saliência devem ser lançados em camadas e adequadamente compactados, de modo a terem suas propriedades mecânicas e hidráulicas melhoradas. Caso o solo seja disposto sem compactação, a consequência futura, entre outros aspectos, será um aterro propenso a apresentar recalques elevados e maior perda de resistência por saturação.

A compactação do solo em campo envolve, inicialmente, a correção do teor de umidade, seguida da aplicação de uma energia externa sobre a camada, que é lançada por um equipamento de compactação devidamente selecionado. A escolha do equipamento deve basear-se no tipo de solo a ser compactado, na necessidade de maior entrosamento entre as várias camadas de compactação e nas dimensões da área a ser compactada, entre outros fatores.

Fig. 2.10 *Curvas de Proctor*
Fonte: Lambe (1962).

No início da década de 1930, Ralph Proctor demonstrou existir, para uma mesma energia de compactação, uma inter-relação entre o peso específico seco (γ_d) e o teor de umidade da camada compactada (w). Em suas publicações, Proctor mostrou que essa inter-relação pode ser representada por uma parábola, cujo ponto de máximo define o teor de umidade ótimo (w_{ot}) e o peso específico seco máximo ($\gamma_{d\,máx}$) do solo. Notadamente, o solo compactado com $\gamma_{d\,máx}$ e w_{ot} apresenta menor permeabilidade e menor perda de resistência ao cisalhamento após saturação. A Fig. 2.10 mostra duas curvas de compactação de um determinado solo, obtidas com energias de compactação distintas.

Como mencionado anteriormente, as argilas possuem elevada superfície específica e, pelo seu arranjo atômico, são carregadas eletronegativamente nas faces e eletropositivamente nas arestas. Por conta disso, possuem uma grande afinidade com cátions e água, o que lhes permite equilibrar suas cargas elétricas de superfície. É por esse motivo que as argilas formam torrões quando possuem baixo teor de umidade, uma vez que a pequena quantidade de água presente encontra-se fortemente atraída pelas partículas de argila, gerando pressões neutras negativas que aumentam a resistência do solo.

À medida que o teor de umidade aumenta, a resistência do solo diminui, e a eficiência da compactação, assim, aumenta. Isso ocorre até o ápice da curva de Proctor ser atingido. Ultrapassado o teor de umidade ótimo, a água intersticial acumulada nos poros do solo começa a formar uma rede contínua, que absorve a maior parte dos esforços de compactação aplicados. Como a água é praticamente incompressível, há uma menor eficiência do sistema. Essas são as razões que levam a curva de Proctor a ter uma forma parabólica. O trecho à esquerda do ponto de máximo é chamado de *ramo seco*, e o trecho à direita, de *ramo úmido*.

A estrutura do solo compactado depende do teor de umidade e do nível de energia aplicado (Fig. 2.10). No ramo seco, as partículas se organizam em arranjos predominantemente do tipo face-aresta, que são denominados *floculados*, em uma tentativa de neutralizar as elevadas forças de superfície. Por outro lado, no ramo úmido, a quantidade de água presente no solo permite que o equilíbrio eletroquímico seja alcançado com arranjos predominantemente do tipo face-face, ou dispersos. Nesse caso, os esforços de compactação provocam uma tendência de alinhamento entre as partículas.

A estrutura exerce influência direta na compressibilidade do solo compactado. Em geral, solos compactados no ramo seco da curva de Proctor são menos compressíveis quando submetidos a baixas tensões. Entretanto, quando submetidos a tensões elevadas, capazes de destruir a floculação das partículas, eles passam a ser mais compressíveis que os solos compactados no ramo úmido.

O ensaio de compactação para a determinação do teor de umidade ótimo e do peso específico seco máximo do solo, realizado em laboratório, é normalizado no Brasil pela NBR 7182, que permite a realização de ensaios com três energias padronizadas, denominadas, em ordem crescente, *normal*, *intermediária* e *modificada*. As características dos ensaios, que têm como objetivo atingir as energias padronizadas, são descritas na Tab. 2.4. As especificações construtivas de tubulações enterradas referem-se usualmente ao ensaio na energia normal. A energia de compactação (EC) é calculada pela seguinte expressão:

$$EC = \frac{\text{peso do soquete} \times \text{altura de queda} \times n^o \text{ de golpes} \times n^o \text{ de camadas}}{\text{volume do cilindro}} \qquad \textbf{[2.16]}$$

O aumento do esforço de compactação faz com que o peso específico seco máximo seja aumentado e o teor de umidade ótimo seja reduzido, transladando a curva de Proctor para a esquerda e para cima (Fig. 2.10). O efeito da energia aplicada é significativamente maior com o solo no ramo seco, visto que, acima da ótima, a maior parte do esforço de compactação é absorvida pela água. Considerando um teor de umidade fixo, o grau de dispersão entre as partículas cresce com o aumento da energia de compactação.

Os diversos tipos de solo possuem curvas de compactação diferentes quando compactados com a mesma energia de compactação. Em geral, solos granulares

TAB. 2.4 Energias de compactação padronizadas pela norma NBR 7182

Cilindro	Características	Energia		
		Normal	Intermediária	Modificada
Pequeno	Soquete	Pequeno	Grande	Grande
	Número de camadas	3	3	3
	Número de golpes por camada	26	21	27
Grande	Soquete	Grande	Grande	Grande
	Número de camadas	5	5	5
	Número de golpes por camada	12	26	55
	Altura do disco espaçador (mm)	63,5	63,5	63,5

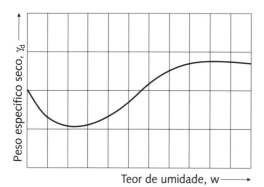

FIG. 2.11 *Curva de compactação de uma areia pura*

apresentam maior peso específico e menor teor de umidade ótimo. Solos argilosos, por sua vez, possuem teor de umidade mais elevado e peso específico mais baixo. Os solos siltosos ocupam uma posição intermediária.

Por conta da baixa superfície específica, a influência do teor de umidade na compactação dos solos granulares limpos é diferente da observada nos solos coesivos. A curva de compactação esquemática de uma areia pura é mostrada na Fig. 2.11. Os solos granulares limpos não apresentam uma curva com o formato parabólico típico. O baixo peso específico em teores de umidade mais baixos ocorre por conta das forças capilares, que resistem aos rearranjos das partículas.

Ao se compactar uma camada de solo em um aterro, é necessário realizar o controle tecnológico do serviço executado, definindo, em projeto, o grau de compactação (GC) a ser atendido e o desvio do teor de umidade em relação ao ótimo (Δw) a ser tolerado:

$$GC = \frac{\gamma_d}{\gamma_{d\,\text{máx}}} \times 100\% \qquad [2.17]$$

$$w = w_{\text{ot}} \pm \Delta w \qquad [2.18]$$

em que: γ_d = peso específico da camada compactada; $\gamma_{d\,\text{máx}}$ = peso específico seco máximo obtido da curva de compactação; w_{ot} = teor de umidade ótimo obtido da curva de compactação; Δw = desvio de umidade em relação ao ótimo.

2 | Aspectos essenciais de Mecânica dos Solos

De modo geral, é usual realizar o controle em todas as camadas no início de qualquer serviço de compactação. À medida que a obra avança e a equipe se familiariza com os solos utilizados, uma rotina menos rígida de controle pode ser adotada. Uma camada bem compactada deve ter grau de compactação superior a 95%. O desvio de umidade deve ser estabelecido em função do que se requer do solo. Uma especificação que estabelecesse, por exemplo, uma faixa entre $w = w_{ot}$ e $w = w_{ot} - 1{,}5\%$ resultaria em um material situado no ramo seco e, portanto, menos compressível. Se, por outro lado, a faixa se estendesse de $w = w_{ot}$ a $w = w_{ot} + 1{,}5\%$, toda a compactação se processaria no ramo úmido, e o material resultante seria mais deformável sob baixas tensões, o que provavelmente ocorre nas instalações mais rasas de tubulações enterradas. Se o intervalo especificado fosse $w = w_{ot} \pm 1{,}5\%$, teríamos um material de compactação em torno do teor ótimo. Esse aspecto é muito importante no projeto de dutos enterrados, pois, sem aumentar a energia de compactação, é possível escolher convenientemente o teor de umidade e, assim, obter um meio mais rígido ou compressível, como for conveniente ao projeto, para se provocar transferências de tensões do topo para as laterais do tubo. Especificações de compactação são abordadas no Cap. 8.

Nos solos granulares puros ou com pequeno teor de finos, a eficiência da compactação é definida por um parâmetro denominado *densidade* ou *compacidade relativa* (D_r), que é definida como:

$$D_r\,(\%) = \frac{e_{máx} - e}{e_{máx} - e_{mín}} \times 100 \qquad [2.19]$$

em que: e = índice de vazios da camada compactada; $e_{mín}$ = índice de vazios mínimo do solo; $e_{máx}$ = índice de vazios máximo do solo.

A densidade relativa, definida dessa forma, é uma escala na qual os valores $D_r = 0\%$ e $D_r = 100\%$ correspondem a $e = e_{máx}$ e $e_{mín}$, respectivamente (Fig. 2.12). Para o cálculo de D_r, deve-se determinar, no campo, o valor de γ e w para, em seguida, calcular e (Quadro 2.1). No laboratório, são determinados os valores de $e_{máx}$ e $e_{mín}$ segundo as normas NBR 12004 e NBR 12051 da ABNT, respectivamente. A Tab. 2.5 apresenta uma classificação de solos granulares de acordo com a densidade relativa.

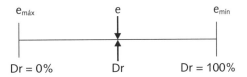

FIG. 2.12 *Variação da densidade relativa com o índice de vazios do solo*

TAB. 2.5 Classificação de solos granulares puros segundo a densidade relativa

Classificação	D_r (%)
Muito fofo	< 40
Fofo	40 a 60
Médio	60 a 70
Compacto	70 a 85
Muito compacto	> 85

2.8 RECALQUES

Entende-se por recalque qualquer deslocamento vertical descendente que uma camada de solo sofre por efeito de um carregamento, que pode resultar do peso próprio das camadas sobrejacentes ou da ação de cargas externas. O recalque ocorre por conta de deformações do solo envolvendo mudança de forma ou diminuição de volume.

No caso mais geral, o recalque total de uma camada de solo (ΔH) consiste da soma de três parcelas:

$$\Delta H = \Delta H_i + \Delta H_a + \Delta H_s \qquad \text{[2.20]}$$

em que: ΔH_i = recalque imediato; ΔH_a = recalque por compressão primária; ΔH_s = recalque por compressão secundária ou fluência.

O recalque imediato (ΔH_i) envolve uma variação de forma do solo sem redução de volume e, como o próprio nome indica, ocorre imediatamente após a aplicação do carregamento. Ele também é denominado *recalque elástico*, por ser geralmente estimado pela teoria da elasticidade. Para uma placa uniformemente carregada, apoiada em uma camada semi-infinita e homogênea, ΔH_i é expresso como:

$$\Delta H_i = C_d \cdot B \cdot \sigma_0 \cdot \frac{1 - v^2}{E_s} \qquad \text{[2.21]}$$

em que: C_d = coeficiente que depende da geometria e da rigidez da placa e da posição, na placa, em que se pretende calcular o recalque; B = dimensão característica da placa (menor dimensão de uma placa retangular, lado de uma placa quadrada ou diâmetro de uma placa circular); σ_0 = tensão aplicada sobre a placa; v = coeficiente de Poisson do solo; E_s = módulo de deformabilidade do solo.

As Tabs. 2.6, 2.7 e 2.8 apresentam, respectivamente, valores típicos de C_d, v e E_s. Situações que requerem maior rigor na determinação dos recalques

TAB. 2.6 Valores de C_d para placas apoiadas na superfície do terreno

Geometria da área carregada	Rigidez da placa		
	Rígida	Flexível	
		No centro	No canto
Circular	0,79	1	0,64
Quadrada	0,86	1,11	0,56
Retangular:			
$L/B = 2$	1,17	1,52	0,75
$L/B = 5$	1,66	2,10	1,05
$L/B = 10$	2	2,54	1,27

TAB. 2.7 Valores típicos de coeficiente de Poisson

Material	Coeficiente de Poisson (v)
Areia fofa	0,20 - 0,40
Areia med. compacta	0,25 - 0,40
Areia compacta	0,35 - 0,45
Argila saturada	0,40 - 0,50
Argila não saturada	0,10 - 0,30

TAB. 2.8 Valores típicos de E_s

Material	Módulo de deformabilidade (E_s) (MPa)
Areia fofa	10 - 25
Areia med. compacta	25 - 50
Areia compacta	50 - 80
Argila mole	5 - 20
Argila média	20 - 50
Argila rija	50 - 100

necessitam que os parâmetros do solo sejam obtidos de ensaios de laboratório (cisalhamento direto ou compressão triaxial) ou de campo.

Os recalques por compressão primária (ΔH_a) ocorrem por conta da redução de volume do solo. A parcela de compressão secundária (ΔH_s), ou *creep*, ocorre em um período prolongado e geralmente é de pequena monta, com poucas exceções. Ela é estimada apenas em casos particulares. A compressão em um solo não saturado se dá pela expulsão do ar que ocupa os vazios. Nos solos saturados, a compressão ocorre pela expulsão da água dos poros.

A velocidade de expulsão da água dos poros de um solo saturado depende da permeabilidade do solo e da distância máxima (também conhecida como distância de drenagem) que a água deve percorrer para deixar a camada em compressão e atingir uma face drenante. Admite-se que uma face drenante seja a superfície do terreno ou a superfície (topo ou base) de uma camada com coeficiente de permeabilidade dez a cem vezes superior, no mínimo, ao da camada em processo de compressão.

A estimativa do recalque por compressão de solos não saturados está fora do escopo deste livro. Já o recalque por compressão de solos saturados é rotineiramente calculado com base na teoria do adensamento unidirecional de Terzaghi, abordada a seguir.

Entre outras hipóteses, a teoria de Terzaghi pressupõe que a compressão e o fluxo d'água são essencialmente verticais (unidimensionais), que o solo é homogêneo e que o coeficiente de permeabilidade não se altera durante o processo de adensamento. Além disso, considera a existência de uma relação linear, decrescente, entre o índice de vazios e a tensão efetiva aplicada à camada compressível. Os parâmetros geotécnicos que alimentam a teoria podem ser obtidos por meio do ensaio de adensamento, também denominado *ensaio oedométrico* ou *compressão confinada*. Ele é representativo do comportamento do solo quando comprimido pela ação do peso de novas camadas extensas sobrejacentes, situação em que não há deformações laterais.

O ensaio de adensamento é conduzido com um corpo de prova de aproximadamente 20 mm a 30 mm de espessura, obtido de uma amostra extraída geralmente do centro da camada de interesse. O corpo de prova é colocado dentro de um anel rígido e entre duas faces drenantes (pedras porosas), sendo comprimido sob uma carga constante até a completa estabilização das deformações verticais. As cargas são aplicadas em estágios crescentes, com a carga subsequente igual ao dobro da anterior. Em cada estágio, o recalque é medido em intervalos preestabelecidos. O carregamento total deve ser levado a níveis que superem as tensões esperadas para a obra. No Brasil, o ensaio é normalizado pela norma NBR 12007 da ABNT.

O resultado do ensaio de adensamento relaciona, em um gráfico semilogarítmico, a variação do índice de vazios com a tensão efetiva aplicada (Fig. 2.13). A curva resultante é caracterizada por três segmentos distintos. O segmento inicial é denominado *trecho de recompressão*. Como o processo de coleta da amostra no campo obrigatoriamente envolve a descompressão do solo, os estágios iniciais aplicados no ensaio correspondem, até um determinado limite, a níveis de tensão já experimentados em campo. Ou seja, nesse trecho o solo sofre recompressão. É possível observar, no gráfico, que a variação do índice de vazios (e) do solo no trecho de recompressão é bastante pequena.

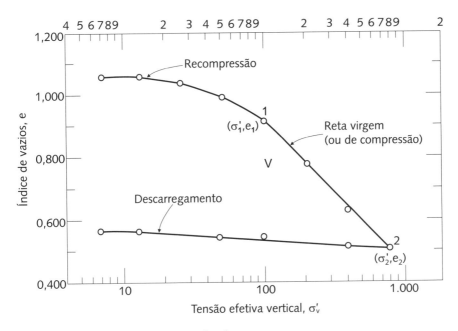

FIG. 2.13 *Curva típica de um ensaio de adensamento*

Quando a máxima tensão sofrida em campo é ultrapassada, o solo passa a apresentar maiores deformações com a aplicação do carregamento. Essa fase corresponde a um segmento aproximadamente reto no gráfico, denominado *trecho de compressão virgem*. A máxima tensão de campo é denominada *tensão de pré-adensamento* (σ_{v0}), e representa a transição entre os trechos de recompressão e compressão virgem.

Se a tensão efetiva inicial, no centro da camada em compressão, for igual à tensão de pré-adensamento, diz-se que o solo é normalmente adensado. Isso significa que a máxima tensão sofrida durante a sua existência corresponde exatamente ao peso próprio que atua sobre ele atualmente. Assim, qualquer carga adicional aplicada gera recalques ao longo do trecho de compressão virgem, cujo coeficiente angular é C_c (índice de compressão). Para os pontos 1 e 2 da Fig. 2.13, C_c é obtido da seguinte forma:

$$C_c = \frac{e_1 - e_2}{\log \frac{\sigma'_{v2}}{\sigma'_{v1}}} \qquad [2.22]$$

A expressão resultante do recalque por adensamento (ΔH_a) para um solo normalmente adensado pode ser escrita como:

$$\Delta H_a = \frac{C_c \cdot H}{1 + e_i} \cdot \log \frac{\sigma'_{vf}}{\sigma'_{vi}} \qquad [2.23]$$

em que: e_i = índice de vazios inicial do solo; H = espessura inicial da camada de argila em compressão; σ'_{vi} = tensão vertical efetiva inicial = σ_{vm}; σ'_{vf} = tensão vertical efetiva final = σ'_{vi} + sobrecarga.

Caso a tensão de pré-adensamento seja superior à tensão efetiva inicial no centro da camada, o solo é pré-adensado, o que significa que já esteve submetido a tensões superiores às atuais em algum momento de sua história. Nesse caso, haverá duas situações distintas para o cálculo de ΔH_a. Se σ'_{vf} for inferior a σ_{v0}, o recalque da camada irá se processar dentro do trecho de recompressão e será dado pela Eq. 2.24. Caso contrário, ΔH_a abrangerá ambos os trechos e será calculado por meio da Eq. 2.25. C_r é o coeficiente angular do trecho de recompressão, e é também chamado de *índice de recompressão*.

$$\Delta H_a = \frac{H}{1 + e_i} \cdot C_r \log \frac{\sigma'_{vf}}{\sigma'_{vi}} \qquad \textbf{[2.24]}$$

$$\Delta H_a = \frac{H}{1 + e_i} \cdot \left(C_r \cdot \log \frac{\sigma_{v0}}{\sigma'_{vi}} + C_c \cdot \log \frac{\sigma'_{vf}}{\sigma_{v0}} \right) \qquad \textbf{[2.25]}$$

O último segmento da curva da Fig. 2.13, denominado *trecho de descarregamento*, corresponde à parte final do ensaio, quando o corpo de prova é descarregado gradualmente e pode apresentar pequena expansão. É possível notar, a partir daí, que a parcela de deformação permanente ou plástica de um solo pode ser relativamente de grande magnitude.

O recalque decorrente da compressão secundária ocorre em razão de deslocamentos viscoplásticos nos contatos entre os grãos do solo ao longo do tempo, sob efeito de cargas constantes. Seu valor pode ser calculado experimentalmente a partir da variação do índice de vazios (e) ao longo do tempo (t), que é registrada em cada estágio de carregamento do ensaio de adensamento (Fig. 2.14). t_{100} representa o tempo necessário para que todo o adensamento primário da camada de solo ocorra. No gráfico, C_α é determinado pela Eq. 2.26, tomando-se um intervalo de tempo qualquer no trecho da curva, com $t > t_{100}$.

$$C_\alpha = \frac{\Delta e}{\Delta \log t} \qquad \textbf{[2.26]}$$

O recalque de compressão secundária (ΔH_s) é obtido por:

$$\Delta H_s = \frac{C_\alpha}{1 + e_{100}} H \cdot \Delta \log t \qquad \textbf{[2.27]}$$

em que: e_{100} = índice de vazios do solo para t_{100}.

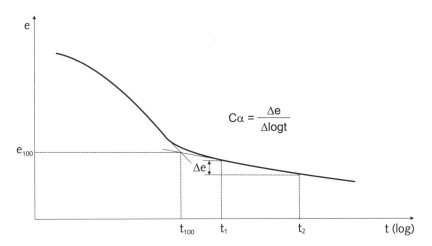

FIG. 2.14 *Variação do índice de vazios do solo no decorrer do tempo, em um estágio de um ensaio de adensamento*

2.9 Resistência ao cisalhamento

A quantificação da resistência ao cisalhamento do solo assume grande importância em quase todos os projetos geotécnicos, incluindo, em muitas situações, os de tubulações enterradas. A Fig. 2.15 mostra dois exemplos típicos de problemas envolvendo tubulações enterradas em que pode ocorrer a ruptura por cisalhamento. O primeiro caso trata da ruptura do talude das paredes de uma trincheira (Fig. 2.15a). A ruptura é caracterizada pelo deslizamento do bloco ABC sobre a zona estacionária subjacente. A linha AB representa o local onde as tensões cisalhantes (τ) são mobilizadas, e é denominada *superfície de ruptura*. O segundo caso retrata a ruptura de um duto flexível por ação do peso do solo e de sobrecargas que induzem deflexões no duto (Fig. 2.15b). A ruptura do duto ocorre simultaneamente à do solo, que é caracterizada pelo movimento descendente da massa de solo sobre o duto em relação às paredes da vala, que permanecem estacionárias.

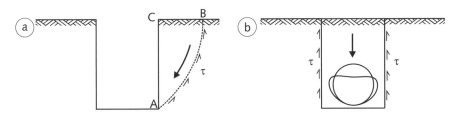

FIG. 2.15 *Exemplos de ruptura por cisalhamento em obras de dutos enterrados: (a) ruptura do talude de uma vala e (b) ruptura de um duto flexível*

A determinação da resistência ao cisalhamento do solo é comumente feita por meio de ensaios de laboratório e de campo. As montagens de laboratório são mais utilizadas do que as de campo em razão do custo, do controle e da facilidade de execução. Duas delas, clássicas, são conhecidas como *ensaio de cisalhamento direto* e *ensaio de compressão triaxial*.

No *ensaio de cisalhamento direto*, um corpo de prova é colocado em uma caixa metálica bipartida (Fig. 2.16). Impedindo-se os movimentos da parte superior, força-se a ruptura do solo por cisalhamento pelo deslocamento contínuo δ_h da parte inferior da caixa, registrando-se, então, a força tangencial T mobilizada. Uma força normal constante N é aplicada sobre o corpo de prova para simular o confinamento de campo. As tensões de cisalhamento (τ) e normal (σ) são calculadas dividindo-se, respectivamente, T e N pela área da seção transversal do corpo de prova. O deslocamento vertical (δ_v) durante o ensaio também é registrado. As informações coletadas permitem traçar gráficos da variação da tensão cisalhante e do deslocamento vertical em função do deslocamento horizontal.

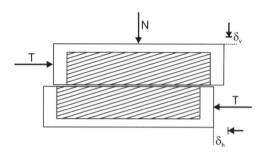

FIG. 2.16 *Esquema do ensaio de cisalhamento direto*

A Fig. 2.17 mostra curvas típicas de ensaios de cisalhamento direto. Solos mais resistentes, como areias compactas e argilas rijas e duras, apresentam curvas semelhantes à curva superior, com uma tensão cisalhante de pico mobilizada em deslocamentos relativamente pequenos, seguida de estabilização no pós-pico (resistência residual). Esses solos apresentam ruptura do tipo frágil. Solos menos resistentes, como areias fofas e argilas moles e médias, apresentam comportamento como o da curva inferior, com a tensão cisalhante crescendo lentamente com o deslocamento, sem que haja um valor de pico. Nesse caso, a ruptura desses solos é classificada como plástica.

Os deslocamentos verticais medidos durante o ensaio permitem o conhecimento da variação de volume da amostra durante o cisalhamento. As areias fofas e as argilas normalmente adensadas tendem a se comprimir durante o cisalhamento, enquanto as areias compactas e as argilas pré-adensadas tendem a se

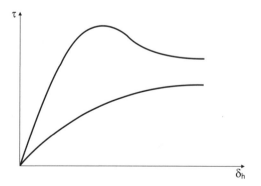

FIG. 2.17 *Curvas típicas tensão-deslocamento de ensaios de cisalhamento direto*

expandir. Quando saturados e em condição não drenada, os solos que sofrem diminuição de volume experimentam acréscimo de pressão neutra ($+\Delta u$) durante o cisalhamento. Por outro lado, os solos que tendem a expandir experimentam decréscimo de pressão neutra ($-\Delta u$). Isso tem reflexo direto na resistência ao cisalhamento do solo, visto que aumentos elevados de pressão neutra positiva geram redução de tensão efetiva, o que causa perda de resistência do solo, podendo, inclusive, provocar uma ruptura por liquefação nas areias.

O aumento da tensão normal (σ_n) no ensaio provoca a elevação da tensão cisalhante. A Fig. 2.18 mostra curvas tensão cisalhante-deslocamento de um mesmo solo, mas com tensões normais distintas. Foram escolhidas, a título ilustrativo, as tensões de 50 kPa, 100 kPa e 200 kPa. Ensaios realizados com tensões normais diferentes, nesse caso, produzem curvas tensão-deslocamento com aproximadamente o mesmo aspecto. Traçando, em um gráfico, a tensão cisalhante máxima ($\tau_{máx}$) obtida em três ou mais ensaios em função de σ, obtêm-se pontos que podem ser aproximados por uma reta, denominada *envoltória de resistência* (Fig. 2.19).

Uma envoltória de resistência pode ser entendida como o lugar geométrico das combinações de tensões normais e cisalhantes que levam o corpo à ruptura. Fisicamente, estados de tensão que correspondam a pontos situados abaixo da envoltória definem condições de estabilidade. Pontos acima da envoltória não são possíveis de ocorrer. A equação da envoltória pode ser escrita como:

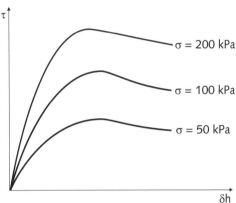

FIG. 2.18 *Curvas tensão-deslocamento de um solo sob diferentes tensões normais*

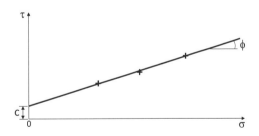

FIG. 2.19 *Envoltória de resistência obtida em um ensaio de cisalhamento direto*

$$s = c + \sigma \, \text{tg} \, \phi \qquad [2.28]$$

em que: s = resistência ao cisalhamento do solo; c = coesão do solo; σ = tensão normal aplicada; ϕ = ângulo de atrito interno do solo. As tensões a considerar podem ser totais ou efetivas.

As principais desvantagens do ensaio de cisalhamento direto são a rotação das tensões principais no corpo de prova durante o teste, a impossibilidade de controle das condições de drenagem do solo e a imposição de um plano de ruptura específico ao solo.

Inicialmente concebido para superar as principais limitações do ensaio de cisalhamento direto, o *ensaio de compressão triaxial* constitui uma opção significativamente mais versátil para a determinação da resistência ao cisalhamento do solo. Um esquema do ensaio triaxial convencional é apresentado na Fig. 2.20. Um corpo de prova cilíndrico envolto em uma membrana impermeável é submetido a uma pressão confinante (σ_c) no interior de uma câmara cilíndrica transparente. Como a pressão confinante atua em todas as direções, o corpo de prova é sujeito a um estado hidrostático de tensões.

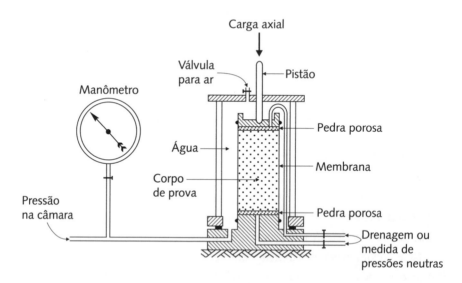

Fig. 2.20 *Esquema do ensaio de compressão triaxial convencional*

Em determinados ensaios, permite-se a consolidação do corpo de prova por meio da drenagem de água dos vazios do solo, até que o sistema atinja o equilíbrio. Essa primeira fase é chamada de *fase de adensamento* ou *de consolidação*. A seguir, acréscimos de tensão axial ($\Delta\sigma$) são aplicados por meio de um pistão até levar o solo à ruptura. Essa segunda fase é denominada *fase de ruptura*. Usualmente, a tensão confinante é mantida constante durante todo o ensaio.

Em um ensaio triaxial convencional, uma vez que não há tensão de cisalhamento nas superfícies do corpo de prova, a tensão confinante é a tensão principal menor ($\sigma_c = \sigma_3$). A soma da tensão confinante com o acréscimo de tensão vertical é a tensão principal maior ($\sigma_1 = \sigma_c + \Delta\sigma$). Dessa forma, o acréscimo de tensão axial corresponde à diferença entre as tensões totais ($\Delta\sigma = \sigma_1 - \sigma_3$) e é denominado *tensão desvio*.

Se a saída de água do corpo de prova for impedida, a pressão neutra gerada poderá ser registrada durante o ensaio. Caso contrário, a variação de volume poderá ser medida.

Três tipos de ensaio triaxial convencional são executados, diferindo entre si, essencialmente, nas fases de execução e nas condições de drenagem adotadas:

Ensaio consolidado drenado – CD (do inglês *consolidated drained*). O ensaio possui uma fase de consolidação, na qual a drenagem da água intersticial do corpo de prova é permitida, sob a pressão confinante aplicada, até que a consolidação do solo esteja completa. Mantendo-se a saída da água, as tensões axiais são aplicadas lentamente na fase de cisalhamento, de modo a garantir que as pressões neutras se mantenham praticamente nulas até a conclusão do ensaio. As tensões lidas são efetivas e, durante o cisalhamento, as variações de volume do corpo de prova são registradas. Este ensaio também é conhecido como lento.

Ensaio consolidado não drenado – CU (do inglês *consolidated undrained*). Neste ensaio, permite-se que a amostra adense sob o efeito da pressão confinante. No entanto, a fase de ruptura é procedida sem drenagem. As pressões neutras podem ser registradas durante o cisalhamento, de modo a permitir a obtenção das tensões efetivas. Esta modalidade também é conhecida como ensaio rápido pré-adensado.

Ensaio não consolidado não drenado – UU (do inglês *unconsolidated undrained*). Nesta modalidade de ensaio, o escape da água intersticial não é permitido, e há apenas a fase de cisalhamento. A tensão confinante é aplicada, seguida imediatamente do uso da tensão desvio, a fim de levar a amostra à ruptura. Neste ensaio, as tensões lidas são totais. O registro das pressões neutras pode ser feito durante o ensaio, em casos particulares, quando se deseja conhecer as tensões efetivas.

Os diferentes tipos de ensaio triaxial foram concebidos para simular diversas condições de solicitação com que se poderia deparar no campo. Os ensaios UU representam situações em que não há tempo para a consolidação do solo nem a dissipação das pressões neutras. Um aterro construído rapidamente sobre um depósito de solo mole e um aterro no final da construção representam casos típicos investigados por ensaios UU. Entre outras situações, os ensaios CU são empregados na análise de situações onde o solo sofreu consolidação antes de uma solicitação rápida, como é o caso da estabilidade do talude de montante de uma barragem que sofre rebaixamento rápido do reservatório. Os ensaios CD, por sua vez, podem ser aplicados em análises de estabilidade em longo prazo, quando há possibilidade de dissipação das pressões neutras geradas. Exemplos são a estabilidade do talude de jusante de uma barragem com fluxo permanente e a estabilidade de taludes de cortes em maciços naturais, onde a descompressão pela retirada de solo provoca redução de resistência em longo prazo.

Resultados típicos de ensaios convencionais de compressão triaxial são mostrados na Fig. 2.21. As curvas apresentadas são representativas do comportamento de uma areia pura saturada nos estados fofo e compacto, mas também podem servir para ilustrar o comportamento de argilas saturadas normalmente adensadas e pré-adensadas, respectivamente. As curvas tensão-deformação, em ensaios triaxiais, são traçadas em função da tensão desvio ($\sigma_1 - \sigma_3$) ou da razão de tensões principais efetivas (σ_1'/σ_3'). A Fig. 2.21a mostra a variação da tensão desvio ($\sigma_1 - \sigma_3$) com a deformação específica axial (ε_a) do corpo de prova. Admite-se uma mesma tensão confinante para ambos os casos. Ao ser cisalhada, a areia fofa apresenta valores de ($\sigma_1 - \sigma_3$) que crescem gradualmente e tendem a se estabilizar com o aumento de ε_a. Por outro lado, a areia compacta atinge um valor de pico ($\sigma_1 - \sigma_3)_p$, decrescendo em seguida e estabilizando-se em um valor residual.

A Fig. 2.21b exibe a variação de volume do solo $\Delta V/V_o$ com a deformação específica. A areia compacta sofre inicialmente redução de volume (compressão),

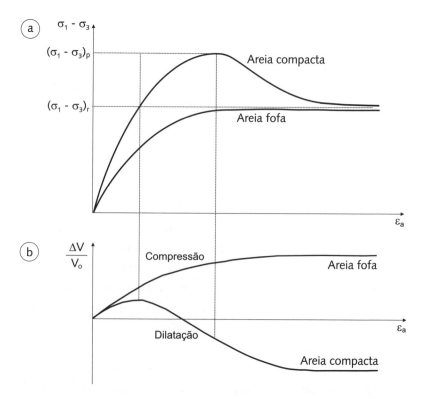

FIG. 2.21 *Comportamento típico de areias em ensaios triaxiais convencionais*

que cede espaço, com o crescimento de ε_a, a um aumento de volume (dilatação). A areia fofa apresenta apenas diminuição de volume com a deformação. Em maiores deformações, ambos os tipos de areia cessam de apresentar variação volumétrica. Essa condição, na qual o cisalhamento do solo ocorre sob volume constante, é chamada de *estado crítico*. O ângulo de atrito medido nesse estado é denominado *ângulo de atrito do estado crítico* (ϕ_{cv}). Ao final do processo de cisalhamento, as curvas tensão *versus* deformação das areias fofa e compacta tendem a convergir para um mesmo valor residual $(\sigma_1 - \sigma_3)_r$, podendo-se definir para essa condição um ângulo de atrito residual (ϕ_r).

O conhecimento da curva tensão-deformação permite calcular o módulo de deformabilidade (E) do solo, que é dado por:

$$E = \frac{\Delta\sigma}{\Delta\varepsilon_a} \qquad [2.29]$$

em que: $\Delta\sigma$ = variação da tensão desvio entre dois pontos quaisquer; $\Delta\varepsilon_a$ = variação da deformação axial entre os pontos considerados.

Uma vez que varia com o estágio de carregamento, o módulo de deformabilidade pode ser determinado de diversas maneiras e recebe várias denominações. O módulo tangente (E_t) é obtido em um ponto qualquer da curva. Quando obtido na origem, ao longo do trecho reto inicial, é denominado *módulo tangente inicial* (E_{ti}) (Fig. 2.22). O módulo secante (E_{sec}) é determinado para dois pontos da curva, sendo comum escolher a origem como um dos pontos (E_{s0}). E_{50} é o módulo secante determinado na origem e para uma tensão correspondente a 50% da tensão de ruptura.

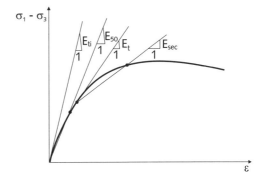

FIG. 2.22 *Determinação do módulo de deformabilidade do solo a partir do resultado de ensaios triaxiais*

Os dutos enterrados são estruturas cujo comportamento depende do confinamento imposto pelo solo da envoltória, de modo que a correta definição do módulo de deformabilidade e suas variações com a tensão confinante são de fundamental importância para se fazer boas previsões do comportamento do sistema.

Uma vez que a ruptura é definida como a máxima tensão desvio $(\sigma_1 - \sigma_3)_{máx}$, a envoltória de resistência do solo é obtida traçando-se os círculos de Mohr de tensões na ruptura de ensaios conduzidos sob diferentes confinamentos (Fig. 2.23). A envoltória é uma reta tangente aos círculos, definida pela Eq. 2.28. Se os círculos forem traçados em termos de tensões totais, obtém-se uma envoltória de tensões totais (*ETT*), e os parâmetros obtidos a partir dela serão c e ϕ. Caso as tensões usadas para a definição dos círculos sejam efetivas, a envoltória correspondente será efetiva (*ETE*), fornecendo c' e ϕ'. Para um determinado solo, cada tipo de ensaio fornece uma envoltória de resistência total distinta. Já a envoltória efetiva é única, independente do tipo de ensaio utilizado para a sua determinação.

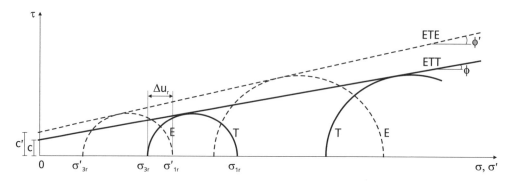

FIG. 2.23 *Envoltórias de resistência obtidas de ensaios triaxiais*

2.10 EMPUXOS DE TERRA

No dimensionamento de estruturas de contenção, é necessário o conhecimento das tensões horizontais que agem sobre o paramento, cuja resultante é denominada *empuxo de terra*.

Por se tratar de um problema estaticamente indeterminado, a determinação analítica rigorosa do empuxo requer tratamentos matemáticos com modelos reológicos que definam com precisão o comportamento tensão-deformação do sistema, os critérios de escoamento e a solução das equações de equilíbrio e de compatibilidade para as condições de contorno adotadas. Um caminho para a obtenção do empuxo consiste na adoção de hipóteses simplificadoras, que tornem viável a solução analítica do problema. Por exemplo, assumindo um comportamento rígido perfeitamente plástico para o solo e ignorando as equações de equilíbrio ou as de compatibilidade, é possível obter um limite superior ou inferior para a carga de colapso, respectivamente. Esse procedimento é chamado de *método de análise limite*.

As duas principais teorias clássicas para o cálculo do empuxo de terra, a de Rankine e a de Coulomb, são métodos de análise limite. No entanto, antes de apresentá-las é necessário introduzir um parâmetro comum às mesmas, denominado *coeficiente de empuxo* (*k*), definido como a relação entre a tensão horizontal efetiva e a tensão vertical efetiva no maciço de solo.

O coeficiente de empuxo é função do tipo de solo, do histórico de tensões a que foi submetido desde a formação, das condições de drenagem e da magnitude dos deslocamentos horizontais sofridos. Em situações em que os deslocamentos horizontais são nulos, o coeficiente de empuxo é denominado *em repouso* (K_0).

Visto que a condição de empuxo em repouso não é matematicamente determinada, K_0 somente pode ser obtido experimentalmente. Em laboratório, são utilizados ensaios triaxiais especiais, nos quais a tensão axial e a pressão confinante são aumentadas simultaneamente, de modo a impedir as deformações laterais no corpo de prova. Se for possível incluir, no anel de adensamento, um transdutor para registro das tensões horizontais atuantes no corpo de prova, é possível obter K_0, pois nesse ensaio prevalece naturalmente a condição em repouso. O coeficiente K_0 pode ser conhecido no campo por meio de ensaios pressiométricos e dilatométricos.

Além dos custos elevados, a determinação experimental de K_0 envolve técnicas não rotineiras e equipamentos geralmente de difícil acesso. Por isso, é comum proceder à sua estimativa pelo uso de correlações empíricas. No caso de solos granulares, as correlações são dadas em função do ângulo de atrito efetivo (ϕ') (Fig. 2.24). Como é possível perceber, as correlações apresentadas guardam certa concordância entre si. No entanto, por questões históricas e por simplicidade, K_0 tem sido usualmente calculado por meio da Eq. 2.30, que representa uma forma aproximada da correlação originalmente proposta por Jaky (1944).

$$K_0 = 1 - \operatorname{sen} \phi' \qquad \textbf{[2.30]}$$

Para solos coesivos, foram propostas correlações de K_o com a razão de sobreadensamento (*RSA*) e o índice de plasticidade (*IP*). A expressão devida a Brooker e Ireland (1965), por exemplo, relaciona K_0 com o *IP* da seguinte maneira:

$$K_0 = 0{,}95 - \log(IP) \qquad \textbf{[2.31]}$$

A condição em repouso dificilmente ocorre na prática, pois os escoramentos em geral não possuem rigidez suficiente para impedir que haja deformação horizontal no solo adjacente ao paramento. A ocorrência de deformações leva a contenção a duas condições opostas. Na primeira, o anteparo, ao deslocar-se para fora do solo contido (Fig. 2.25a), permite sua expansão, com a consequente diminuição das tensões horizontais (σ'_h) até um valor mínimo (σ'_{ha}), momento em que o material sofre ruptura por falta de confinamento lateral. Esta é conhecida como *condição ativa*, e a relação entre as tensões horizontais e verticais efetivas é denominada *coeficiente de empuxo ativo* (K_a). Na segunda condição, o anteparo é

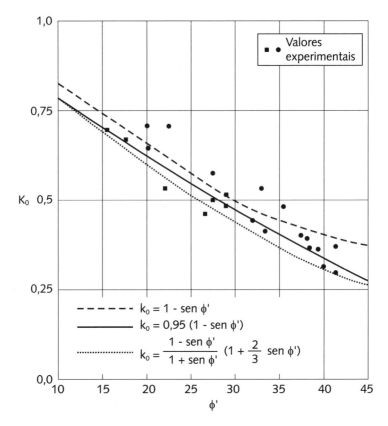

FIG. 2.24 *Correlações entre K_0 e o ângulo de atrito para solos granulares*

deslocado para dentro do maciço contido (Fig. 2.25b). Como consequência, σ'_h cresce até atingir um valor máximo (σ'_{hp}) e o solo se rompe por compressão. Esta segunda situação é conhecida como *condição passiva*, e a relação entre tensões horizontais e verticais efetivas é chamada de *coeficiente de empuxo passivo* (K_p). Ao contrário de K_0, a determinação analítica de K_a e K_p é matematicamente possível, como será visto em seguida. A Fig. 2.25c mostra o coeficiente de empuxo em função dos deslocamentos do anteparo.

O método de Rankine permite o cálculo do empuxo a partir da integração ao longo da profundidade das tensões horizontais atuantes na interface solo--contenção, fornecendo um limite inferior para a carga de colapso. Para tanto, considera-se que: a) o maciço é semi-infinito, homogêneo, isotrópico e com superfície horizontal; b) não há atrito entre o solo e o paramento; e c) o sistema está nos estados ativo ou passivo mencionados anteriormente. Essas são as condições teóricas básicas do método.

No caso mais simples, considera-se um elemento de solo qualquer em um maciço granular, contido por um paramento vertical livre de atrito (Fig. 2.25a,b).

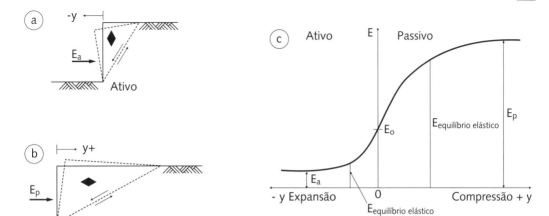

FIG. 2.25 *(a) Condição ativa; (b) condição passiva; (c) empuxo em função do deslocamento do anteparo*

No elemento, atuam as tensões σ_v e σ_h, sendo σ_v a tensão principal maior (σ_1) e σ_h a tensão principal menor (σ_3). As condições ativa e passiva, mobilizadas pelo deslocamento do paramento, podem ser conhecidas por meio das envoltórias de resistência do solo e dos círculos de Mohr que as tangenciam. Os valores de K_a e K_p podem ser obtidos graficamente a partir da Fig. 2.26a:

$$K_a = \frac{\sigma'_{ha}}{\sigma'_v} = \frac{1 - \operatorname{sen}\phi'}{1 + \operatorname{sen}\phi'} = \operatorname{tg}^2(45° - \frac{\phi'}{2}) \qquad [2.32]$$

$$K_p = \frac{\sigma'_{hp}}{\sigma'_v} = \frac{1 + \operatorname{sen}\phi'}{1 - \operatorname{sen}\phi'} = \operatorname{tg}^2(45° + \frac{\phi'}{2}) \qquad [2.33]$$

O empuxo de terra ativo (E_a) ou passivo (E_p) é obtido integrando-se σ'_h ao longo da profundidade z, e seu ponto de aplicação é localizado a 1/3 da altura H do paramento. A Fig. 2.26b ilustra a distribuição de tensões laterais e o empuxo para o caso ativo, sendo o caso passivo análogo.

$$E_a = \frac{1}{2} \cdot K_a \cdot \gamma \cdot H^2 \qquad [2.34]$$

$$E_p = \frac{1}{2} \cdot K_p \cdot \gamma \cdot H^2 \qquad [2.35]$$

O método de Rankine fornece resultados do lado da segurança, no caso ativo, e o oposto, na situação passiva. Além disso, quanto mais distante o problema estiver das condições básicas acima citadas, mais imprecisos serão os resultados obtidos. O Quadro 2.4 resume duas situações não convencionais em que o método é rotineiramente aplicado.

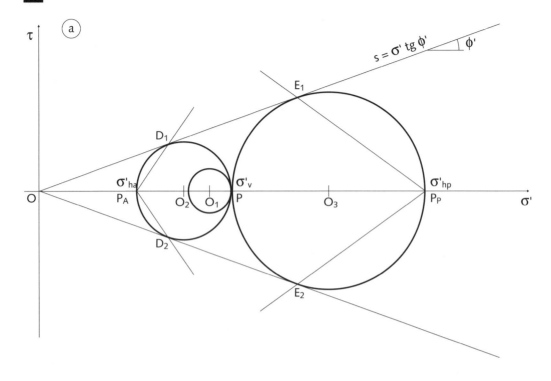

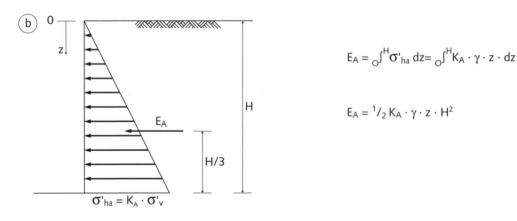

Fig. 2.26 *(a) Determinação de K_a e K_p para solos granulares com superfície horizontal por meio dos círculos de Mohr; (b) distribuição de tensões horizontais e empuxo pela teoria de Rankine para o caso ativo*

Problemas com geometrias complexas podem tornar o uso do método de Rankine inviável. A saída, nesses casos, é utilizar um procedimento gráfico conhecido como método de Coulomb. Considera-se a estabilidade de uma superfície de deslizamento plana passando pelo pé do anteparo e a mobilização completa do

2 | Aspectos essenciais de Mecânica dos Solos

Quadro 2.4 Aplicações do método de Rankine para condições específicas

Condição e círculo de Mohr	Coeficiente de empuxo	Empuxo*
Maciço com coesão e atrito e com superfície horizontal 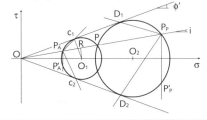	$K_a^* = K_a - \frac{2c}{\sigma_v'}\sqrt{K_a}$ $K_p^* = K_p + \frac{2c}{\sigma_v'}\sqrt{K_a}$	$E_a = \frac{1}{2} K_a \gamma H^2 - 2cH\sqrt{K_a}$ $E_p = \frac{1}{2} \cdot K_p \gamma H^2 + 2cH\sqrt{K_p}$
Maciço granular com superfície inclinada	$K_a = \frac{\cos i - \sqrt{\cos^2 i - \cos^2 \phi'}}{\cos i + \sqrt{\cos^2 i - \cos^2 \phi'}}$ $K_p = \frac{\cos i + \sqrt{\cos^2 i - \cos^2 \phi'}}{\cos i - \sqrt{\cos^2 i - \cos^2 \phi'}}$	$E_a = \frac{1}{2} K_a \gamma H^2 \cos i$ $E_p = \frac{1}{2} K_p \gamma H^2 \cos i$

* valores de curto prazo.

atrito entre a cunha instável e o anteparo, o que permite que a direção do empuxo seja conhecida.

A determinação gráfica do empuxo é feita arbitrando-se cunhas hipotéticas em um processo de tentativas. O empuxo é conhecido por meio do equilíbrio estático das forças atuantes sobre a cunha. O empuxo ativo será o máximo valor dos empuxos determinados sobre as cunhas analisadas, e o passivo, o mínimo.

Para algumas situações geométricas e de carregamento simples, é possível obter expressões analíticas pela teoria de Coulomb. Para tanto, deve-se estabelecer uma equação para o empuxo a partir do equilíbrio das forças atuantes na cunha instável e, em seguida, encontrar o seu valor máximo ou mínimo, que corresponde às situações ativa ou passiva, respectivamente. Para solo granular, a teoria de Coulomb fornece expressões iguais às de Rankine para E_a e E_p (Eqs. 2.34 e 2.35), com K_a e K_p dados por:

$$K_a = \left(\frac{\frac{\operatorname{sen}(\beta-\phi)}{\operatorname{sen}\beta}}{\sqrt{\operatorname{sen}(\beta+\delta)} + \sqrt{\frac{\operatorname{sen}(\phi+\delta)\cdot\operatorname{sen}(\phi-i)}{\operatorname{sen}(\beta-i)}}} \right)^2 \qquad [2.36]$$

$$K_p = \left(\frac{\frac{\operatorname{sen}(\beta+\phi)}{\operatorname{sen}\beta}}{\sqrt{\operatorname{sen}(\beta-\delta)} - \sqrt{\frac{\operatorname{sen}(\phi+\delta)\cdot\operatorname{sen}(\phi+i)}{\operatorname{sen}(\beta-i)}}} \right)^2 \qquad [2.37]$$

em que: β = inclinação do tardoz do paramento; δ = ângulo de atrito solo-paramento, geralmente adotado na faixa entre $\phi'/3$ e $2\phi'/3$; i = inclinação da superfície do solo.

O empuxo de terra calculado pelo método de Coulomb é um limite superior para a carga de colapso. Em geral, resultados contra a segurança, no caso ativo, e a favor da segurança, no caso passivo, são obtidos com a teoria. Quando $\beta = 90°$ e $\delta = i = 0°$, K_a e K_p de Coulomb tornam-se iguais aos de Rankine, e as soluções fornecem o mesmo valor para E_a e E_p, respectivamente.

A consideração da influência do atrito de interface na teoria de Coulomb não é condizente com a hipótese de superfície de deslizamento plana assumida, visto que a presença do atrito causa uma curvatura na superfície de ruptura, próximo à base do paramento. O erro ao se assumir uma superfície plana é aceitável para $\delta < 10°$.

A bibliografia sobre esse tema é ampla, sendo abordada em muitos textos básicos em língua portuguesa. Para uma maior compreensão do assunto, recomenda-se ao leitor interessado procurá-los.

2.11 INVESTIGAÇÃO DO SUBSOLO

Qualquer estudo geotécnico visando à implantação de estruturas enterradas deve ser precedido de um programa de investigação do subsolo, com o propósito de:

a) permitir um conhecimento adequado da estratigrafia do terreno, com o posicionamento do nível freático;

b) fornecer características mecânicas e hidráulicas de interesse que possibilitem o dimensionamento dos vários componentes da obra sob o ponto de vista geotécnico, incluindo previsões de tensões, deslocamentos e recalques;

c) fornecer subsídios para uma programação adequada das atividades, de forma a evitar imprevistos durante a execução da obra.

A investigação do subsolo pode ser realizada por métodos diretos ou indiretos. No primeiro grupo, furos são feitos no terreno para a coleta de amostras ao longo de um perfil, possibilitando a identificação das camadas atravessadas. Amostras coletadas preservando-se a estrutura e o teor de umidade originais do solo natural são denominadas *indeformadas*. Além de caracterização e classificação, são usadas para a determinação das propriedades mecânicas e hidráulicas do solo natural. Por outro lado, amostras coletadas com a preservação da distribuição granulométrica do solo *in situ* e do teor de umidade natural, mas não da estrutura original, são chamadas de *deformadas*. No caso de solos naturais, as amostras deformadas servem apenas para caracterização e classificação. Em se tratando de solos compactados, podem também ser usadas para a determinação das propriedades mecânicas e hidráulicas do material.

Nos métodos indiretos, o terreno não necessita obrigatoriamente ser perfurado. Os ensaios geofísicos perfazem o grupo dos métodos indiretos sem perfuração. Neles, propriedades específicas do meio, como a eletrorresistividade ou a velocidade de propagação de ondas, são medidas e comparadas aos padrões preestabelecidos para vários tipos de solo. Nos métodos indiretos com perfuração, a identificação do substrato é realizada por sondas que medem determinadas características mecânicas do solo que podem ser correlacionadas com parâmetros geotécnicos específicos.

O diagrama da Fig. 2.27 mostra as várias formas de investigação do subsolo. Neste texto, apenas os métodos mais importantes para o projeto de dutos enterrados serão abordados: as sondagens a trado e de simples reconhecimento e os ensaios de palheta e de cone. Para maiores detalhes sobre os demais métodos de investigação, o leitor deve recorrer a textos especializados.

2.11.1 Sondagem a trado

A sondagem a trado é útil quando se deseja investigar áreas de empréstimo ou zonas superficiais de solo de fundação ao longo de uma vala, por exemplo, para detectar a espessura das camadas e a posição do nível d'água (N.A.). Ao se perfurar o terreno, podem-se coletar amostras deformadas com a frequência que se desejar. Obviamente, à medida que a profundidade aumenta, as operações de descida e de resgate do trado tornam-se mais difíceis e demoradas. As coletas das amostras são feitas quando a concha ou o trecho espiral do trado enche, ou quando o sistema torna-se muito pesado para o operador. Em geral, as profundidades atingidas pelo trado são limitadas a cerca de 8 m a 10 m, em solos menos resistentes, e ao N.A., em areias puras e argilas moles. O trado não consegue ultrapassar solos muito pedregulhosos e veios de quartzo. A Fig. 2.28 mostra alguns tipos de trado comumente utilizados. Em zonas de empréstimo, é comum planejar uma malha inicial de furos espaçados a cada 100 m, que pode ser refinada caso a heterogeneidade do solo exigi-lo. O mesmo se dá em projetos de tubulações enterradas.

2.11.2 Sondagem de simples reconhecimento (SPT)

A sondagem de simples reconhecimento com SPT (*Standard Penetration Test*) é uma atividade obrigatória em toda obra geotécnica, pois, além de permitir a determinação da estratigrafia do terreno, juntamente com a

56
Dutos enterrados

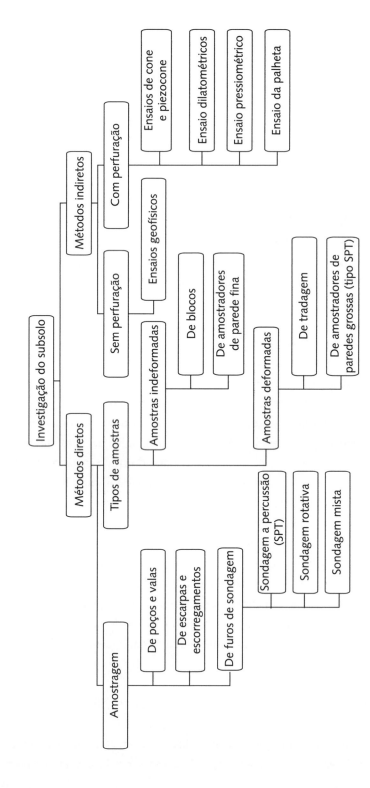

Fig. 2.27 *Métodos de investigação do subsolo*

posição do N.A., possibilita a obtenção do índice de resistência à penetração do solo. O procedimento está normalizado pela norma NBR 6484/2001 da ABNT. O equipamento de sondagem SPT é composto por um tripé equipado com roldana e sarrilho – que possibilita o manuseio de hastes ocas –, em cujas extremidades se fixa um trépano biselado ou um amostrador padrão (Fig. 2.29).

Basicamente, esse tipo de sondagem é composto por três atividades:
a) abertura de um furo para acesso de um amostrador padrão, feito a trado até o N.A. e com circulação de água a partir deste ponto;
b) cravação do amostrador para a obtenção do índice de penetração N_{SPT};
c) coleta da amostra deformada retida no corpo do amostrador, que servirá para a identificação do solo penetrado.

A perfuração até o N.A. é realizada com trado espiral ou cavadeira, em geral de diâmetro externo de 63,5 mm. Abaixo da cota do N.A., o furo prossegue por escavação com lavagem e pela cravação à percussão de um amostrador padrão. Esses dois processos são alternados a cada metro.

Durante a escavação com lavagem, água é injetada sob pressão no interior das hastes, em cuja ponta, em vez do amostrador, é acoplado o trépano.

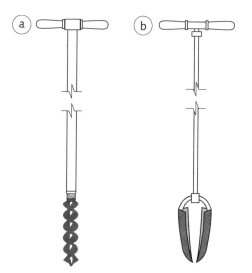

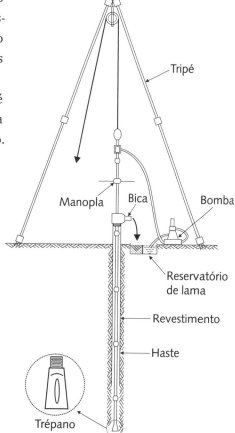

FIG. 2.28 *Tipos usuais de trados: (a) helicoidal e (b) cavadeira*

FIG. 2.29 *Equipamento de uma sondagem SPT*

Movimentos de rotação do trépano, realizados pelo operador, mais a ação desagregadora da água sob pressão destorroam o solo e impelem-no para a superfície através do espaço anelar existente entre as paredes externas das hastes e as paredes do furo. A lavagem do furo é interrompida a 0,45 m da cota final de coleta da amostra.

O amostrador padrão é um tubo de parede grossa bipartido, com diâmetro externo (d_e) de 50,8 mm e diâmetro interno (d_i) de 34,9 mm, solidarizado na ponta e no topo por peças inteiriças (Fig. 2.30). A peça da ponta é biselada, enquanto a do topo permite a fixação de hastes metálicas ocas para a descida do amostrador até o fundo do furo.

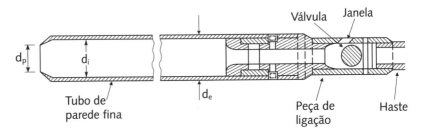

Fig. 2.30 *Amostrador padrão*

A cravação do amostrador padrão é feita por um peso de aço de 637 N, que cai de uma altura de 750 mm. A resistência do solo é quantificada pelo número de golpes necessário para cravar 450 mm do comprimento do amostrador, anotando-os separadamente em três séries de 150 mm. O valor N_{SPT} é a soma do número de golpes obtido nas duas últimas séries.

Por meio do número N_{SPT}, é possível classificar materiais arenosos segundo a compacidade e estimar vários parâmetros geotécnicos de interesse. A Tab. 2.9 fornece correlações de N_{SPT} com a densidade relativa do solo (D_r), o peso específico natural (γ), o ângulo de atrito do solo e a resistência de ponta do cone estático de penetração (q_c).

Tab. 2.9 Estimativa de alguns parâmetros para solos arenosos a partir do SPT

Compacidade	N_{SPT}	D_r	ϕ' (°)	γ (kN/m³)	q_c (MPa)
Fofa	⩽ 4	< 20	< 30	< 16	< 2
Pouco compacta	5-8	20-40	30-35	16-19	2-4
Medianamente compacta	9-18	40-60	35-40	17-20	4-12
Compacta	19-40	60-80	40-45	18-21	12-20
Muito compacta	> 40	> 80	> 45	20-22	> 20

Embora correlações de N_{SPT} sejam menos recomendáveis em solos argilosos, pelo fato de serem muito sensíveis às modificações estruturais causadas pela cravação, sua utilização é abrangente, principalmente em materiais de consistência média ou superior. A Tab. 2.10 traz correlações de N_{SPT} com a resistência ao cisalhamento não drenada (S_u), o peso específico natural (γ) e a resistência de ponta do cone estático de penetração (q_c) para solos argilosos.

TAB. 2.10 Estimativa de alguns parâmetros para solos argilosos a partir do SPT

Consistência	N_{SPT}	S_u (kPa)	γ (kN/m³)	q_c (MPa)
Muito mole	$\leqslant 2$	< 25	< 13	< 2
Mole	3-5	25-50	13-15	2-4
Média	6-10	50-100	15-17	4-12
Rija	11-19	100-200	17-19	12-20
Dura	> 19	> 200	> 19	> 20

2.11.3 Ensaio de palheta

O ensaio de palheta, também conhecido como *vane test*, é utilizado para a determinação da resistência não drenada (S_u) das argilas, sendo padronizado no Brasil pela norma NBR 10905 da ABNT. O equipamento consiste basicamente de uma haste em cuja extremidade inferior é acoplada uma palheta, que, por sua vez, é dotada de quatro aletas dispostas em formato cruciforme (Fig. 2.31). As palhetas são fabricadas sempre com comprimento correspondente ao dobro do diâmetro, e o tamanho adotado no ensaio depende da consistência do solo investigado. Quanto mais mole a argila, maior deve ser o tamanho da palheta.

Um tubo de revestimento devidamente lubrificado isola a haste do solo circundante. Quando posicionada na cota desejada, um mecanismo responsável pela aplicação de um torque à palheta é acionado na extremidade superior da haste. O torque é aplicado a uma velocidade constante de 6° por minuto e medido a cada 2°.

Para o cálculo de S_u, admite-se, como condição de contorno, a formação de um cilindro de solo, rompido com a rotação da palheta. O torque gerado é igualado à tensão cisalhante máxima mobilizada na superfície externa do cilindro, e S_u é determinada pela Eq. 2.38. Essa formulação também pressupõe que a distribuição de tensões é uniforme ao longo da geratriz do cilindro, e que o solo é uniforme e não sofre amolgamento durante a cravação do aparelho.

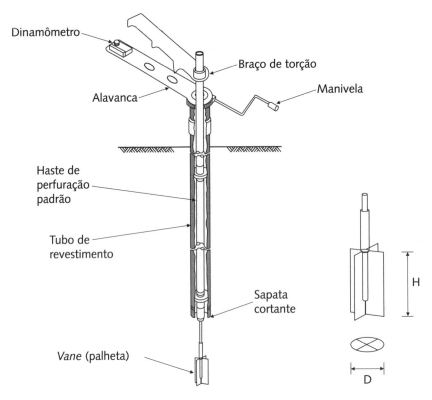

FIG. 2.31 *Esquema do ensaio de palheta*

$$S_u = \frac{2M}{\pi D^2 \left(H + \frac{D}{3}\right)} \quad [2.38]$$

em que: M = torque máximo medido; D = diâmetro do cilindro de solo; H = altura do cilindro de solo.

O ensaio de palheta fornece resultados bastante coerentes, principalmente em solos de consistência mole. A perturbação causada pela cravação da palheta pode afetar consideravelmente a estrutura das argilas médias a duras, invalidando os resultados obtidos.

As principais causas de erro nos resultados do ensaio de palheta são geralmente associadas a calibrações incorretas das medidas de torque, ao uso de tempos de espera entre a cravação e a rotação da palheta fora de padrão, à aplicação de velocidades de rotação da palheta fora de padrão e a atritos internos no equipamento.

2.11.4 Ensaio de cone (CPT) e piezocone (CPTu)

Surgido na Holanda na década de 1930, o ensaio de penetração do cone (CPT) é, atualmente, um método de prospecção bastante difundido no mundo todo, por conta principalmente de sua versatilidade. É usado para a determinação do perfil estratigráfico do subsolo, para estimativas de suas propriedades de estado, mecânicas e hidráulicas, bem como para o projeto de fundações.

O ensaio é realizado com a cravação estática de um penetrômetro cilíndrico com uma ponta cônica com ápice de 60° e área de base de 10 cm², a uma velocidade constante de 20 mm/s. Durante o ensaio, registram-se a resistência despertada na ponta (q_c) e o atrito lateral desenvolvido no perímetro da haste do cone (f_s). No Brasil, o ensaio de cone é padronizado pela norma NBR 12069 da ABNT.

Inicialmente, havia apenas a opção do ensaio de cone mecânico, cuja configuração é ilustrada na Fig. 2.32. Após o posicionamento na profundidade desejada (Fig. 2.32a), o procedimento consiste em avançar a ponta em 40 mm, empurrando o conjunto de hastes internas e obtendo-se q_c (Fig. 2.32b). Deslocamentos adicionais das hastes proporcionam a movimentação conjunta da luva de atrito e da ponta, fornecendo a resistência total do sistema (q_{total}) (Fig. 2.32c). O atrito lateral (f_s) é obtido subtraindo-se q_c de q_{total}. Em seguida, as hastes externas são forçadas para baixo, trazendo o sistema de volta à sua configuração original, e um novo ciclo é iniciado. A Fig. 2.32d mostra uma fotografia do cone mecânico.

O surgimento do cone elétrico, instrumentado com transdutores que permitem o monitoramento contínuo do ensaio, representou um enorme ganho na qualidade dos resultados obtidos. Nesse equipamento, uma célula de carga ligada à ponta é responsável pelas medidas de q_c. Do mesmo modo, f_s é obtido por meio

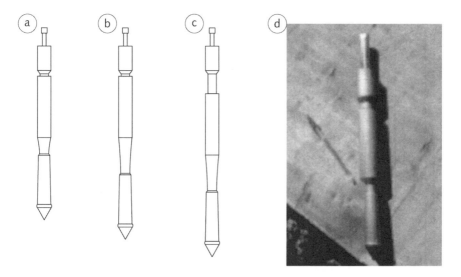

FIG. 2.32 *Cone mecânico*

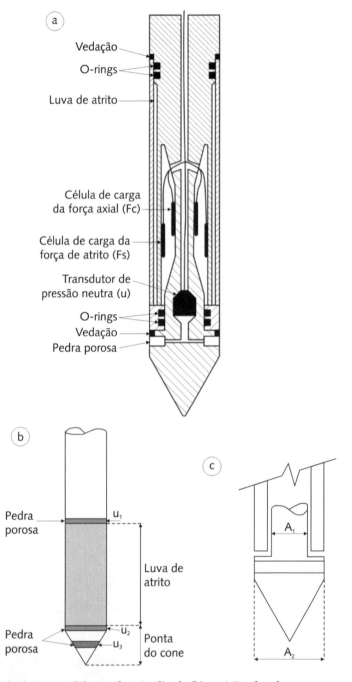

FIG. 2.33 *O piezocone: (a) corte longitudinal; (b) posições dos elementos porosos; (c) correção da resistência de ponta*

de uma célula de carga conectada à luva de atrito (Fig. 2.33a). Durante o ensaio, os dados são coletados por um sistema eletrônico de aquisição de dados e compilados

2 | Aspectos essenciais de Mecânica dos Solos

automaticamente por um programa computacional que, em tempo real, gera gráficos dos parâmetros de resistência em função da profundidade. A cravação do cone elétrico é feita geralmente com o auxílio de um sistema hidráulico montado sobre um caminhão ou sobre um equipamento dotado de esteiras e sistema de reação por ancoragens.

Outra diferença notável entre os cones mecânico e elétrico está na geometria. O atrito lateral medido pelo cone mecânico é bastante afetado pela luva de atrito, cujo formato ressaltado faz com que o equipamento meça uma espécie de parcela de ponta. Já o cone elétrico possui um corpo liso. Como resultado, o f_s obtido com o cone mecânico é aproximadamente o dobro do registrado pelo cone elétrico.

Um aperfeiçoamento posterior do cone elétrico é o piezocone (CPTu), que possui um ou mais transdutores capazes de medir a pressão neutra (u) no solo durante o teste (Fig. 2.33a). Na maioria dos cones, o elemento poroso está localizado imediatamente atrás da ponta (u_2), não obstante existam cones com elementos na face da ponta (u_1) e na luva de atrito (u_3) (Fig. 2.33b). Equipamentos com dois medidores de poropressão geralmente apresentam elementos porosos nas posições u_2 e u_3.

A resistência de ponta do cone (q_c) necessita ser corrigida para levar em conta os efeitos de pressão neutra atuantes em áreas desiguais da geometria do cone. O ajuste de q_c para a correta resistência de ponta mobilizada (q_t) é obtido da seguinte maneira:

$$q_t = q_c + (1 - a)u_2 \qquad \textbf{[2.39]}$$

em que: $a = A_1/A_2$ (Fig. 2.33c). O parâmetro a é determinado por meio de calibração, em que se aplica uma tensão conhecida q_t e se registram u_2 e q_c correspondentes. Para o cone padrão, com 10 cm^2 de área, a varia entre 0,4 e 0,9.

O piezocone permite a obtenção do coeficiente de adensamento horizontal do solo (c_{vh}) por meio da realização de ensaios de dissipação de pressões neutras em profundidades selecionadas. Outra vantagem é a capacidade de identificar com precisão a estratigrafia do terreno, detectando lentes muito finas de diferentes materiais.

Outros sensores, além dos transdutores de pressão neutra, podem ser incorporados ao equipamento, como, por exemplo, geofones e/ou acelerômetros para medidas sísmicas (Stewart; Campanella, 1993) e módulos para a obtenção da condutividade elétrica do solo (Davies; Campanella, 1995), porosidade por radioisótopos (Tjelta et al., 1985) e temperatura e condutividade térmica (Zuidberg; Richards; Geise, 1986). Medidas de tensões laterais no solo também são possíveis por meio da instrumentação da luva de atrito ou de um elemento atrás desta (Huntsman et al., 1986; Campanella et al., 1990).

Resultados de um ensaio de piezocone com camadas intercaladas de silte argiloso e areia são mostrados na Fig. 2.34. R_f é denominada *razão de atrito* e é determinada por:

$$R_f = \frac{f_s}{q_c} \times 100(\%) \qquad [2.40]$$

Tipicamente, uma resistência de ponta alta e uma baixa razão de atrito indicam a existência de uma camada de solo arenoso. Camadas de material argiloso de consistência baixa são identificadas quando a resistência de ponta é baixa e a razão de atrito é elevada. Já os solos argilosos duros e rijos possuem elevadas resistência de ponta e razão de atrito.

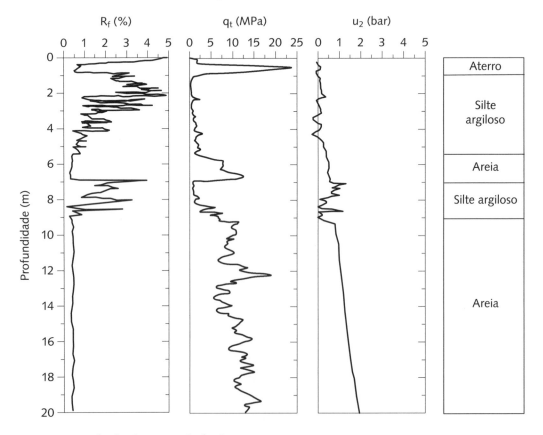

FIG. 2.34 *Resultados de um ensaio de piezocone*

Os sistemas de classificação de solos a partir do ensaio de cone são baseados nos valores de q_c e R_f. No ensaio de piezocone, também é utilizado um parâmetro denominado *razão de pressão neutra* (B_q):

$$B_q = \frac{u_2 - u_0}{q_t - \sigma_{v0}} \qquad [2.41]$$

em que: u_0 = pressão hidrostática; σ_{v0} = tensão vertical no maciço.

Diversos métodos para a classificação de solos a partir de ensaios de cone e piezocone têm sido propostos (Robertson et al., 1986; Robertson, 1990). A Fig. 2.35 mostra as cartas de classificação propostas por Robertson (1990), as quais relacionam a resistência de ponta normalizada (Q_t) com a razão de atrito normalizada (F_r) e B_q. As normalizações em q_t e f_s são feitas a fim de levar em conta a influência da profundidade na resistência à cravação do cone. Em geral, a carta da Fig. 2.35a é mais indicada para solos argilosos, e a da Fig. 2.35b, para solos arenosos.

Na falta de experiência com o solo investigado, a classificação por meio de ensaios CPT ou CPTu deve ser utilizada com reservas, devendo, sempre que possível, ser confrontada com classificações obtidas por outros meios. Resultados

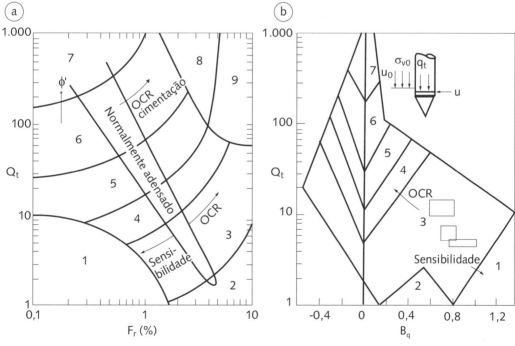

1 - Solos finos sensíveis
2 - Solos orgânicos
3 - Argila - Argila siltosa
4 - Silte argiloso - Argila siltosa
5 - Areia siltosa - Silte arenoso
6 - Areia - Areia siltosa
7 - Areia - Areia pedregulhosa
8 - Areia muito compacta - Areia argilosa
9 - Solo fino muito rijo

$$Q_t = \frac{q_t - \sigma_{v0}}{\sigma'_{v0}}$$

$$F_r = \frac{f_s}{f_s - \sigma_{v0}} \times 100\%$$

FIG. 2.35 *Cartas de classificação de solos baseadas em resultados de ensaios CPTu*
Fonte: Robertson (1990).

de ensaios de dissipação de pressões neutras podem ajudar consideravelmente na classificação.

Os valores de resistência do cone podem ser utilizados diretamente em projetos de fundações ou na obtenção de parâmetros de interesse a partir de diversas correlações empíricas. Algumas, de maior aceitação prática para solos coesivos e arenosos, são resumidas nos Quadros 2.5 e 2.6, respectivamente. Deve-se, no entanto, ter em mente que as expressões apresentadas são de cunho geral e podem não possuir aplicação local. O ideal é determinar correlações locais e compará-las com correlações publicadas na literatura, a fim de verificar tendências de comportamento. Maiores informações sobre a interpretação dos resultados do ensaio podem ser obtidas em Lunne, Robertson e Powell (1997).

Outros métodos de prospecção do solo estão disponíveis hoje em dia, com larga aceitação entre o meio técnico. Entre eles, destacam-se o pressiômetro,

QUADRO 2.5 Determinação de parâmetros para solos coesivos a partir de resultados de ensaios de cone

Parâmetro	Correlação	Observações	Referências
Resistência não drenada, S_u	$S_u = \frac{q_t - \sigma_{v0}}{N_{kt}}$	Valores de N_{kt} para solos brasileiros: ver Fig. 2.36	Lunne, Robertson e Powell (1997), Sandroni, Brugger e Almeida (1997)
Razão de sobreadensamento, OCR	$OCR = k\left(\frac{q_t - \sigma_{v0}}{\sigma'_{v0}}\right)$	$k = 0{,}2$ a $0{,}5$	Lunne, Robertson e Powell (1997)
Coeficiente de empuxo ao repouso, K_0	$K_0 = 0{,}1\left(\frac{q_t - \sigma_{v0}}{\sigma'_{v0}}\right)$		Kulhawy e Mayne (1990)
Sensibilidade, S_e	$S_e = N_s / R_f$	$N_s = 5$ a 15	Schmertmann (1978), Rad e Lunne (1986)
Módulo oedométrico, M	$M = \alpha_n (q_t - \sigma_{v0})$	$\alpha_n = 4$ a 8	Senneset, Sandven e Janbu (1989)

QUADRO 2.6 Determinação de parâmetros para solos arenosos a partir de resultados de ensaios de cone

Parâmetro	Correlação	Observações	Referências
Ângulo de atrito interno (ϕ')	$\phi' = \mathrm{tg}^{-1}\left[0{,}1 + 0{,}38\log(q_c/\sigma'_{v0})\right]$		Kulhawy e Mayne (1990)
Densidade relativa (D_r)	$D_r = -98 + 66\log\frac{q_c}{(\sigma'_{v0})^{0,5}}$	q_c e σ'_{v0} em t/m^2	Jamiolkowski et al. (1985)
Módulo de deformabilidade (E_{25})	$E_{25} = 1{,}5 q_c$	$E_{25} = 25\%$ de $(\sigma_1 - \sigma_3)_{máx}$	Baldi et al. (1981)

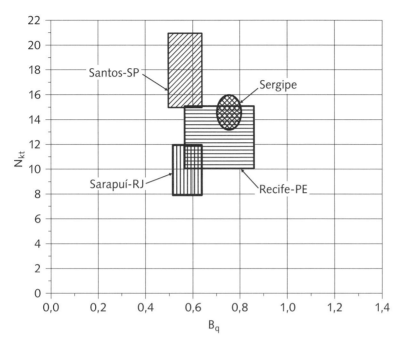

FIG. 2.36 *Valores de N_{kt} para solos brasileiros*
Fonte: Sandroni, Brugger e Almeida (1997).

o dilatômetro e os ensaios baseados na velocidade de propagação de ondas através do solo, como o método *cross hole*.

O leitor interessado em se aprofundar nesta área encontra vasta bibliografia especializada, incluindo bons textos de pesquisadores brasileiros.

3 REDISTRIBUIÇÃO DE TENSÕES NO SOLO

Em Engenharia Civil, o dimensionamento de dutos enterrados está entre os problemas em que um projeto seguro depende do entendimento do processo de interação que se estabelece entre o solo circundante e a estrutura. Na execução de obras dessa natureza, criam-se sistemas cujo comportamento é fruto das características do maciço de solo, do material que envolve o duto (geralmente solo compactado), do duto em si e dos eventos que ocorrem durante e após a instalação, principalmente aqueles referentes às deflexões que se impõem ao duto desde a sua saída da fábrica até o encerramento da obra.

Em vista das diferenças na rigidez dos materiais, a presença do duto em um maciço causa uma intensa redistribuição de tensões em seu entorno, e isso afeta a resposta final do sistema, quando comparada à do maciço sem a presença do duto.

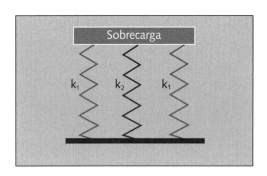

FIG. 3.1 *Analogia das molas*

Uma imagem simples do fenômeno pode ser obtida por meio da analogia com um modelo composto por três molas (Moser e Folkman, 2008), como esquematiza a Fig. 3.1. Nela, as molas laterais representam o solo circundante, e a mola central, o duto. As molas laterais possuem constante elástica k_1, e a mola central, k_2. O sistema é carregado com um prisma rígido, que cobre toda a sua largura e representa o solo de cobertura e eventuais sobrecargas. Para realçar o efeito da compressibilidade relativa solo-duto, são consideradas três situações diferentes:

a) as molas têm a mesma rigidez elástica ($k_1 = k_2$);
b) a mola central é mais rígida que as molas laterais ($k_2 > k_1$);
c) as molas laterais são mais rígidas que a mola central ($k_1 > k_2$).

Se as molas possuírem a mesma constante elástica (caso a), sofrerão encurtamento de mesmo valor sob o efeito do carregamento, o que significa que estarão suportando a mesma carga. Essa seria a condição inicial do terreno sem o duto ou a condição de uma instalação – difícil de ocorrer na prática – com rigidez relativa (*RR*) unitária. Quando a mola central é mais rígida que as molas laterais (caso b), a maior parcela da carga aplicada é dirigida para ela. Há, nesse caso, um alívio das cargas sobre as molas laterais. Esta é uma condição universal, válida na Engenharia como um todo: elementos mais rígidos suportam as cargas que, teoricamente, deveriam ser suportadas por elementos flexíveis adjacentes. Finalmente, se as molas laterais forem mais rígidas que a mola central (caso c), suportarão a maior parcela da carga aplicada, havendo um alívio da carga sobre a mola central.

O modelo das molas representa muito bem o fenômeno de transferência de cargas do solo sobre o duto para o solo lateral, e vice-versa. Na analogia, a mola central representa o duto e o solo sobre ele, e as molas laterais, o solo circundante. A sobrecarga disposta no topo das molas representa o peso do solo de cobertura e de eventuais sobrecargas superficiais. Assim, quando os recalques do solo sobre o duto, somados às suas deflexões verticais, forem superiores aos recalques do solo adjacente (o que corresponderia a uma mola central com menor rigidez), haverá alívio de tensões sobre a estrutura, com o consequente aumento das tensões verticais nas laterais. As tensões são transferidas das zonas mais flexíveis de solo sobre o duto para o solo lateral. Essa transferência de carga é chamada de *arqueamento positivo* ou *ativo*. Por outro lado, quando há aumento de tensão sobre o duto, ocorre *arqueamento negativo* ou *passivo*.

Embora ilustrativo, o modelo das molas é demasiadamente simples para explicar de forma completa a interação solo-estrutura. Por isso, essa questão será tratada com maior rigor em itens subsequentes.

A questão básica, quando se projeta uma estrutura enterrada, é o conhecimento da distribuição de tensões que atuam sobre ela. De outra forma, pode-se dizer que o efeito do arqueamento e as deflexões do duto são aspectos interdependentes. Como visto anteriormente, as tensões que atingem a estrutura decorrem de uma série de fatores, entre os quais a rigidez relativa solo-duto, que não é uma propriedade intrínseca da instalação.

No que se refere ao duto, essa interação depende de sua rigidez e imperfeições iniciais, isto é, dos desvios de forma geométrica impostos à tubulação durante o manuseio e a instalação. Quanto ao solo, a resposta final da instalação é afetada pelas condições de berço, o tipo de solo e a compactação, além da profundidade do solo de cobertura.

A resposta final do sistema solo-duto também é interferida pela forma e sequência de construção, isto é, o modo como as várias etapas construtivas são executadas e a ordem cronológica de realização dos vários eventos.

Por fim, o tipo e a intensidade do carregamento externo aplicado ao sistema solo-duto também afetam o comportamento da estrutura, pois não só contribuem nos valores de recalque dos prismas interno e externos como, por efeito do arqueamento, podem ser redistribuídos para o topo ou para as laterais do duto.

Duas instalações teoricamente iguais podem gerar respostas totalmente diferentes quanto ao desempenho, caso haja divergência de quaisquer dos fatores mencionados anteriormente.

A seguir, o fenômeno do arqueamento é abordado. A influência dos demais fatores no comportamento mecânico das tubulações enterradas será discutida nos capítulos seguintes.

3.1 MOBILIZAÇÃO DO ARQUEAMENTO

Como visto no modelo das molas, qualquer inclusão em um meio terroso uniforme causa redistribuição de tensões, o que provoca alívio nos pontos mais deformáveis e concentração de tensões nas zonas mais rígidas do meio. Essa transferência de tensões no solo recebe o nome de *arqueamento*. O fenômeno do arqueamento possui ampla ocorrência nas obras geotécnicas e transcende a questão das estruturas enterradas, embora nestas se manifeste com enorme intensidade e gere grandes preocupações de projeto.

Se as tensões atuantes em um maciço homogêneo, antes da execução de qualquer obra, forem denominadas *tensões iniciais* ou *de campo livre*, para distingui-las do estado final de tensões afetado por uma inclusão, pode-se definir o arqueamento, segundo Allgood e Takahashi (1972), como:

$$A_f = 1 - \frac{\sigma'_v}{\sigma'_{vi}} \qquad \textbf{[3.1]}$$

em que: A_f = arqueamento; σ'_{vi} = tensão vertical inicial; σ'_v = tensão vertical afetada pela inclusão.

A_f será nulo quando a rigidez relativa do sistema solo-duto for unitária, ou seja, quando as tensões de campo livre não forem alteradas pela implantação do duto. A_f será positivo e menor do que a unidade no caso de as tensões finais, afetadas pela inclusão, serem inferiores às tensões iniciais (arqueamento positivo). Se as tensões finais forem superiores às tensões iniciais, o valor de A_f será negativo (arqueamento negativo).

Em dutos rígidos implantados em saliência positiva, não raro se registram acréscimos de tensão decorrentes do arqueamento negativo que correspondem a duas a três vezes o valor da tensão de peso próprio de solo. Por outro lado, em razão do arqueamento positivo, as tensões finais no topo de dutos em vala podem atingir valores correspondentes a apenas 10% a 30% das tensões aplicadas. Esse aspecto será abordado adiante.

Exemplo 3.1

Calcular o coeficiente de arqueamento sobre um conduto enterrado se $\sigma'_v = 20$ kPa e $\sigma'_{vi} = 25$ kPa.

Resolução:

$$A_f = 1 - 20/25 = 0{,}2$$

Ou seja, há uma redução de tensões sobre o duto de 20%, em razão do arqueamento positivo. A tensão vertical que atinge a estrutura, em vez dos 25 kPa aplicados, é, por causa do arqueamento positivo, de apenas 20 kPa.

O arqueamento em material granular foi investigado de modo pioneiro por Terzaghi (1936), que mediu tensões verticais (σ'_v) e horizontais (σ'_h) sobre um alçapão horizontal situado no fundo de uma caixa de testes. O alçapão possuía comprimento (L_v) muito maior que a largura (B), caracterizando uma condição de deformação plana. Para registrar as tensões, fitas metálicas eram dispostas no interior do solo e extraídas durante o ensaio. A Fig. 3.2 mostra a variação de σ'_v e σ'_h sobre o alçapão, em função da altura medida a partir da base da caixa (z), para deslocamentos relativos do alçapão (δ/B) de 0%, 1% e 7%. Os resultados mostram que movimentos descendentes do alçapão são capazes de provocar reduções sensíveis tanto de σ'_v quanto de σ'_h. As tensões imediatamente sobre o alçapão atingem valores da ordem de 10% das tensões do estado inicial,

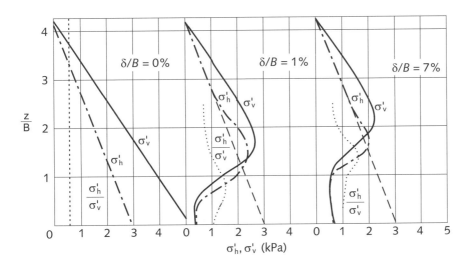

FIG. 3.2 *Resultados do experimento de Terzaghi (1936): (a) condição em repouso; (b) movimentos descendentes do alçapão equivalentes a 1% de sua largura; (c) movimentos descendentes do alçapão equivalentes a 7% de sua largura*

em repouso (σ'_{vi} ou σ'_{hi}). Esse efeito restringiu-se a alturas de cobertura de solo de até três vezes a largura B, dentro da qual a expansão e os movimentos verticais do solo mobilizam tensões cisalhantes nas laterais da massa de solo sobre o alçapão, aliviando grande parte da carga aplicada. A partir dos experimentos, Terzaghi verificou que os valores de coeficiente de empuxo, k_r, variaram entre 1, logo acima do alçapão, e 1,5, a uma altura equivalente à largura do alçapão.

Uma investigação sobre a influência da altura de cobertura no arqueamento de uma areia pura que apresenta diferentes compacidades sobre um alçapão circular foi feita por McNulty (1965). A Fig. 3.3 mostra a variação da tensão vertical medida sobre o alçapão (σ'_v) em função de δ/B para diversas alturas de cobertura de solo. Os valores de σ'_v são normalizados pela tensão medida antes da movimentação do alçapão (σ'_{vi}). H é a altura de cobertura de solo.

Por facilidade de notação, deste ponto em diante o sobrescrito ' será omitido do texto, devendo-se entender que as tensões no solo serão sempre efetivas.

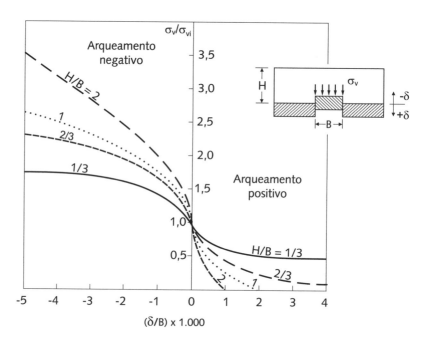

FIG. 3.3 *Variação da tensão vertical com o deslocamento de alçapão circular para diferentes alturas de cobertura de solo*
Fonte: McNulty (1965).

Os resultados obtidos mostraram que deslocamentos muito pequenos do alçapão, inferiores a 0,1% da largura B, são suficientes para despertar o arqueamento positivo. A redução da tensão torna-se mais acentuada com o aumento de H/B. A mobilização do arqueamento negativo, por outro lado, requer deslocamentos muito maiores, sendo essa tendência crescente com o aumento de H/B. A Fig. 3.3 também mostra que as reduções de tensões verticais, no caso do arqueamento positivo, podem ser totais, ou seja, sem nenhuma carga agindo sobre o alçapão. Isso ocorre para relações H/B acima de 1 e deslocamentos verticais do alçapão equivalentes a 0,1% a 0,2% da sua largura. Por outro lado, os acréscimos de tensões verticais, no caso de arqueamento negativo, podem atingir valores acima de 300% para $H/B > 2$ e deslocamentos superiores a 0,5% de B.

Costa (2005) avaliou o arqueamento de uma areia pura com alçapões de geometria retangular e quadrada em posições dentro e fora da estrutura, considerando uma relação H/B constante igual a 5,6 e a aplicação de uma sobrecarga superficial distribuída de 100 kPa. O alçapão retangular utilizado possuía comprimento (L_v) correspondente a três vezes a sua largura (B). A variação da tensão vertical (σ_v) no centro do alçapão é exibida na Fig. 3.4. Os resultados evidenciam um efeito mais pronunciado nos arqueamentos ativo e passivo com o alçapão quadrado. O comportamento de σ_v no exterior do alçapão, próximo à maior aresta, é mostrado na Fig. 3.5. Nessa localidade, a condição

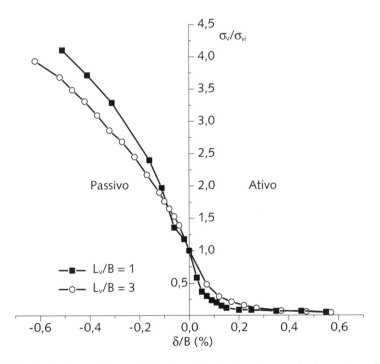

Fig. 3.4 *Variação da tensão vertical no interior de alçapões quadrado e retangular em arqueamentos ativo e passivo*
Fonte: Costa (2005).

passiva leva a um comportamento oposto ao observado dentro do alçapão, com redução gradual de σ_v. Já na situação ativa, a tensão aumenta ligeiramente nos deslocamentos iniciais do alçapão, diminuindo em seguida. Em relação ao formato, o efeito do arqueamento é mais pronunciado com o alçapão retangular na condição ativa. Na situação passiva, a influência da geometria da estrutura mostrou-se menos significativa.

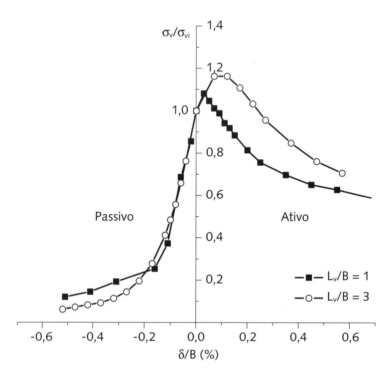

FIG. 3.5 *Variação da tensão vertical no exterior de alçapões quadrado e retangular em arqueamentos ativo e passivo*
Fonte: Costa (2005).

A redistribuição das tensões ao longo do eixo longitudinal do alçapão retangular (eixo y), após o arqueamento ativo, é mostrada na Fig. 3.6. Os dados correspondem a deslocamentos relativos do alçapão (δ/B) de 0,1% e 10%. Verifica-se que a redução de tensões sobre a estrutura não se restringe aos limites do alçapão, mas se estende até uma distância y/B igual a aproximadamente 2. O alívio da tensão no interior do alçapão é ligeiramente menor em direção ao centro, sendo esse comportamento atenuado com o aumento de δ/B, com as tensões tendendo ao nivelamento. A região do maciço além de $y/B = 2$ experimenta acréscimos de carga.

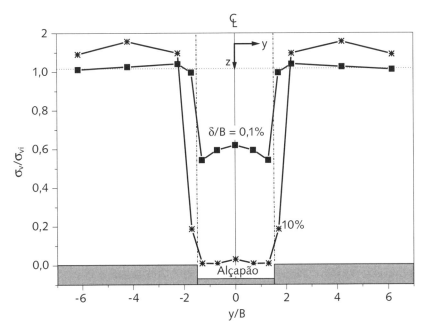

Fig. 3.6 *Distribuição de tensões verticais em um alçapão retangular em arqueamento ativo*
Fonte: Costa (2005).

3.2 Avaliação do arqueamento positivo

3.2.1 Teoria do silo

O arqueamento também se dá em silos para armazenamento de grãos, motivo pelo qual o arqueamento positivo é muitas vezes conhecido como efeito silo.

As primeiras teorias sobre o arqueamento de solo remontam ao final do século XIX e início do século XX. A mais utilizada tem sido a de Janssen (1895), proposta originalmente para o cálculo de tensões em silos; daí ser também conhecida por *teoria do silo*. Assume-se que a carga vertical em um elemento infinitesimal de solo de espessura dz, a uma profundidade z no maciço, é igual à diferença entre o peso do solo acima do elemento (mais eventuais sobrecargas) e as forças cisalhantes (coesão e atrito de interface) geradas nas suas laterais (Fig. 3.7). Resolvendo-se para o equilíbrio vertical do elemento, obtém-se:

$$B\gamma\,dz = B(\sigma_v + d\sigma_v) - B\sigma_v + 2(c + k_r \sigma_v \operatorname{tg}\delta)\,dz \qquad [\textbf{3.2}]$$

em que: c = coesão; δ = ângulo de atrito na interface do elemento; k_r = razão entre as tensões vertical e horizontal; γ = peso específico do solo.

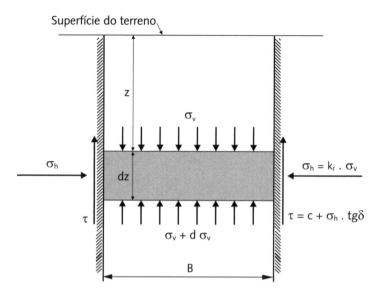

FIG. 3.7 *Tensões atuantes em um elemento infinitesimal de solo em uma vala*

Considerando δ igual ao ângulo de atrito interno do solo (ϕ), a Eq. 3.2 pode ser rearranjada da seguinte forma:

$$\frac{d\sigma_v}{dz} = \left[\gamma - \frac{2c}{B}\right] - \frac{2k_r\,\text{tg}\,\phi}{B}\sigma_v \qquad [3.3]$$

Integrando-se a Eq. 3.3 e admitindo-se como condições de contorno que $\sigma_v = 0$ quando $z = 0$, a tensão vertical sobre o elemento será dada por:

$$\sigma_v = \frac{B\left(\gamma - \frac{2c}{B}\right)}{2k_r\,\text{tg}\,\phi}\left[1 - \exp\left(-k_r\,\text{tg}\,\phi\,\frac{2z}{B}\right)\right] \qquad [3.4]$$

Se uma carga uniformemente distribuída q atua sobre a superfície do terreno, para computar o acréscimo de tensão vertical decorrente dessa ação, deve-se somar, à Eq. 3.4, uma parcela adicional igual ao produto da carga q pelo termo exponencial, obtendo-se:

$$\sigma_v = \frac{B\cdot\left(\gamma - \frac{2c}{B}\right)}{2k_r\,\text{tg}\,\phi}\left[1 - \exp\left(-k_r\,\text{tg}\,\phi\,\frac{2z}{B}\right)\right] + q\cdot\exp\left(-k_r\,\text{tg}\,\phi\,\frac{2z}{B}\right) \qquad [3.5]$$

Para uma instalação profunda ($z \to \infty$) implantada em solo granular, a Eq. 3.5 torna-se:

$$\sigma_v = \frac{B\gamma}{2k_r\,\text{tg}\,\phi} \qquad [3.6]$$

Assumindo que k_r é igual ao coeficiente de empuxo ativo (K_a), o produto $2k_r \tg \phi$ para ϕ entre 25° e 35°, intervalo típico da maioria dos solos, é praticamente constante e vale 0,38. Então, é possível admitir que, em grandes profundidades, a tensão vertical atinge um valor constante aproximadamente igual a:

$$\sigma_v = 2{,}6B\gamma \qquad \textbf{[3.7]}$$

Exemplo 3.2 _____

Calcular a tensão vertical sobre um duto rígido de 1 m de diâmetro externo colocado em uma vala com 1,5 m de largura e 3,3 m de profundidade. Os parâmetros efetivos de resistência ao cisalhamento do solo de reaterro da vala são $c = 0$ e $\phi = 30°$. O peso específico do solo é igual a $18\,\text{kN/m}^3$.

Solução:

☐ *Cálculo do coeficiente de empuxo*

Considerando $k_r = K_a$, tem-se:

$$k_r = K_a = \frac{1 - \sen 30°}{1 + \sen 30°} = \frac{1}{3}$$

☐ *Cálculo da tensão vertical*

$$\sigma_v = \frac{1{,}5 \times 18}{2 \times \frac{1}{3} \times \tg 30°} \left[1 - \exp\left(-\frac{1}{3} \times \tg 30° \times \frac{2 \times 2{,}3}{1{,}5} \right) \right] = 31{,}27\,\text{kPa}$$

Calculada como 2,6 Bγ, a tensão vertical é igual a 70,2 kPa.

Comentário:

Com uma altura de cobertura de solo de 2,3 m, há uma discrepância muito grande entre o resultado obtido pela fórmula geral (Eq. 3.5) e a fórmula aproximada (Eq. 3.7). Se o duto fosse implantado em grande profundidade, com uma altura de cobertura de 10 m, por exemplo, a Eq. 3.5 forneceria $\sigma_v = 64{,}76\,\text{kPa}$, valor bastante próximo do fornecido pela Eq. 3.7. Notar que essa expressão aproximada aplica-se apenas a solos granulares. Solos coesivos devem ser tratados somente pela Eq. 3.5.

3.2.2 Mecanismos de ruptura e outras teorias

A formulação matemática do arqueamento positivo proposta pela teoria do silo baseia-se na hipótese do desenvolvimento de superfícies verticais, onde o atrito de interface é mobilizado, definindo um prisma interno de solo que se comporta como um corpo rígido (Fig. 3.7). Contudo, o mecanismo do arqueamento é mais complexo do que isso, como será abordado a seguir.

Com base em observação experimental, o mecanismo de ruptura causado pela translação de uma base rígida horizontal de modo a provocar uma condição ativa em um meio granular, caracterizando uma instalação rasa, é ilustrado esquematicamente na Fig. 3.8 (Costa et al., 2009). Uma superfície cisalhante inicial OA é formada a partir da aresta do alçapão (ponto O) e se propaga em direção ao centro do mesmo, dividindo o solo em duas regiões distintas. O caminhamento seguido por OA é governado pela densidade do solo e seu confinamento, variáveis que, por sua vez, governam a dilatância do solo. O ângulo formado entre a vertical e a tangente em qualquer ponto ao longo da superfície OA é igual ao ângulo de dilatância do solo (ψ) na posição considerada no momento da formação da superfície (Stone; Muir Wood, 1992; Santichaianant, 2002).

A inclinação da superfície OA na vizinhança do ponto O é representada por θ_{i-OA}, e é igual ao ângulo de dilatância do solo em O. A superfície de ruptura se propaga até o ponto A, quando o alçapão alcança o deslocamento vertical δ_1. Neste ponto, a superfície de ruptura possui uma inclinação θ_{i-A}, correspondente à dilatância do solo em A. Uma vez que o confinamento em A é menor que em O, o ângulo de dilatância em A é maior que em O, de modo que $\theta_{i-A} > \theta_{i-OA}$. A forma curva da superfície de ruptura deve-se ao efeito da variação da tensão com a profundidade, a qual exerce influência sobre a dilatância do solo.

Durante a propagação, as deformações cisalhantes podem levar o solo em OA ao estado crítico, e, consequentemente, ψ decresce do seu valor inicial θ_{i-OA}, associado à formação da superfície cisalhante, até zero, para deslocamentos elevados do alçapão. Deslocamentos adicionais da base provocam o surgimento de uma nova superfície de ruptura, OB, orientada segundo um ângulo com a vertical igual a θ_{i-OB}. Uma vez que a densidade do solo vizinho ao ponto O diminui após o desenvolvimento da superfície de ruptura prévia, a dilatância do solo também reduz, fazendo com que a superfície OB se propague com menor inclinação com a vertical (isto é, $\theta_{i-OB} < \theta_{i-OA}$). A superfície se propaga até o ponto B, à medida que o alçapão atinge o deslocamento δ_2.

A condição final na Fig. 3.8, associada ao deslocamento δ_3, pode ser representada pela superfície de ruptura OC, aproximadamente vertical. Nesse estágio de grande movimentação do alçapão, assume-se que o solo tenha atingido o estado crítico, de modo que a superfície se propaga verticalmente. Uma depressão na superfície do maciço é observada acima do alçapão. Dados radiográficos de modelos físicos mostram que as deformações cisalhantes mudam de uma superfície à próxima de forma abrupta, com o solo entre as superfícies permanecendo rígido e influenciando pouco no processo de deformação (Stone; Muir Wood, 1992).

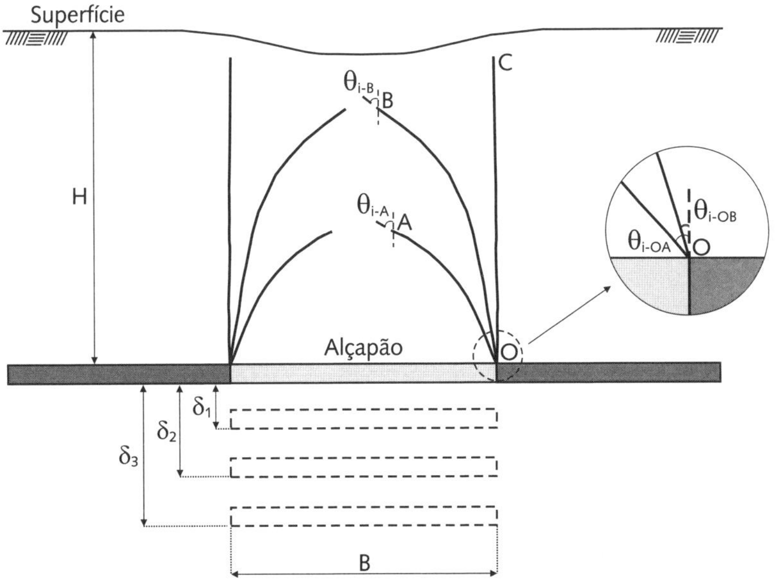

Fig. 3.8 *Mecanismo de ruptura após a translação de um alçapão em arqueamento ativo*

Fonte: Costa et al. (2009).

O padrão de superfícies de ruptura que se desenvolve no solo em virtude do movimento ativo de um alçapão pode ser mais complexo que o ilustrado na Fig. 3.8. Fatores relevantes que influenciam tais padrões incluem a densidade do solo e o nível de confinamento – os quais controlam a variação volumétrica durante o cisalhamento –, como também o tamanho das partículas do solo. O deslocamento imposto ao alçapão em relação às suas dimensões também afeta o padrão de ruptura. Superfícies cisalhantes se propagando para a massa de solo exterior ao alçapão podem surgir após grandes deslocamentos do alçapão (Costa et al., 2009).

O mecanismo de ruptura inicial do solo em arqueamento positivo, correspondente a deslocamentos pequenos da estrutura, pode ser associado à formação de um arco autoportante. É comum que essa condição se manifeste em linhas de estacas ou tubulões pouco espaçados, que são empregados em contenção de encostas ou em escoramento de valas, por exemplo.

Antes mesmo de Janssen (1895) propor sua teoria, Engesser (1882) havia desenvolvido uma solução analítica para o cálculo do alívio das tensões no solo em virtude do arqueamento, considerando a superfície de ruptura como um arco estrutural (Fig. 3.9). A carga efetiva que atua na estrutura é computada como o peso do solo sob o arco (W), e a contribuição da tensão vertical (σ_{vr}) dentro do arco é induzida pelo aumento dos esforços horizontais na base do arco (dF_h).

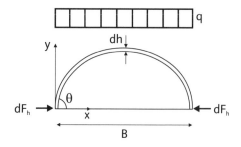

FIG. 3.9 *Método de Engesser (1882)*

Com espessura dh e largura B, assume-se um formato parabólico para o arco, com um ângulo $\theta = \phi$ com a horizontal. Para essa geometria, o peso do solo (W) por unidade de comprimento abaixo do arco é dado por:

$$W = \frac{\gamma B^2 \cotg \phi}{6} \qquad [3.8]$$

em que: γ = peso específico do solo.

O carregamento uniforme no arco estrutural (q) é estimado por Engesser pela Eq. 3.9, em que a tensão vertical redistribuída para as laterais do arco é admitida como a tensão de campo livre (γH) subtraída da tensão vertical normal (σ_{vr}) atuante na estrutura.

$$q = dh \left(\gamma - \frac{\sigma_{vr}}{H} \right) \qquad [3.9]$$

Para um arco parabólico com vão igual a B formando um ângulo θ com a horizontal, o esforço lateral dF_h decorrente do carregamento uniforme q será:

$$dF_h = \frac{qB}{2 \tg \theta} \qquad [3.10]$$

Das Eqs. 3.9 e 3.10, a tensão horizontal na base do arco (σ_{hr}) será:

$$\sigma_{hr} = \frac{dF_h}{dh} = \frac{B}{2 \cotg \phi} \left(\gamma - \frac{\sigma_{vr}}{H} \right) \qquad [3.11]$$

Admitindo-se σ_{hr} constante ao longo de B, σ_{vr} é obtido como $k_r \cdot \sigma_{hr}$. Considerando $k_r = K_a$, o coeficiente de empuxo ativo de Rankine, σ_{vr}, será igual a:

$$\sigma_{vr} = \frac{HB\gamma K_a}{2H \cotg \phi + BK_a} \qquad [3.12]$$

A tensão vertical efetiva (σ_v) atuante na estrutura será, então:

$$\sigma_v = (W/B) + \sigma_{vr} \qquad [3.13]$$

Substituindo as Eqs. 3.8 e 3.12 na Eq. 3.13, chega-se a:

$$\sigma_v = B\gamma \left[\frac{HK_a}{2H \tg \phi + BK_a} + \frac{\tg \phi}{6} \right] \qquad [3.14]$$

Nota-se que a expressão geral 3.14 depende da resistência ao cisalhamento do meio e de características geométricas da instalação.

Villard, Gourc e Giraud (2000) analisaram o equilíbrio estático de um domo com seção semielíptica (estado axissimétrico). A modificação dessa solução para o estado plano de deformação é desenvolvida a seguir (Fig. 3.10). Inicialmente, a formação de um arco elíptico é considerada, sendo a tensão sobre o mesmo, σ_{zd}, determinada a partir do equilíbrio de um prisma de solo, tal como no modelo de Janssen (1895) (Eq. 3.4). Assume-se, então, que a tensão normal na parede (σ_r) é igual a $k_r \cdot \sigma_{zd}$. Para um material coesivo sujeito a uma carga superficial q, a altura crítica de sustentação do arco é determinada resolvendo-se as Eqs. 3.15 e 3.16, que dizem respeito ao equilíbrio de forças verticais e momentos em relação ao ponto A, respectivamente, o que resulta na Eq. 3.17.

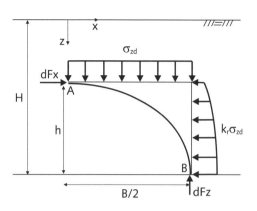

FIG. 3.10 *Equilíbrio estático de um arco elíptico*
Fonte: modificado de Villard, Gourc e Giraud (2000).

$$\Sigma R_z = 0 \therefore -dF_z + \int_0^{B/2} \sigma_{zd}dx = 0 \therefore dF_z = \sigma_{zd}(B/2) \quad [3.15]$$

$$\Sigma M_A = 0 \quad [3.16]$$
$$\therefore \int_0^{B/2} \sigma_{zd}x\,dx + \int_{H-h}^{H} (z+h-H)\cdot k_r\sigma_{zd}dz - dF_z \cdot (B/2) = 0$$

$$C_1 + C_2(e^{-c_1(H-h)} - e^{-c_1 H}) - \frac{k_r c_2 h}{c_1}e^{-c_1 H} - \frac{B^2}{8}(c_0 + c_2 e^{-k_1(H-h)}) = 0 \quad [3.17]$$

em que: $c_0 = \frac{B(\gamma - 2c/B)}{2k_r \operatorname{tg}\phi}$; $c_1 = \frac{2k_r \operatorname{tg}\phi}{B}$; $c_2 = q - c_1$; $C_1 = \frac{k_r h^2 c_0}{2}$; $C_2 = \frac{k_r c_2}{c_1 c_1}$; γ = peso específico do solo; c = coesão do solo; $k_r = K_a$ = coeficiente de empuxo ativo.

É importante saber que os problemas reais podem ser aproximados do estado axissimétrico apenas em situações particulares, como, por exemplo, em silos com extravasor central e túneis profundos implantados em meio homogêneo. Dessa forma, a adaptação da teoria ao estado plano de deformações se ajusta bem às situações práticas de dutos enterrados executados pelo processo *cut and cover*, os quais, de modo geral, não são tratados por teorias que consideram a existência de axissimetria.

Uma solução analítica baseada na teoria da elasticidade para o cálculo da distribuição de tensões dentro e fora de estruturas em arqueamento positivo foi desenvolvida por Finn (1963). O problema é representado por uma descontinuidade horizontal rígida, contida em um meio elástico, semi-infinito, homogêneo e isotrópico, à qual são aplicados deslocamentos definidos. No nível da estrutura, a distribuição da tensão vertical com a distância horizontal (x) a partir de seu centro é dada pela Eq. 3.18. Os resultados fornecidos pelo método serão tão mais distantes da realidade quanto maior for o deslocamento δ.

A Fig. 3.11 mostra a variação da tensão vertical obtida pela Eq. 3.18 em uma instalação com $H/B = 5$, considerando um deslocamento relativo (δ/B) de 1%. Os parâmetros utilizados para o solo foram $E_s = 50\,\text{MPa}$ e $v_s = 0{,}34$. O resultado mostra que a tensão aumenta exponencialmente com a proximidade da estrutura, sendo infinita na borda da instalação. O método prevê tensões de tração no interior da instalação, nas proximidades da borda, que devem ser desconsideradas. Evidências experimentais mostram que o aumento de tensão na região exterior do maciço, adjacente à estrutura, é discreto e ocorre apenas no início dos deslocamentos, cedendo espaço, em seguida, ao alívio da tensão (Figs. 3.5 e 3.6).

$$\sigma_v = \gamma H + \frac{\delta B E_s}{2\pi(1 - v_s^2)} \left(\frac{1}{x^2 - (B/2)^2} \right) \qquad [3.18]$$

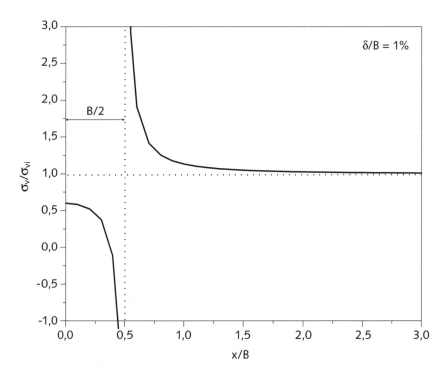

FIG. 3.11 *Variação da tensão vertical com a distância da estrutura, de acordo com Finn (1963)*

em que: E_s = módulo de deformabilidade do solo; v_s = coeficiente de Poisson do solo; δ = deslocamento vertical; x = distância horizontal a partir do centro da estrutura.

3.2.3 Considerações sobre k_r

A rigor, o coeficiente de empuxo ativo não poderia ser utilizado na fórmula de Janssen (1895), uma vez que $K_a = \sigma'_3/\sigma'_1$ e que σ'_1 e σ'_3 são tensões principais, devendo, por definição, atuar em um plano com tensão cisalhante nula. Em outras palavras, a utilização de K_a implica, obrigatoriamente, a inexistência de atrito entre os planos verticais e o elemento de solo em análise (Fig. 3.7). Na realidade, o atrito causa a rotação das tensões principais do centro do elemento em direção às superfícies de deslizamento, de modo que σ_h e σ_v, nesses locais, serão diferentes de σ_3 e σ_1, respectivamente.

Com o auxílio do círculo de Mohr, Krynine (1945) desenvolveu uma expressão para o cálculo de k_r na superfície de uma parede rugosa (Fig. 3.12). O raio R e a abscissa do centro do círculo (OC) valem, respectivamente, $(\sigma_1 - \sigma_3)/2$ e $(\sigma_1 + \sigma_3)/2$. A partir do triângulo retângulo OCB, pode-se escrever:

$$R = OC \operatorname{sen} \phi \qquad [3.19]$$

Como $(\sigma_1 + \sigma_3) = (\sigma_h + \sigma_v)$, tem-se:

$$R = \frac{\sigma_h + \sigma_v}{2} \operatorname{sen} \phi \qquad [3.20]$$

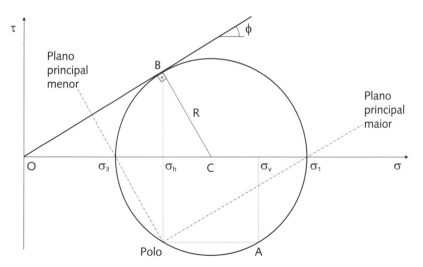

Fig. 3.12 *Círculo de Mohr na ruptura para um elemento de solo situado no contato do prisma interno com o solo adjacente*

Além disso,

$$(\sigma_v - \sigma_h) = 2R\,\mathrm{sen}\,\phi \qquad\qquad \textbf{[3.21]}$$

Substituindo a Eq. 3.20 na Eq. 3.21, tem-se:

$$(\sigma_v - \sigma_h) = (\sigma_h + \sigma_v)\,\mathrm{sen}^2\,\phi \qquad\qquad \textbf{[3.22]}$$

Rearranjando a Eq. 3.21, chega-se a:

$$k_{kr} = \frac{\sigma_h}{\sigma_v} = \frac{1 - \mathrm{sen}^2\,\phi}{1 + \mathrm{sen}^2\,\phi} \qquad\qquad \textbf{[3.23]}$$

Uma breve análise da Eq. 3.23 permite verificar que k_{kr} é substancialmente superior ao valor fornecido pela teoria de Rankine. Muitas vezes utilizado na prática corrente do projeto de estruturas enterradas, o uso de K_a subestima o atrito lateral nos planos de cisalhamento, fazendo com que a tensão atuante seja superestimada.

Em vista da deficiência das teorias de Rankine e de Krynine em fornecer valores de k_r mais próximos dos observados em obras instrumentadas, Handy (1985) desenvolveu uma expressão supondo que as tensões principais sofrem uma rotação contínua ao longo da largura da vala, de modo que as tensões principais menores seguem uma trajetória de rotação descrita por uma catenária. Apenas no centro da vala as tensões principais maior e menor coincidem com as tensões vertical e horizontal, respectivamente.

A Fig. 3.13a ilustra graficamente, por meio do círculo de Mohr, o estado de tensões ao longo da largura da vala. Os pontos N e Q representam, respectivamente, as tensões horizontais e verticais atuantes no elemento de solo em questão. O equilíbrio de um elemento triangular de solo situado nas paredes da vala (Fig. 3.13b) fornece, para a tensão horizontal:

$$\sigma_h = \sigma_1 \cos^2 \theta + \sigma_3 \,\mathrm{sen}^2\,\theta \qquad\qquad \textbf{[3.24]}$$

em que: θ = ângulo entre a vertical e o plano principal menor.

Para o elemento na lateral esquerda da vala (ponto A), o polo do círculo situa-se em P_A. Para os elementos no centro e na lateral direita (pontos B e C), os polos estão em P_B e P_C, respectivamente.

Como $(\sigma_1 + \sigma_3) = (\sigma_h + \sigma_v)$, então:

$$\sigma_v = \sigma_1 + \sigma_3 - \sigma_h$$

Ou ainda:

$$\sigma_v = \sigma_1 \,\mathrm{sen}^2\,\theta + \sigma_3 \cos^2 \theta \qquad\qquad \textbf{[3.25]}$$

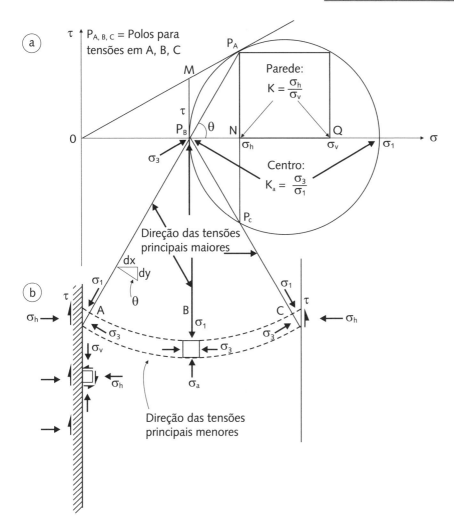

Fig. 3.13 *(a) Círculo de Mohr das tensões ao longo de uma vala com paredes rugosas; (b) arco de catenária definido pela trajetória das tensões principais menores*
Fonte: Handy (1985).

Dividindo a Eq. 3.24 pela Eq. 3.25 e considerando que o solo se encontra no estado ativo, com $\sigma_3/\sigma_1 = K_a$, chega-se a:

$$k_{rh} = \frac{\sigma_h}{\sigma_v} = \frac{\cos^2\theta + K_a \mathrm{sen}^2\theta}{\mathrm{sen}^2\theta + K_a \cos^2\theta} \qquad [3.26]$$

Se as paredes da vala forem lisas, com $\theta = 90°$, a Eq. 3.26 iguala-se à solução de Rankine. Caso sejam rugosas, com $\theta = 45°+\phi/2$, a Eq. 3.26 torna-se a expressão de Krynine.

Handy (1985) argumenta ainda que a relação σ_h/σ_v não é constante ao longo da largura da vala. Na realidade, σ_v na parede da vala é menor do que no centro. Portanto, seria mais aconselhável utilizar um valor médio para as tensões efetivas verticais (σ_{vm}), de modo que o coeficiente assuma a seguinte forma para ϕ entre $10°$ e $40°$:

$$k_{rhm} = \frac{\sigma_h}{\sigma_{vm}} = 1,06(\cos^2 \theta + K_a \operatorname{sen}^2 \theta) \qquad \textbf{[3.27]}$$

A Tab. 3.1 compara valores de k_r obtidos por meio das propostas de Rankine (K_a), Krynine (k_{rk}) e Handy (k_{rhm}) para vários valores de ϕ. O ângulo θ foi considerado igual a $45° + \phi/2$. Percebe-se que as três teorias apresentam tendência de redução do valor do coeficiente de empuxo com o crescimento do ângulo de atrito interno do solo. Quando ϕ cresce, K_a decresce de forma acentuada, ao passo que os valores de Krynine e de Handy decrescem muito menos intensamente.

TAB. 3.1 Valores de k_r obtidos por meio das teorias de Rankine, Krynine e Handy para diversos valores de ϕ

ϕ (°)	K_a (Rankine)	k_{rk} (Krynine)	k_{rhm} (Handy)
0	1	1	1,06
20	0,49	0,79	0,84
30	0,33	0,60	0,68
40	0,22	0,42	0,45

A hipótese de assumir o solo na condição ativa não tem sido comprovada na prática. Investigações experimentais mostram que k_r atinge valores entre 1 e 1,6 nas proximidades da estrutura (Terzaghi, 1936; Krizek et al., 1971; Evans, 1983). Particularmente, esses valores devem se tornar ainda maiores em instalações rasas em aterros bem compactados, onde a tensão lateral já é inicialmente superior à vertical. Nesse caso, um ciclo de carregamento e descarregamento de $\Delta\sigma_v$ decorrente do processo de compactação causa o desenvolvimento de uma condição passiva acima de uma profundidade crítica (z_c) igual a $\Delta\sigma_v/\gamma(K_p^2 - 1)$. Se a profundidade da instalação for pequena, é provável que z_c seja maior que a altura de cobertura (H) acima da estrutura, fazendo com que o solo esteja na condição passiva ou de sobreadensamento. Dessa forma, a adoção de valores entre K_o e K_p pareceria mais condizente com a realidade. Utilizar valores menores de k_r é uma posição conservadora quando o arqueamento é positivo, e contra a segurança quando ocorre arqueamento negativo.

O leitor interessado em teorias de sobreadensamento causado pela compactação deve buscar mais informações em Broms (1971), Ingold (1979) e Seed e Duncan (1983).

3.3 Avaliação do arqueamento negativo

3.3.1 Mecanismo de ruptura

A formação de superfícies cisalhantes em um material granular, resultante da translação ascendente de uma base rígida horizontal, de modo a induzir o arqueamento negativo na massa de solo, é mostrada na Fig. 3.14 (Walters; Thomas, 1982). Quando a base é deslocada verticalmente, a massa de solo situada sobre sua parte superior é solicitada, originando superfícies que partem das extremidades da estrutura e se propagam segundo uma determinada inclinação (Fig. 3.14a,b). A depender da distribuição de tensões ao longo da profundidade na massa de solo, a superfície poderá apresentar-se curva para fora. A situação final envolve superfícies aproximadamente verticais, uma vez que o solo estará no estado crítico (Fig. 3.14c).

Uma contribuição ao tema é dada por Meyerhof e Adams (1968), que relatam o surgimento de superfícies inclinadas com uma discreta curvatura em ensaios com ancoragens submetidas a arrancamento vertical. Em areia compacta, com $H/B = 2,5$, foram observadas superfícies inclinadas partindo da extremidade da ancoragem e terminando na superfície do terreno. Com $H/B = 4,5$, foi verificado que, apesar de iniciarem sob determinada inclinação, as superfícies cisalhantes interceptaram verticalmente a superfície do solo. Em areia fofa, superfícies verticais foram observadas em ambas as profundidades, uma vez que, nesse caso, a areia na região da descontinuidade estava mais próxima do estado crítico. Entretanto, com $H/B = 4,5$, a superfície cisalhante prolongou-se até uma altura igual a aproximadamente 2B, ao passo que, com $H/B = 2,5$, houve interceptação da superfície do terreno. Da mesma forma, Kulhawy, Trautmann e Nicolaides (1987) averiguaram que, para $H/B < 2$ e com solo de aterro com D_r de pelo menos 85%, a ruptura de ancoragens envolve uma zona delimitada por superfícies curvas ou superfícies inicialmente verticais que passam a ser curvas a partir de certo ponto.

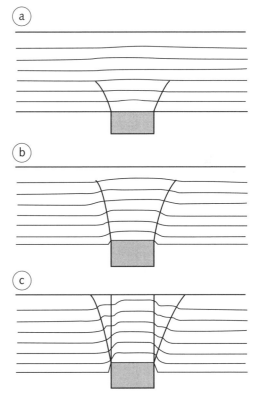

Fig. 3.14 *Desenvolvimento de superfícies de ruptura a partir do deslocamento passivo de um alçapão*
Fonte: Walters e Thomas (1982).

O desenvolvimento de superfícies de cisalhamento em dutos rígidos enterrados e submetidos à movimentação vertical ascendente ocorre de forma semelhante ao observado em alçapões e ancoragens (Dickin, 1994). As superfícies partem da linha d'água e adentram a massa de solo segundo uma determinada inclinação com a vertical. Dickin (1994) e Bransby et al. (2002) relatam a formação de um vazio sob a base do duto. No trabalho desses autores, o deslocamento imposto foi de $\delta/D = 1,3$, tendo ocorrido em areia fofa e sob uma cobertura de solo de $3D$. O mesmo comportamento foi observado em areia compacta, porém com uma zona de ruptura maior e com mais perturbação na superfície do maciço. O mecanismo de ruptura na areia compacta envolveu superfícies de cisalhamento curvas interceptando a superfície do maciço, abrangendo uma região com largura aproximada de $2D$.

3.3.2 Método da superfície de cisalhamento vertical

Diversos modelos analíticos para estimativas de capacidade de carga de instalações enterradas foram propostos para o caso passivo, sobretudo com base na observação de mecanismos de ruptura envolvendo ancoragens. A grande maioria das soluções foi desenvolvida a partir de análises de equilíbrio limite, sendo uma pequena parcela concebida por meio dos teoremas de colapso plástico. O peso da estrutura é geralmente desconsiderado no cálculo. Algumas abordagens baseadas em equilíbrio limite serão apresentadas a seguir.

O modelo da superfície de cisalhamento vertical é considerado a mais simples formulação proposta. Como o próprio nome indica, a superfície de ruptura é composta por planos verticais que se estendem desde a borda da estrutura até a superfície do terreno, definindo um prisma central $ABCD$ com peso $W = \gamma BH$ por unidade de comprimento (Fig. 3.15).

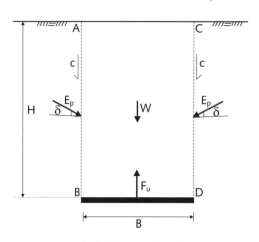

Fig. 3.15 *Método da superfície de cisalhamento vertical*

O empuxo passivo (E_p) atuante nas duas superfícies verticais, calculado segundo uma distribuição triangular de tensões horizontais, é dado por:

$$E_p = \frac{E_{ph}}{\cos \delta} = \frac{1}{2\cos \delta} K_p \gamma H^2 \qquad [3.28]$$

em que: E_{ph} = componente horizontal do empuxo passivo; K_p = coeficiente de empuxo passivo; δ = ângulo de inclinação de E_p com a horizontal, admitido como igual a ϕ.

Fazendo o equilíbrio das forças na vertical, chega-se a:

$$F_u = W + 2E_p \operatorname{sen} \delta + 2cH \qquad [3.29]$$

em que: F_u = força vertical por unidade de comprimento (Fig. 3.15); c = coesão.

Introduzindo a Eq. 3.28 na Eq. 3.29, tem-se:

$$F_u = \gamma BH + K_p \gamma H^2 \operatorname{tg} \delta + 2cH \qquad [3.30]$$

A tensão vertical (σ_v), que é igual a F_u/B, pode ser expressa da seguinte maneira:

$$\frac{\sigma_v}{\sigma_{vi}} = 1 + \frac{H}{B} K_p \operatorname{tg} \delta + \frac{2c}{\gamma B} \qquad [3.31]$$

em que: σ_{vi} = tensão vertical de campo livre igual a γH.

No caso de dutos, deve-se fazer $B = D$ e adicionar a parcela $(-\pi D/8H)$ à Eq. 3.31, para levar em conta a metade superior do duto.

3.3.3 Método de Meyerhof e Adams

Meyerhof e Adams (1968) desenvolveram um método para a determinação da tensão vertical levando em conta a profundidade da instalação. Em estruturas rasas, a tensão vertical é fornecida pela Eq. 3.30, assumindo que $\delta = 2\phi/3$. O coeficiente k_r para esse valor de δ é obtido por meio de Caquot e Kerisel (1949), considerando-se superfícies de ruptura curvas partindo das extremidades da estrutura e interceptando-se a superfície do terreno segundo um ângulo α com a horizontal, entre $90° - 1/3\phi$ e $90° - 2/3\phi$. Os autores expressam $K_p \operatorname{tg} \delta$ como $K_u \operatorname{tg} \phi$, sendo K_u denominado *coeficiente nominal de elevação*. A variação de K_u com o ângulo de atrito do solo é mostrada na Fig. 3.16. Como a faixa de variação desse parâmetro é pequena, os autores adotam $K_u = 0,95$ para valores de ϕ entre 30° e 48°. A tensão vertical é, então, fornecida por:

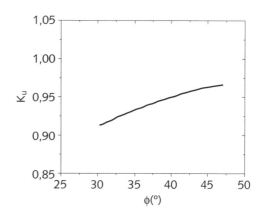

FIG. 3.16 *Valores de K_u em função de ϕ*
Fonte: Meyerhof e Adams (1968).

$$\frac{\sigma_v}{\sigma_{vi}} = 1 + \frac{H}{B} K_u \operatorname{tg} \phi + \frac{2c}{\gamma B} \qquad [3.32]$$

Para estruturas profundas, assume-se que a superfície de ruptura não atinge a superfície do terreno, limitando-se a um comprimento igual a H_e (Fig. 3.17). O solo acima de H_e é considerado como uma sobrecarga igual a $\gamma(H - H_e)$. Fazendo-se o equilíbrio de forças na vertical para o prisma ABCD, a força de arrancamento por unidade de comprimento é igual a:

$$F_u = \gamma H B + 2cH_e + K_p \gamma H_e^2 \operatorname{tg} \delta + 2K_p \gamma H_e(H - H_e) \operatorname{tg} \delta \qquad [3.33]$$

Substituindo $K_p \operatorname{tg} \delta$ por $K_u \operatorname{tg} \phi$ na Eq. 3.33 e sabendo-se que $\sigma_v = F_u/B$ e $\sigma_{vi} = \gamma H$, a seguinte expressão para a determinação da tensão em instalações profundas é obtida:

$$\frac{\sigma_v}{\sigma_{vi}} = 1 + \frac{2cH_e}{\gamma HB} + \left(\frac{2H - H_e}{B}\right)\left(\frac{H_e}{H}\right) \cdot K_u \operatorname{tg} \phi \qquad [3.34]$$

A magnitude de H_e foi determinada pelos autores por observação experimental. A Tab. 3.2 mostra valores de H_e em função do ângulo de atrito interno do solo.

Em termos práticos, uma estrutura enterrada pode ser considerada profunda se a altura de cobertura de solo sobre a mesma for igual ou superior a cinco vezes a largura ($H/B \geqslant 5$).

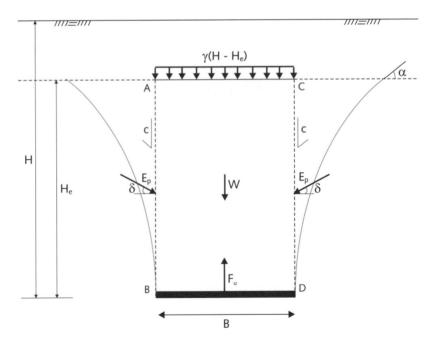

FIG. 3.17 *Determinação da tensão vertical em instalação profunda pelo método de Meyerhof e Adams (1968)*

TAB. 3.2 Valores de H_e

ϕ (°)	20	25	30	35	40	45	48
H_e/B	2,5	3	4	5	7	9	11

Fonte: Meyerhof e Adams (1968).

3.3.4 Método de Murray e Geddes

No método de Murray e Geddes (1987), o empuxo passivo (E_p) no prisma central *ABCD* é calculado, para um material granular, a partir do equilíbrio estático das cunhas adjacentes (Fig. 3.18a). O equilíbrio das forças atuantes na cunha *ABE* é esboçado na Fig. 3.18b. O empuxo passivo gerado pela cunha com superfície curva *ABE* é calculado a partir do equilíbrio da cunha triangular *ABE'*, que faz um ângulo θ com a vertical. O somatório das forças verticais e horizontais em *ABE'* permite escrever E_p da seguinte forma:

$$E_p = \frac{W'}{\text{sen}\,\delta - \cos\delta \cdot \text{tg}(\phi - \alpha)} = \frac{\frac{1}{2}\gamma H^2 \text{tg}\,\theta}{\text{sen}\,\delta - \cos\delta \cdot \text{tg}(\phi - \alpha)} \quad [3.35]$$

A força na estrutura, F_u, é obtida por meio do equilíbrio do prisma *ABCD*:

$$F_u = W + 2E_p \cdot \text{sen}\,\delta \quad [3.36]$$

Considerando $W = \gamma BH$ e substituindo a Eq. 3.35 na Eq. 3.36, obtém-se:

$$F_u = \gamma BH + \frac{\gamma H^2 \text{tg}\,\theta \cdot \text{tg}\,\delta}{\text{tg}\,\delta - \text{tg}(\phi - \alpha)} \quad [3.37]$$

em que: $\phi \geqslant \delta \geqslant (\phi - \alpha) \geqslant 0$.

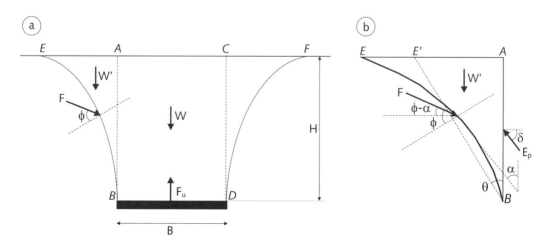

FIG. 3.18 *Análise de equilíbrio estático no método de Murray e Geddes (1987)*

A Eq. 3.38, a seguir, é a Eq. 3.37 reescrita em termos das tensões vertical (σ_v) e de campo livre (σ_{vi}). Sugere-se usar $\theta = \alpha = \phi/2$ e $\delta = {}^3/_4\phi$.

$$\frac{\sigma_v}{\sigma_{vi}} = 1 + \left(\frac{H}{B}\right) \frac{\mathrm{tg}\,\theta \cdot \mathrm{tg}\,\delta}{\mathrm{tg}\,\delta - \mathrm{tg}(\phi - \alpha)} \qquad \textbf{[3.38]}$$

Exemplo 3.3 _____

Calcular a tensão vertical em uma ancoragem horizontal com largura $B = 0,8$ m e instalada a $H = 6$ m de profundidade em um maciço com $\phi = 35°$, $c = 0$ kPa e $\gamma = 18,5$ kN/m^3, usando as abordagens de Meyerhof e Adams (1968) e Murray e Geddes (1987).

Solução:

☐ *Cálculo usando Meyerhof e Adams (1968)*

Sendo $H/B = 6/0,8 = 7,5$, a instalação pode ser considerada como profunda.

De acordo com a Tab. 3.2, para $\phi = 35°$, $H_e/B = 5$. Logo, $H_e = 4$ m. Usando a Eq. 3.34, chega-se a:

$$\frac{\sigma_v}{\sigma_{vi}} = 1 + \left(\frac{2 \times 6 - 4}{0,8}\right) \times \left(\frac{4}{6}\right) \times 0,93 \times \mathrm{tg}\,35° = 5,34$$

Sendo $\sigma_{vi} = \gamma H = 18,5 \times 6 = 111$ kPa, σ_v será igual a:

$$\sigma_v = 5,34 \times 111 = 592,7 \text{kPa}$$

☐ *Cálculo usando Murray e Geddes (1987)*

Assumindo que $\theta = \alpha = \phi/2 = 17,5°$ e $\delta = {}^3/_4\phi = 26,25°$ e utilizando a Eq. 3.38:

$$\frac{\sigma_v}{\sigma_{vi}} = 1 + \frac{6}{0,8}\left(\frac{\mathrm{tg}\,17,5° \times \mathrm{tg}\,26,25°}{\mathrm{tg}\,26,25° - \mathrm{tg}(35° - 17,5°)}\right) = 1 + \frac{6}{0,8} \times 0,874 = 7,56$$

A tensão vertical σ_v será igual a:

$$\sigma_v = 7,56 \times 111 = 838,8 \text{kPa}$$

Comentário:

A tensão determinada por Murray e Geddes (1987) foi aproximadamente 40% maior do que a tensão fornecida por Meyerhof e Adams (1968). Como o método de Murray e Geddes (1987) não faz distinção da profundidade da instalação, a superfície de ruptura considerada será comparativamente maior, pois intercepta a superfície do terreno. Isso faz com que a tensão fornecida seja maior.

Determinação da Carga em Dutos Decorrente do Peso de Solo

4

Os dutos rígidos são dotados de parede suficientemente espessa, de forma a garantir uma rigidez à flexão capaz de resistir aos momentos fletores despertados por efeito de seu peso próprio, do peso do solo de cobertura e de eventuais sobrecargas. Praticamente não se deformam sob carga, não mobilizando, portanto, o suporte passivo do solo lateral.

No projeto geotécnico de tubulações rígidas, o duto é selecionado de acordo com a carga externa e a condição de berço (Cap. 8), sendo a carga de ruptura (F_r) calculada da seguinte forma:

$$F_r = \frac{F_v \cdot FS}{F_c} \qquad \text{[4.1]}$$

em que: F_v = carga externa de projeto, oriunda do peso do solo sobrejacente e de eventuais sobrecargas superficiais; FS = fator de segurança, que pode ser obtido a partir da Tab. 4.1; F_c = fator de carga (Cap. 8).

Tab. 4.1 Valores recomendados de FS para dutos rígidos

Material	Fator de segurança (FS)
Concreto	1,25 a 1,5
Concreto armado	1 (se realizado teste de carga)
Cerâmica	1 a 1,5
Cimento amianto	1 a 1,5

Fonte: Moser e Folkman (2008).

Os dutos rígidos são agrupados em classes segundo a sua rigidez, tendo como base resultados de ensaios de compressão diametral (Cap. 8). No caso dos dutos de concreto armado, por exemplo, a norma NBR-8890 da ABNT estabelece as classes conforme as cargas de trinca e de ruptura. A primeira é definida como a carga capaz de provocar trincas com abertura de 0,2 mm e comprimento de 300 mm, enquanto a última representa a máxima carga do ensaio.

Deve-se selecionar uma classe cuja resistência especificada seja igual ou superior ao valor obtido com a Eq. 4.1. Caso a maior resistência catalogada ainda seja insuficiente, será necessário escolher um duto de outro material ou rever as condições de berço.

Os dutos flexíveis, por sua vez, obtêm sua capacidade de suporte a partir da interação com o solo adjacente. Sob carga, o duto deflete e mobiliza o suporte passivo do solo lateral. Ao mesmo tempo, a deflexão alivia a carga no topo do duto. O projeto geotécnico de dutos flexíveis também inclui a determinação das cargas externas. Contudo, a seleção do duto é fundamentada principalmente nas deflexões (Cap. 5).

Este capítulo tem por objetivo apresentar em detalhe dois métodos analíticos para o cálculo da carga decorrente do peso do solo de cobertura sobre dutos. Os métodos selecionados são o de Marston-Spangler e o Alemão, sendo este de caráter bem menos abrangente que o primeiro.

4.1 Método de Marston-Spangler

Em 1913, Marston e seus colaboradores apresentaram um método de análise para o cálculo de cargas em dutos enterrados em valas estreitas (Marston; Anderson, 1913). Sua intenção era propor um processo de cálculo para tubos rígidos, especialmente manilhas cerâmicas e tubos de concreto armado, extensivamente utilizados naquela época em irrigação nos campos cultivados de Iowa (EUA) (Compston et al., 1973). Mais tarde, Spangler estendeu o método a outras condições de instalação (Spangler, 1950).

A teoria de Marston-Spangler é baseada nos conceitos fundamentais de arqueamento de solo introduzidos por Janssen (1895) por meio da teoria do silo (Cap. 3). Entre as suas limitações, merecem destaque:

- *A utilização do coeficiente de empuxo ativo de Rankine* (K_a). Isso implicaria obrigatoriamente a inexistência de atrito entre os planos verticais e o elemento de solo em análise, o que não é verdade. Além disso, investigações experimentais têm revelado valores superiores a K_a, situados entre 1 e 2 (Terzaghi, 1936; Krizek et al., 1971; Evans, 1983). Esses valores são bastante superiores à faixa típica de variação de K_a, entre 0,30 e 0,40. As proposições de Krynine (1945) e Handy (1985) fornecem valores mais próximos da faixa experimental observada.

- *O desenvolvimento das forças atritivas segundo planos verticais bem definidos.* A hipótese de superfícies verticais é aceitável para instalações em valas com paredes verticais, porém é bastante questionável para valas com paredes inclinadas e para instalações em aterros compactados, onde, a depender do nível de deslocamento, superfícies inclinadas podem se desenvolver (Fig. 3.8).

4 | Determinação da carga em dutos decorrente do peso de solo

- *A suposição de atrito constante com a profundidade.* O atrito nas superfícies verticais é mobilizado a partir do deslocamento relativo entre as massas de solo sobre a estrutura e nas laterais, o qual varia com a profundidade.

- *A carga vertical calculada atuando uniformemente ao longo de todo o diâmetro do duto.* Como mostra a Fig. 3.6, as tensões verticais em um plano horizontal logo acima de uma estrutura subterrânea não são uniformes, mas variam em uma ampla faixa em torno da região perturbada.

- *A desconsideração da coesão do solo.* A coesão efetiva que se estabelece entre o solo compactado do interior da vala e o solo natural das paredes da vala tem sido desprezada com base na justificativa errônea de que demora a ser mobilizada. Ora, a coesão está intimamente ligada a fenômenos eletroquímicos, cuja ação é função da velocidade de equilíbrio da água intersticial. Cada instalação possui características próprias, o que desestimula a procura de generalizações. É possível introduzir a coesão nas formulações do método, como será visto adiante.

Apesar das deficiências apontadas, o método de Marston-Spangler é uma ferramenta analítica notadamente popular entre projetistas para o cálculo da carga vertical em dutos instalados por meio do sistema "corte e aterro". Essa popularidade repousa nos seguintes aspectos: i) é um método relativamente simples de ser aplicado; ii) na sua versão completa, permite incorporar diferentes tipos de instalação; iii) em razão do uso intenso, já se dispõe de um vasto acervo de casos em que o método foi empregado com sucesso, o que garante sua credibilidade junto aos projetistas.

No meio técnico, refinamentos posteriores do método de Marston não obtiveram a mesma aceitação que a versão original. Um exemplo disso é a proposição de Nielson (1967b), que considera o equilíbrio de forças em um elemento infinitesimal de forma circular acima do duto, no lugar do elemento retangular, instalado em uma vala com paredes inclinadas (Fig. 4.1). A localização desse arco circular foi admitida na zona de máxima tensão cisalhante, determinada por uma análise elástica linear de um orifício circular colocado no mesmo meio. A consideração do duto com rigidez estrutural nula é a hipótese mais questionável do método. Outrossim, as dificuldades para determinar a tensão no arco autoportante demandou a adoção de diversas simplificações com graus de incerteza variados no método, com prejuízos para sua acuidade.

O método de Marston-Spangler classifica os dutos em dois grupos principais, de acordo com o tipo de instalação: dutos em vala e dutos em aterro. As instalações em aterro são subdivididas em projeção positiva e projeção negativa. Sobre os métodos de instalação, o leitor deve consultar a seção 1.1. Os procedimentos

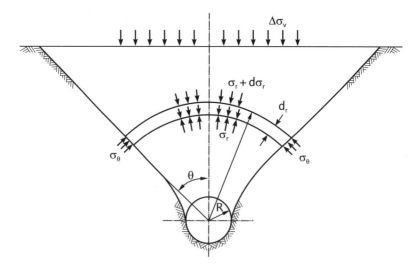

FIG. 4.1 *Elemento infinitesimal curvo proposto por Nielson (1967b)*

para a determinação da tensão vertical sobre o duto nesses diferentes casos são apresentados a seguir.

4.1.1 Dutos em vala

A tensão vertical atuante em um duto em vala (ou trincheira) pressupõe que sempre ocorre arqueamento positivo. Isso é uma consequência do fato de o solo de reaterro da vala quase sempre ser mal compactado e, portanto, recalcar mais do que o solo natural constituinte das paredes da vala.

A instalação em vala corresponderia, no modelo de analogia das molas (Cap. 3), a um elemento central mais deformável que os laterais. Assim, mesmo que o duto seja rígido, haverá sempre um movimento relativo descendente do solo de reaterro comparado ao material natural das paredes da vala, o que mobiliza o arqueamento positivo.

A tensão vertical que atua sobre o topo do duto (σ_v) pode ser calculada como:

$$\sigma_v = \frac{B_v\left(\gamma - \frac{2c}{B_v}\right)}{2k_r \, \text{tg}\, \phi}\left[1 - \exp\left(-k_r \, \text{tg}\, \phi \, \frac{2H}{B_v}\right)\right] + q \cdot \exp\left(-k_r \, \text{tg}\, \phi \, \frac{2H}{B_v}\right) \quad \text{[4.2]}$$

em que: B_v = largura da vala; c = coesão do solo; γ = peso específico do solo; ϕ = ângulo de atrito interno do solo; k_r = constante empírica, calculada como a razão entre as tensões vertical e horizontal, adotada no método como igual a K_a; H = altura de cobertura de solo sobre o duto; q = sobrecarga uniformemente distribuída, aplicada à superfície do terreno.

4 | Determinação da carga em dutos decorrente do peso de solo

Da Eq. 4.2, pode-se derivar o fator de carga C_v:

$$C_v = \frac{1}{2k_r \operatorname{tg} \phi} \left[1 - \exp\left(-k_r \operatorname{tg} \phi \frac{2H}{B_v}\right)\right] \qquad [4.3]$$

Considerando a coesão (c) e a sobrecarga (q) nulas, resume-se a Eq. 4.2 a:

$$\sigma_v = C_v \gamma B_v \qquad [4.4]$$

A Fig. 4.2 apresenta valores de C_v em função da relação H/B_v para diferentes valores de $A = 2 \cdot k_r \cdot \operatorname{tg} \phi$. Observa-se que A varia muito pouco para $\phi > 25°$. Por exemplo, para ϕ igual a 25° e 45°, o produto $2 \cdot k_r \cdot \operatorname{tg} \phi$ é igual a 0,378 e 0,343, respectivamente, o que corresponde a uma diferença de apenas 10%, aproximadamente.

Exemplo 4.1

Calcular a tensão vertical média em um duto rígido com 1 m de diâmetro, implantado em uma vala de 1,5 m de largura e 5 m de profundidade. Os parâmetros geotécnicos do solo de reaterro são: $\gamma = 18 \text{ kN/m}^3$, $\phi = 35°$ e $c = 0 \text{ kPa}$.

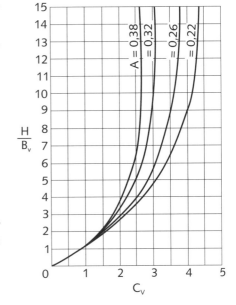

FIG. 4.2 *Fator de carga para instalações em vala*

Solução:

Sabendo-se que $H/B_v = 4/1,5 = 2,67$, obtém-se, da Eq. 4.3 ou da Fig. 4.2, $C_v = 1,68$. Portanto:

$$\sigma_v = 1,68 \times 18 \times 1,5 = 45,2 \text{ kPa}$$

Comentário:

Notar que o valor calculado é bastante inferior ao que se obtém do produto γH, 72 kPa. Assim, nessa instalação, apenas 62,8% das tensões de peso próprio atingem o topo do duto.

4.1.2 Dutos salientes positivos

Os dutos salientes positivos são implantados sob aterros, como visto no Cap. 1, com a geratriz superior projetando-se acima da superfície do solo natural (Fig. 4.3). Existem duas possibilidades em relação aos recalques de um plano horizontal que passa pelo topo do duto, denominado *plano crítico*:

i) o recalque do plano crítico no prisma interno é maior que nos prismas externos;

ii) o recalque do plano crítico nos prismas externos é maior que no prisma interno.

O caso i) é acompanhado pela ocorrência de arqueamento positivo, e os dutos nessas instalações são denominados *em vala*, em virtude da similaridade que guardam com a condição dos dutos implantados em valas. No caso ii), os dutos são classificados como *em saliência*.

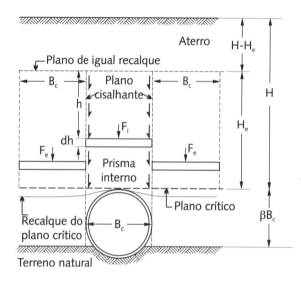

FIG. 4.3 *Duto saliente positivo*

A distinção entre as condições em vala e em saliência é feita com o auxílio de um parâmetro adimensional denominado *razão de recalques* (r_{sd}), que é definido como o quociente entre a diferença de recalques dos prismas externos e interno e a parcela de recalque dos prismas externos na região de saliência, com altura igual a βB_c (Fig. 4.3). A razão de recalques r_{sd} é calculada de acordo com a Eq. 4.5. O numerador representa o recalque diferencial do plano crítico, entre os prismas externos e o interno. Quando dividido pelo recalque ΔH_1, é obtido um número adimensional que fornece uma noção da deformação relativa média entre os prismas.

$$r_{sd} = \frac{(\Delta H_1 + \Delta H_2) - (\Delta H_3 + \Delta d)}{\Delta H_1} \qquad [4.5]$$

em que: ΔH_1 = recalque do plano crítico, no prisma externo, decorrente de uma compressão da camada de espessura βB_c; ΔH_2 = recalque do solo de fundação no prisma externo; ΔH_3 = recalque do solo de fundação no centro do duto; Δd = deflexão vertical do duto.

A razão de recalques será positiva se a soma dos recalques do solo adjacente ao duto (prisma externo) for maior que a dos recalques no centro do duto (prisma interno mais a deflexão do duto). Se ocorrer o oposto, r_{sd} será negativa. Uma razão de recalques positiva implica a ocorrência de arqueamento negativo, com acréscimos de carga sobre o duto, sendo caracterizada uma condição em saliência. Por outro lado, r_{sd} negativa envolve arqueamento positivo e representa uma condição em vala.

A intensidade da transferência de carga das zonas mais deformáveis para as zonas mais rígidas varia com a profundidade. As forças cisalhantes despertadas na interface entre o prisma interno e os externos são máximas no plano crítico e atenuam-se com o aumento da distância ao topo do duto. Se a instalação for rasa, as forças cisalhantes de interface atingirão a superfície do terreno. Pode surgir então uma depressão ou um abaulamento superficial, caso o arqueamento seja ativo ou passivo, respectivamente. Em instalações profundas, no entanto, as forças cisalhantes se esvaecem no solo e se anulam em uma altura correspondente a um plano horizontal denominado *plano de igual recalque* (PIR).

A posição do plano de igual recalque em relação ao topo do duto é definida pela *altura de igual recalque* (H_e). Como as forças cisalhantes se anulam no PIR, a porção do solo de cobertura situada acima desse plano, de espessura ($H - H_e$), não contribuirá de forma direta para a definição da carga sobre o duto, mas apenas com seu peso próprio. Ela é, então, considerada como uma sobrecarga uniformemente distribuída.

Nas instalações em saliência ($r_{sd} \geq 0$), se a altura de igual recalque for superior à altura do aterro ($H_e > H$), a instalação é denominada *saliência total*. Caso contrário, a instalação é chamada de *saliência parcial*. Nas instalações em vala ($r_{sd} < 0$), tem-se uma *vala total* se $H_e > H$, e uma *vala incompleta* se $H_e < H$.

A correta aplicação do método de Marston-Spangler para dutos salientes requer alguma experiência, pois, para calcular o efeito do arqueamento nas tensões verticais sobre o duto, é necessário conhecer, além da altura de igual recalque, a razão de recalques, que é o parâmetro mais importante nesse processo. Valores de r_{sd} são relativamente difíceis de serem obtidos experimentalmente, se não impossíveis, como afirmam Moser e Folkman (2008), e os poucos disponíveis na literatura provêm basicamente do trabalho de Spangler (1950). Na prática atual de projetos, tem sido usual recorrer a essa fonte. A Tab. 4.2 fornece os valores típicos de r_{sd} para dutos rígidos propostos por Spangler (1950).

TAB. 4.2 Valores típicos de r_{sd} para dutos rígidos em saliência positiva

Condições do apoio	Razão de recalque
Rocha ou apoio indeformável	+1
Solo ordinário	+0,5 a +0,8
Material deformável com respeito ao solo natural adjacente	0 a +0,5

Fonte: Spangler (1950).

Pode-se exprimir a tensão vertical sobre um duto saliente positivo, na condição de saliência total, em função das características do solo, da relação

Dutos enterrados

H/B e de uma sobrecarga uniformemente distribuída q aplicada à superfície do terreno da seguinte forma:

$$\sigma_v = \frac{B_c \left(\gamma - \frac{2c}{B_c}\right)}{2k_r \, \mathrm{tg}\, \phi} \left[\exp\left(k_r \, \mathrm{tg}\, \phi \, \frac{2H}{B_c}\right) - 1\right] + q \cdot \exp\left(k_r \, \mathrm{tg}\, \phi \, \frac{2H}{B_c}\right) \quad \textbf{[4.6]}$$

em que: $B_c = D = $ diâmetro do duto.

No caso de vala total, os sinais dos termos se alteram, e a expressão usada é a 4.7, que é igual à Eq. 4.2, apenas com a substituição de B_v por B_c.

$$\sigma_v = \frac{B_c \left(\gamma - \frac{2c}{B_c}\right)}{2k_r \, \mathrm{tg}\, \phi} \left[1 - \exp\left(-k_r \, \mathrm{tg}\, \phi \, \frac{2H}{B_c}\right)\right] + q \cdot \exp\left(-k_r \, \mathrm{tg}\, \phi \, \frac{2H}{B_c}\right) \quad \textbf{[4.7]}$$

Para a condição de saliência parcial, considera-se que a transferência de tensões ocorre apenas ao longo da altura de igual recalque (H_e). A ação do solo situado acima de H_e, de espessura $(H - H_e)$, é computada como uma sobrecarga, devendo, portanto, ser somada ao termo q, ou seja:

$$\sigma_v = \frac{B_c \left(\gamma - \frac{2c}{B_c}\right)}{2k_r \, \mathrm{tg}\, \phi} \left[\exp\left(k_r \, \mathrm{tg}\, \phi \, \frac{2H}{B_c}\right) - 1\right] + $$
$$+ \left[q + \gamma(H - H_e)\right] \cdot \exp\left(k_r \, \mathrm{tg}\, \phi \, \frac{2H}{B_c}\right) \quad \textbf{[4.8]}$$

Já na situação de vala incompleta, a expressão geral torna-se:

$$\sigma_v = \frac{B_c \left(\gamma - \frac{2c}{B_c}\right)}{2k_r \, \mathrm{tg}\, \phi} \left[1 - \exp\left(-k_r \, \mathrm{tg}\, \phi \, \frac{2H}{B_c}\right)\right] + $$
$$+ \left[q + \gamma(H - H_e)\right] \cdot \exp\left(-k_r \, \mathrm{tg}\, \phi \, \frac{2H}{B_c}\right) \quad \textbf{[4.9]}$$

Das Eqs. 4.8 e 4.9 deriva-se o fator de carga C_s. Para as condições de saliência ou vala total, o valor de C_s é obtido por meio da Eq. 4.10, e para as condições de saliência parcial ou vala incompleta, pela Eq. 4.11.

$$C_s = \frac{\exp(\pm 2k_r \, \mathrm{tg}\, \phi \, H/B_c) - 1}{\pm 2k_r \, \mathrm{tg}\, \phi} \quad \textbf{[4.10]}$$

$$C_s = \frac{\exp(\pm 2k_r \, \mathrm{tg}\, \phi \, H/B_c) - 1}{\pm 2k_r \, \mathrm{tg}\, \phi} + \left(\frac{H}{B_c} - \frac{H_e}{B_c}\right) \exp\left(\pm 2k_r \, \mathrm{tg}\, \phi \, H_e/B_c\right) \quad \textbf{[4.11]}$$

Considerando $c = q = 0$, as Eqs. 4.8 e 4.9 podem ser reescritas como:

$$\sigma_v = C_s \gamma B_v \quad \textbf{[4.12]}$$

As Eqs. 4.6 a 4.9 consideram a tensão no plano crítico, no topo do duto. Caso se queira determinar a tensão em qualquer plano acima do crítico, basta substituir H_e por h nessas expressões. Pode-se definir também o fator C_s', que possui a formulação de C_s nas Eqs. 4.10 e 4.11, mas com h no lugar de H_e.

A altura de igual recalque H_e pode ser obtida por meio das forças verticais atuantes no plano crítico, resultantes do peso do solo constituinte dos prismas interior e exteriores. Admitindo que a largura dos três prismas é igual ao diâmetro externo do duto (B_c), a força vertical resultante (F_e) nos prismas externos, em qualquer altura h medida a partir do PIR (Fig. 4.3), valerá:

$$F_e = 3\gamma B_c(H - H_e + h) - \gamma B_c^2 C_s' \qquad \text{[4.13]}$$

A tensão vertical média nos prismas externos (σ_e) pode ser escrita como o quociente de F_e pela soma das áreas transversais dos prismas externos:

$$\sigma_e = \frac{3}{2}\gamma(H - H_e + h) - \frac{\gamma B_c C_s'}{2} \qquad \text{[4.14]}$$

Assumindo que o módulo de deformabilidade do solo nos prismas externos é expresso por um valor constante E_s, o recalque s_e sofrido pelo solo sujeito à ação de F_e será:

$$s_e = \int_0^{H_e} \frac{\sigma_e}{E_s}\, dh \qquad \text{[4.15]}$$

Da mesma forma, o recalque do prisma interno s_i pode ser escrito como:

$$s_i = \int_0^{H_e} \frac{\gamma B_c^2 C_s'}{B_c E_s}\, dh \qquad \text{[4.16]}$$

Lembrando que no PIR os recalques dos prismas interno e externos se igualam, tem-se:

$$\Delta H_1 + \Delta H_2 + s_e = \Delta H_3 + \Delta d + s_i \qquad \text{[4.17]}$$

Da Eq. 4.17, conclui-se que $s_i - s_e = r_{sd} \cdot \Delta H_1$. Por sua vez, o recalque do plano crítico, em razão da compressão do solo na altura de saliência, βB_c, é igual a:

$$\Delta H_1 = \frac{3H\gamma - \gamma B_c C_s'}{2E_s}\beta B_c \qquad \text{[4.18]}$$

Que resulta em:

$$s_i - s_e = r_{sd}\frac{3H\gamma B_c - \gamma B_c C_s'}{2E_s}\beta B_c \qquad \text{[4.19]}$$

Ao substituir os valores de s_i e s_e na Eq. 4.19 e dividir ambos os membros da expressão por $3\gamma B_c^2/2E_s$, obtém-se a Eq. 4.20. O sinal positivo refere-se à condição de saliência parcial, e o sinal negativo, à condição de vala incompleta. Essa equação pode ser resolvida arbitrando-se valores para o produto $k_r \cdot \text{tg}\,\phi$, a fim de se obterem valores de H_e em função de parâmetros do solo e da geometria da instalação.

$$\frac{\exp[\pm 2k_r\,\text{tg}\,\phi H_e/B_c - 1]}{\pm 2k_r\,\text{tg}\,\phi}\left[\frac{1}{2k_r\,\text{tg}\,\phi} \pm \left(\frac{H}{B_c} - \frac{H_e}{B_c}\right) \pm \frac{r_{sd}}{3}\right] \pm$$
$$\pm \frac{1}{2}\left(\frac{H_e}{B_c}\right)^2 \pm \frac{r_{sd}\beta}{3}\left(\frac{H}{B_c} - \frac{H_e}{B_c}\right)\exp[\pm 2k_r\,\text{tg}\,\phi H_e/B_c] - \quad\text{[4.20]}$$
$$-\frac{H_e}{2k_r\,\text{tg}\,\phi B_c} \mp \frac{H}{B_c} \cdot \frac{H_e}{B_c} = r_{sd}\beta\frac{H}{B_c}$$

A tensão vertical no topo do duto (σ_v) pode ser calculada de forma simplificada, obtendo-se graficamente o fator de carga C_s por meio da Fig. 4.4 e utilizando-o na Eq. 4.12. C_s é relacionado à razão H/B_c para diversos valores de $\beta \cdot r_{sd}$, considerando $k_r\,\text{tg}\,\phi = 0{,}13$ para a condição de vala e 0,19 para a condição de saliência.

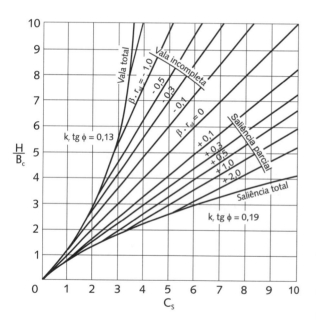

FIG. 4.4 *Fator de carga para dutos salientes positivos*
Fonte: Spangler (1948).

Exemplo 4.2

Calcular a tensão vertical sobre um duto rígido de 2 m de diâmetro externo, implantado em saliência total sobre um aterro com uma altura de cobertura de solo igual a 6 m. O solo de aterro possui peso específico de 18 kN/m³, ângulo de atrito interno de 35° e coesão nula.

Solução:

Como a coesão é nula, a tensão σ_v pode ser calculada como:

$$\sigma_v = \gamma B_c C_s$$

Para $H/B_c = 6/2 = 3$, da Fig. 4.4 obtém-se $C_s = 6{,}15$ para a condição de saliência total. Logo,

$$\sigma_v = 6{,}15 \times 18 \times 2 = 221{,}4\,\text{kPa}$$

Comentário:

A tensão geostática, longe do duto, é igual a $\gamma H = 6 \times 18 = 108$ kPa. Portanto, nessa instalação, o arqueamento é negativo, havendo um acréscimo de carga sobre o duto de aproximadamente 105%.

4.1.3 Dutos salientes negativos

Os dutos salientes negativos são implantados em uma vala rasa (subvala), com profundidade suficiente para que a sua geratriz superior não seja projetada acima do solo natural (Cap. 1). Todo o sistema é, em seguida, coberto por aterro compactado (Fig. 4.5).

Essa forma construtiva associa uma instalação em vala, que quase sempre sofre uma redução de esforços por efeito do arqueamento positivo, com uma cobertura em aterro. Como resultado, o sistema obtido quase sempre atenua as tensões verticais sobre o topo do duto, apesar de ser construído sobre aterro. Além disso, uma instalação em saliência negativa pode apresentar vantagens sobre uma instalação em vala, principalmente quando esta última requer escoramentos, o que dificulta a execução.

De forma similar aos dutos salientes positivos, as cargas nos dutos salientes negativos dependem da posição do plano de igual recalque (PIR) em relação à superfície do aterro. Se o PIR estiver localizado dentro do aterro, uma condição de

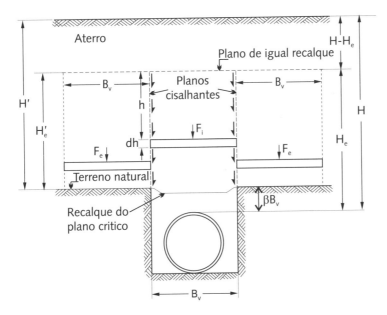

Fig. 4.5 *Duto saliente negativo*

vala incompleta é obtida. Por outro lado, se estiver acima da superfície do terreno, a condição é do tipo vala total.

Nos dutos salientes negativos, a razão de recalques (r_{sd}) é definida como:

$$r_{sd} = \frac{\Delta H_3 - (\Delta H_1 + \Delta H_2 + \Delta d)}{\Delta H_1}$$

[4.21]

em que: ΔH_1 = recalque do plano crítico decorrente da compressão do solo da subvala, de espessura βB_v; ΔH_2 = recalque do solo de fundação sobre o qual o duto é apoiado; ΔH_3 = recalque da superfície do terreno natural na zona de apoio dos prismas externos; Δd = deflexão vertical do duto.

Considerando a largura da vala igual a B_v, a tensão vertical sobre o duto (σ_v) para a condição de saliência negativa em vala total pode ser obtida pela Eq. 4.2. Para a condição de vala incompleta, a seguinte expressão é utilizada:

$$\sigma_v = \frac{B_v \left(\gamma - \frac{2c}{B_v}\right)}{2k_r \operatorname{tg}\phi}\left[1 - \exp\left(-k_r \operatorname{tg}\phi \frac{2h}{B_v}\right)\right] +$$
$$+ [q + (H - H_e)] \cdot \exp\left(-k_r \operatorname{tg}\phi \frac{2h}{B_v}\right)$$

[4.22]

No plano crítico, $h = H_e$:

$$\sigma_v = \frac{B_v \left(\gamma - \frac{2c}{B_v}\right)}{2k_r \operatorname{tg}\phi}\left[1 - \exp\left(-k_r \operatorname{tg}\phi \frac{2H_e}{B_v}\right)\right] +$$
$$+ [q + (H - H_e)] \cdot \exp\left(-k_r \operatorname{tg}\phi \frac{2H_e}{B_v}\right)$$

[4.23]

Valores de r_{sd} sob condições de trabalho ainda não foram completamente estabelecidos. Os escassos valores disponíveis na literatura provêm do trabalho de Spangler (1950) e não fazem distinção sobre o tipo de solo de apoio do duto (Tab. 4.3).

Da Eq. 4.23, pode-se derivar o fator de carga C_n:

$$C_n = \left[\frac{1 - \exp(-2k_r \operatorname{tg}\phi H_e/B_v)}{2k_r \operatorname{tg}\phi}\right] +$$
$$+ \left(\frac{H}{B_v} - \frac{H_e}{B_v}\right) \exp(-2k_r \operatorname{tg}\phi H_e/B_v)$$

[4.24]

Considerando $c = q = 0$, a Eq. 4.24 pode ser reescrita como:

$$\sigma_v = C_n \gamma B_v$$

[4.25]

Da mesma forma, pode-se também definir um fator de carga C_n' a partir da Eq. 4.22 com a mesma formulação de C_n, sendo a única diferença a substituição de H_e por h.

Tab. 4.3 Valores típicos de r_{sd} para dutos rígidos em saliência negativa

Situação	Razão de recalque	Observação
Vala larga ou aterro	−0,3	Qualquer tipo de solo
Vala induzida	−0,3 a 0	Qualquer tipo de solo

Fonte: Spangler (1950).

Uma formulação para determinar a altura de igual recalque (H_e) em instalações de dutos salientes negativos pode ser elaborada igualando-se, no plano crítico, os recalques dos prismas externos e interno. Em qualquer profundidade h no interior do solo de cobertura abaixo do PIR, a força vertical atuante nos prismas externos (F_e) assume o seguinte valor:

$$2F_e = 3(H' - H'_e + h) \cdot \gamma \cdot B_v - F_i \qquad \textbf{[4.26]}$$

em que: F_i = força vertical atuante no prisma interno, que é igual a $\gamma B_v^2 C'_n$.

Sob a ação de F_e, o recalque dos prismas externos decorrente da compressão do solo será igual a:

$$s_e = \int_0^{H'_e} \frac{3(H' - H'_e + h)\gamma B_v - F_i}{2B_v E_s} dh \qquad \textbf{[4.27]}$$

Similarmente, o recalque do prisma interno oriundo da compressão do solo será:

$$s_i = \int_0^{H'_e} \frac{F_i}{B_v E_s} dh \qquad \textbf{[4.28]}$$

Considerando que os recalques dos prismas interno e externos se igualam no PIR, obtém-se:

$$s_i + \Delta H_1 + \Delta H_2 + \Delta d = s_e + \Delta H_3 \qquad \textbf{[4.29]}$$

Ao rearranjar a Eq. 4.29, chega-se a:

$$s_i - s_e = \Delta H_3 - (\Delta H_1 + \Delta H_2 + \Delta d) \qquad \textbf{[4.30]}$$

Com a substituição da Eq. 4.21 na Eq. 4.29, tem-se:

$$s_i - s_e = r_{sd}\Delta H_1 \qquad \textbf{[4.31]}$$

Conhecendo F_i, o recalque ΔH_1 será igual a:

$$\Delta H_1 = \frac{C'_n \gamma B_v^2}{B_v E_s} \beta B_v \qquad \textbf{[4.32]}$$

Logo, a compressão da camada de solo da subvala de espessura βB_v vale:

$$\frac{s_i - s_e}{r_{sd}} = \frac{C_n \gamma \beta B_v^2}{E_s} \quad [4.33]$$

Ao substituir os valores de s_i e s_e na Eq. 4.33 e dividir ambos os membros da expressão por $3\gamma B_v^2/2E_s$, chega-se a:

$$\frac{1 - \exp[-2k_r \operatorname{tg}\phi H'_e/B_v]}{2k_r \operatorname{tg}\phi} \left[\left(\frac{H'}{B_v} - \frac{H'_e}{B_v}\right) - \frac{1}{2k_r \operatorname{tg}\phi} \right] -$$

$$- \frac{H'_e}{B_v}\left[\left(\frac{H'}{B_v} - \frac{H'_e}{B_v}\right) + \frac{1}{2}\frac{H'_e}{B_v} - \frac{1}{2k_r \operatorname{tg}\phi}\right] = \quad [4.34]$$

$$\frac{2\beta r_{sd}}{3}\left[\frac{1 - \exp(-2k_r \operatorname{tg}\phi H'_e/B_v)}{2k_r \operatorname{tg}\phi} + \left(\frac{H'}{B_v} - \frac{H'_e}{B_v}\right)\exp(-2k_r \operatorname{tg}\phi H'_e/B_v)\right]$$

A Eq. 4.34 pode ser resolvida arbitrando-se valores para o produto $k_r \cdot \operatorname{tg}\phi$, a fim de se obterem valores de H'_e em função de parâmetros do solo e da geometria da instalação. As alturas H_e e H, medidas a partir do topo do duto, são iguais a $H'_e + \beta B_v$ e $H' + \beta B_v$, respectivamente.

A tensão vertical sobre o topo do duto (σ_v) pode ser determinada de forma mais simples, por meio da obtenção do fator de carga C_n graficamente, que em seguida é empregado na Eq. 4.25. Ábacos relacionando C_n e H/B_v para as situações de vala completa (total) e incompleta, para valores de β entre 0,5 e 2, são apresentados nas Figs. 4.6 a 4.9. Todos os gráficos foram elaborados considerando o produto $k_r \operatorname{tg}\phi$ igual a 0,13.

Exemplo 4.3

Calcular a tensão vertical sobre um duto rígido de 1 m de diâmetro externo, implantado em saliência negativa em uma vala de 2 m de largura e 2 m de profundidade sob um aterro. A altura de cobertura de solo acima do terreno natural atinge 6 m. O solo de aterro possui peso específico de 18 kN/m³, ângulo de atrito interno de 35° e coesão igual a zero.

Solução:

Como a coesão é igual a zero, o valor da tensão σ_v pode ser calculado como:

$$\sigma_v = \gamma B_v C_n$$

Para $\beta B_v = 1$, tem-se $\beta = 0,5$. Considerando $r_{sd} = -0,3$, a Fig. 4.6 fornece $C_n = 2,2$ para H/B_v 6/2 = 3.

4 | Determinação da carga em dutos decorrente do peso de solo

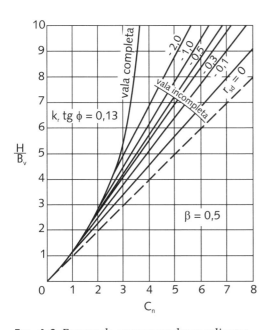

Fig. 4.6 *Fatores de carga para dutos salientes negativos ($\beta = 0,5$)*
Fonte: Spangler (1950).

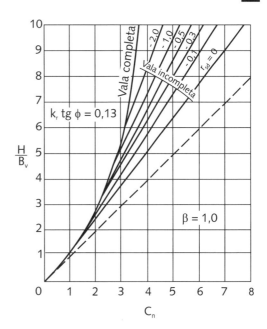

Fig. 4.7 *Fatores de carga para dutos salientes negativos ($\beta = 1$)*
Fonte: Spangler (1950).

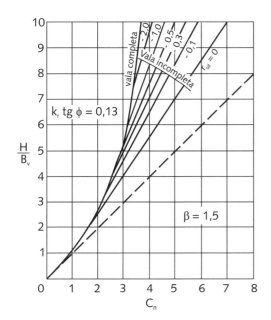

Fig. 4.8 *Fatores de carga para dutos salientes negativos ($\beta = 1,5$)*
Fonte: Spangler (1950).

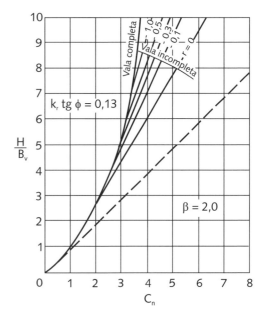

Fig. 4.9 *Fatores de carga para dutos salientes negativos ($\beta = 2$)*
Fonte: Spangler (1950).

Logo,
$$\sigma_v = 18 \times 2 \times 2{,}2 = 79{,}2\,\text{kPa}$$

Comentário:
A tensão geostática vertical, longe do duto, no nível do terreno natural, é igual a $\gamma H = 18 \times 6 = 108$ kPa. Portanto, nessa instalação sob aterro em saliência negativa, foi registrado um arqueamento ativo que resultou em uma redução na tensão de 26,7%.

4.2 Método alemão

O método alemão para cálculo das tensões verticais em dutos enterrados foi introduzido na literatura inglesa por Jeyapalan e Hamida (1988). Essa abordagem também é denominada *método ATV* pelos autores, sendo aplicado tanto a dutos em vala como a dutos salientes.

O método alemão permite considerar a ação das várias zonas de solo ao redor do duto, além de simplificar o equacionamento, visto que o mesmo formulário se aplica a dutos em vala ou salientes.

O desenvolvimento do método alemão segue a filosofia básica da solução de Marston-Spangler, tendo como pilares centrais a teoria do silo (Cap. 3), para o cálculo da tensão vertical média no centro do duto, e algumas formulações empíricas.

Na Fig. 4.10, mostra-se um duto em vala, com o maciço no entorno dividido em quatro zonas distintas com diferentes níveis de rigidez. As zonas 1 e 2 situam-se no interior da vala, acima e abaixo do plano crítico, respectivamente. Por sua vez, as zonas 3 e 4 referem-se, respectivamente, às regiões do maciço natural nas laterais e na base da vala.

A tensão sobre o duto é obtida da seguinte forma:

a) Determina-se o módulo de deformabilidade do solo (E_{si}) nas zonas 1 a 4. Na ausência de valores mais elaborados, E_{si} pode ser estimado por meio da seguinte expressão:

$$E_{si} = \frac{2{,}74 \times 10^{4 \cdot \exp(0{,}188 GC)}}{IS} \text{ (kPa)} \qquad [4.35]$$

em que: GC = grau de compactação do solo nas zonas 1 a 4; IS = índice do solo (valor inteiro, conforme a Tab. 4.4).

b) Determina-se a rigidez do material do duto (R_p):

$$R_p = \frac{\chi E_p t^3}{12 r_m^3} \qquad [4.36]$$

4 | Determinação da carga em dutos decorrente do peso de solo

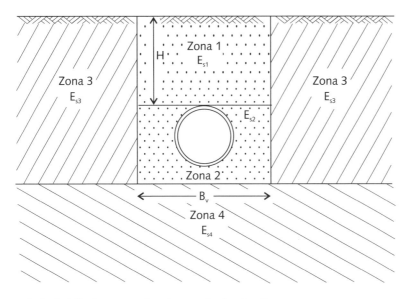

Fig. 4.10 Definição das zonas de solo no método alemão

em que: E_p = módulo de elasticidade do material do duto; t = espessura da parede do duto; r_m = raio médio do duto; χ = fator de carga modificado.

O parâmetro χ leva em conta a relação entre a largura da vala (B_v) e a altura de cobertura (H), e é expresso por:

$$\chi = C_v \frac{B_v}{H} \qquad [4.37]$$

em que: C_v = fator de carga para vala.

c) Calcula-se a rigidez relativa do sistema (RR):

$$RR = \frac{R_p}{0{,}11 \cdot E_2} \qquad [4.38]$$

d) Determina-se o fator de redistribuição de tensões (L) em função da rigidez relativa:
- se $RR > 100$:

Tab. 4.4 Valores de IS para diversos tipos de solo

Tipo de solo	Grupo do SUCS	IS
Solos granulares	GW e SW	1
Solos levemente coesivos e siltes	GM e SM	2
Misturas de solos coesivos	GC e SC	3
Solos coesivos	CL	4

Dutos enterrados

$$L = L_{máx} = 1 + \frac{RM\left(\frac{H}{B_v}\right)}{4 + 2{,}4\frac{E_1}{E_4} + \left(0{,}55 + 1{,}8 \times \frac{E_1}{E_4}\right)\frac{H}{B_v}} \qquad \textbf{[4.39]}$$

em que: $RM = (E_1/E_2)$.

⊡ Se $RR \leqslant 100$:

$$L = \frac{[1{,}333 \cdot L_{máx} \cdot \chi \cdot RR \cdot S_v(L_{máx} - 1)]}{[S_v + 2{,}33 \cdot S_v(L_{máx} - 1)]} \qquad \textbf{[4.40]}$$

em que: $S_v = (2RM)/(4RM - 1)$.

e) A tensão vertical sobre o tubo é definida como:

$$\sigma_v = \gamma \cdot B_v \cdot L \cdot C_v \qquad \textbf{[4.41]}$$

Exemplo 4.4

Calcular a tensão vertical média em um duto rígido implantado em uma vala de 1,5 m de largura e 5 m de profundidade. O duto é fabricado em aço, com 1 m de diâmetro externo e 50 mm de espessura. Os parâmetros do solo de reaterro são: peso específico de 18 kN/m³, ângulo de atrito interno de 35° e coesão nula. Considerar que o solo das zonas 1 e 2 é uma areia fina com grau de compactação de 80%, e o solo das zonas 3 e 4 é uma argila de consistência média, com $E_s = 37{,}4$ MPa.

Solução:

⊡ *Cálculo dos módulos de deformabilidade dos solos nas quatro regiões em torno do duto:*

Considerando $IS = 1$ para os solos das zonas 1 e 2, e $IS = 4$ para os solos das zonas 3 e 4, obtém-se, da Eq. 4.35:

$$E_1 = E_2 = \frac{2{,}74 \times 10^{4\exp(0{,}188 \times 0{,}8)}}{1} = 122\,\text{MPa}$$

$$E_3 = E_4 = 37{,}4\,\text{MPa}$$

⊡ *Cálculo da rigidez do duto:*

Do Exemplo 4.1, $C_v = 1{,}68$.

A Eq. 4.37 permite determinar χ:

$$\chi = 1{,}68 \times \frac{1{,}5}{4} = 0{,}63$$

Sabendo-se o valor de χ e adotando-se $E_p = 210$ GPa para o material que compõe o duto, pode-se calcular R_p por meio da Eq. 4.36:

$$R_p = \frac{0{,}63 \times 2{,}1 \times 10^8 \times 0{,}05^3}{12 \times 0{,}475^3} = 12.859\,\text{kPa}$$

- *Cálculo da rigidez relativa:*

    A rigidez relativa é obtida a partir da Eq. 4.34:

$$RR = \frac{12.859}{0,11 \times 122.000} = 0,958 < 100$$

- *Cálculo do fator de distribuição de tensões*:

    Com $RM = 1$ e utilizando as Eqs. 4.39 e 4.40, chega-se ao seguinte valor para o fator L:

$$L_{\text{máx}} = 1 + \frac{1 \times \frac{4}{1,5}}{4 + 2,4 \times \frac{122}{37,4} + \left(0,55 + 1,8 \times \frac{122}{37,4}\right) \times \frac{4}{1,5}} = 1,09$$

Logo,

$$L = \frac{1,333 \times 1,09 \times 0,63 \times 0,958 \times (2/3) \times (1,09 - 1)}{(2/3) + 2,33 \times (2/3) \times (1,09 - 1)} = 6,52 \times 10^{-2}$$

- *Cálculo da tensão vertical:*

    Finalmente, a tensão vertical sobre o duto é dada por:

$$\sigma_v = 18 \times 1,5 \times 6,52 \times 10^{-2} \times 1,68 = 2,95 \, \text{kPa}$$

Comentário:

O valor da tensão vertical obtida por este método deve ser comparado ao do Exemplo 4.1, o qual é aproximadamente 15 vezes maior.

4.3 CARGA DECORRENTE DO PESO DE SOLO EM DUTOS FLEXÍVEIS

Por conta das deflexões sofridas, a carga decorrente do peso de solo em dutos flexíveis em vala é determinada assumindo-se uma distribuição de tensões verticais uniforme sobre o topo do duto (Spangler, 1950). Isso é o mesmo que considerar iguais a rigidez do duto e a do solo da envoltória. Assim, a carga sobre o duto, por unidade de comprimento, pode ser escrita como:

$$\frac{B_c}{B_v} \gamma B_v^2 C_v = \gamma C_v B_c B_v \qquad \textbf{[4.42]}$$

No caso de dutos flexíveis em condição de saliência positiva, a tensão vertical pode ser estimada empregando-se razões de recalques, como recomendadas na Tab. 4.5.

Uma abordagem mais conservadora em relação aos dutos flexíveis é supor que a redução da carga por conta do arqueamento não será mantida por muito

Tab. 4.5 Valores de r_{sd} para dutos flexíveis

Condição do aterro	Razão de recalque
Mal compactado	0 a −0,4
Bem compactado	0

Fonte: Young e Trott (1984).

tempo, sendo mais prudente considerar, como valor de projeto, a carga do prisma de solo sobre o topo do duto, $\gamma B_c H$. Dados experimentais indicam que a carga vertical sobre dutos flexíveis em vala situa-se entre a prevista pela Eq. 4.42 e o peso do prisma de solo (Moser e Folkman, 2008). Não obstante, esse é um assunto que necessita de maior investigação, devendo-se levar em conta também os efeitos de fluência e relaxação de tensões nos dutos flexíveis.

DUTOS FLEXÍVEIS 5

Para que o leitor entenda de forma clara o comportamento geotécnico dos dutos flexíveis, propõe-se a execução de um teste expedito. Cortando-se cuidadosamente as extremidades de uma lata de refrigerante, obtém-se um tubo de alumínio muito flexível, com aproximadamente 50 mm de diâmetro e 0,125 mm de espessura de parede. Inicialmente, verifica-se que uma leve pressão com os dedos é suficiente para causar uma enorme deflexão no tubo. Em seguida, coloca-se o tubo na posição horizontal, dentro de uma caixa de paredes frontais lisas com comprimento igual ao do tubo, que deverá ser preenchida com areia no estado compacto. Nessa condição, uma altura de cobertura de areia igual ao diâmetro permitirá ao tubo resistir, sem romper, a um peso de aproximadamente 500 N.

Esse experimento simples mostra que os dutos flexíveis precisam interagir fortemente com o solo adjacente para adquirir condições de suportar os esforços externos. Em razão de sua alta flexibilidade, o duto sofre uma ovalização, ou seja, uma redução do diâmetro vertical e um ligeiro aumento no diâmetro horizontal quando carregado. Com isso, a resistência passiva do solo lateral é mobilizada e age no sentido de impedir maiores deflexões horizontais, conferindo ao duto capacidade de suporte das cargas que lhe são impostas. Quanto mais bem compactado estiver o solo na circunvizinhança do duto, maior será a sua capacidade de suporte de cargas. A redução do diâmetro vertical, que ocorre simultaneamente ao aumento do diâmetro lateral, leva o duto a também experimentar uma atenuação de carga no topo, por conta do arqueamento positivo do solo nessa região. Portanto, são dois efeitos benéficos: o arqueamento positivo, com a consequente redução das tensões verticais atuantes, e o aumento substancial da capacidade portante, em razão da restrição dos deslocamentos horizontais na altura da linha d'água.

O comportamento dos dutos flexíveis tem sido objeto de intensos estudos, iniciados a partir dos anos 1940. Historicamente, o final da década de 1950 pode ser classificado como um divisor de águas entre o período clássico e o moderno na investigação dessas estruturas (Bueno, 1987). No período clássico, iniciado com o trabalho pioneiro de Spangler (1941), a deformação excessiva manteve-se como o principal objeto de análise, ao passo que o período moderno é marcado principalmente por trabalhos relacionados a instalações muito flexíveis em aterros bem compactados. Nessa condição, foi observado que os dutos flexíveis se deformam muito pouco, e que a ruptura pode ocorrer por flambagem elástica ou plastificação das paredes.

Os trabalhos gerados no período moderno representaram um grande avanço para a área de dutos enterrados e formaram a base para o estado atual do conhecimento sobre o assunto. Isso somente foi possível, diga-se de passagem, por conta do intenso progresso da compreensão das questões básicas da Mecânica dos Solos, decorrente principalmente da modernização dos laboratórios, com a introdução de instrumentação eletrônica de precisão, e do desenvolvimento dos métodos numéricos na área geotécnica. Vale lembrar que uma grande porcentagem das pesquisas nessa área tinha cunho militar e era destinada a definir critérios de dimensionamento de abrigos subterrâneos.

É possível afirmar que o estado atual do conhecimento sobre o comportamento de dutos enterrados goza de um entendimento fenomenológico amplo sobre o problema em si. Contudo, em termos quantitativos, o progresso nas últimas quatro ou cinco décadas foi pequeno.

Seguindo uma perspectiva histórica, este capítulo apresenta a evolução do desenvolvimento das principais questões concernentes ao comportamento geotécnico dos dutos flexíveis. Nesse contexto, são introduzidos os mecanismos de ruptura e as principais soluções analíticas desenvolvidas para avaliar a possibilidade de ruptura dessas estruturas.

5.1 MODOS DE RUPTURA DE DUTOS FLEXÍVEIS

Tipicamente, assume-se que a ruptura de dutos flexíveis pode ocorrer por três mecanismos distintos: deflexão excessiva, flambagem elástica e plastificação da parede.

A ruptura por deflexão excessiva ocorre geralmente em aterros mal compactados, onde a seção transversal adquire um formato elíptico, caracterizado pelo aumento do diâmetro horizontal em decorrência da falta de confinamento na linha d'água. Em estágios avançados, é comum observar a deflexão excessiva evoluir para uma reversão de curvatura na metade superior do duto, que pode ser classificada como uma flambagem de onda única. Nessa fase, considera-se que o duto sofre ruptura, uma vez que o equilíbrio resultante de uma interação adequada com o meio circundante é perdido.

Se a rigidez do solo de aterro for alta, as deflexões do duto serão muito pequenas, o que possibilita o desenvolvimento de tensões elevadas em sua parede. Isso poderá levar a uma ruptura por flambagem elástica de múltiplas ondas. As instalações em profundidade em solo bem compactado reúnem as condições mais adequadas para rupturas dessa natureza. Em algumas circunstâncias, entretanto, a tensão de compressão na parede do duto pode atingir a tensão de escoamento do material, fazendo com que a plastificação da parede preceda a flambagem elástica. Em solos compactos, a ruptura é, em geral, repentina e catastrófica.

5.2 Avaliação das deflexões

5.2.1 Abordagem pioneira

As primeiras tentativas para a determinação das deflexões de dutos flexíveis eram baseadas em observações de campo. Observando-se que as deflexões eram diretamente proporcionais ao diâmetro do duto e à altura de cobertura de solo e inversamente proporcionais à espessura da parede do duto, a seguinte equação empírica foi proposta:

$$d_y = \frac{\Delta Y}{D} = \kappa \frac{H^m \cdot D^n}{t^p} \qquad \textbf{[5.1]}$$

em que: d_y = deflexão vertical; ΔY = encurtamento do diâmetro vertical do duto; κ, m, n e p = coeficientes empíricos; H = altura de cobertura de solo; D = diâmetro do duto; t = espessura da parede do duto.

Os coeficientes empíricos eram obtidos por meio do ajuste das deflexões calculadas aos valores experimentais observados. Resultados provenientes de órgãos governamentais norte-americanos, coletados por um programa abrangente de ensaios de campo conduzido no final da década de 1920, foram as principais fontes de informação utilizadas para a calibração. Foram testadas diversas instalações com dutos de espessuras e diâmetros variados, sob diferentes alturas de cobertura de solo. Os experimentos revelaram que a ruptura geralmente ocorria quando as deflexões atingiam 20% do diâmetro interno do duto, o que levou os órgãos competentes a recomendarem a utilização de um fator de segurança igual a 4 contra a deflexão excessiva (Shaffer, 1947).

Essa abordagem empírica inicial não progrediu por não considerar que o suporte dos dutos flexíveis advém do confinamento lateral propiciado pelo solo e mobilizado pela movimentação da estrutura. Com efeito, qualquer método racional para análises dessa natureza deve levar em conta o fato de que ambos os elementos – solo e duto – contribuem para a formação de um sistema integrado.

5.2.2 Fórmula de Iowa

A contribuição mais difundida para a estimativa de deflexões em dutos flexíveis foi desenvolvida por Spangler (1941) a partir de uma série de ensaios em verdadeira grandeza. O método é fundamentado no conceito de que a resistência de um duto flexível provém, basicamente, das tensões passivas que são despertadas à medida que as paredes laterais do tubo se movem para fora, contra o solo. Com base em evidências experimentais, Spangler (1941) constatou que a interação solo-duto na linha d'água poderia ser quantificada por meio do coeficiente de reação do solo (k), o qual representa uma relação linear entre a tensão passiva mobilizada e o deslocamento naquele ponto. Para uma visão mais ampla das questões que envolvem o coeficiente de reação do solo, o leitor deve consultar o trabalho clássico de Terzaghi (1955), que fornece de forma bastante ampla, mas com profundidade, os fatores intervenientes na questão e a forma de cálculo para as diversas áreas de interesse.

A distribuição de tensões admitida no método proposto por Spangler (1941) pode ser observada na Fig. 5.1. As tensões horizontais são distribuídas parabolicamente sobre uma região do duto definida segundo um ângulo central de 100°. A distribuição de tensões como um todo é simétrica em relação a um plano vertical pelo centro do duto. A máxima tensão desenvolve-se na linha d'água e é igual ao coeficiente de reação do solo (k) multiplicado pela metade do aumento do diâmetro horizontal máximo ($\Delta X/2$). A tensão vertical que atinge o topo do duto é calculada pela teoria de Marston-Spangler (Cap. 4) e atua uniformemente ao longo do diâmetro, ou seja, desenvolve-se uniformemente sobre toda a largura do duto. A reação vertical na base do duto é distribuída uniformemente em uma largura de apoio determinada pelo ângulo de berço (θ). Quanto maior a área de apoio, ou seja,

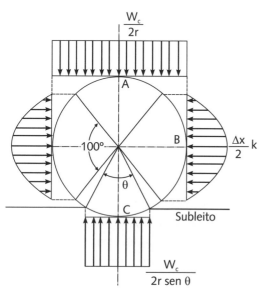

FIG. 5.1 *Distribuição de tensões em dutos flexíveis proposta por Spangler (1941)*

quanto maior θ, menor a resultante das tensões de contato, e vice-versa. A expressão resultante para a obtenção do deslocamento horizontal, conhecida na literatura como fórmula de Iowa, é dada por:

$$\Delta X = F_k F_d \frac{W_c r^3}{E_p I + 0{,}061\ kr^4} \qquad [5.2]$$

em que: F_k = fator de fluência; F_d = constante de berço; W_c = força vertical atuante no topo do duto por unidade de comprimento; r = raio médio do duto; E_p = módulo de elasticidade do material do duto; I = momento de inércia da parede do duto por unidade de comprimento; k = coeficiente de reação do solo de aterro.

Se a largura da vala for inferior a duas vezes o diâmetro do duto, a força vertical (W_c) deve ser calculada com base na seguinte expressão (AWWA, 2004):

$$W_c = \gamma B_v^2 C_v \left(\frac{B_c}{B_v} \right) \qquad \text{[5.3]}$$

em que: γ = peso específico do solo de aterro; B_v = largura da vala; C_v = fator de carga para valas (Fig. 4.2); $B_c = D$ = diâmetro do duto.

Se o duto for instalado em uma vala mais larga que duas vezes o diâmetro, a carga pode ser determinada por:

$$W_c = \gamma B_c^2 C_s \qquad \text{[5.4]}$$

em que: C_s = fator de carga para aterros (Fig. 4.4).

Entretanto, em se tratando de dutos flexíveis, a razão de recalques (r_{sd}) pode ser considerada nula, o que leva à seguinte igualdade:

$$C_s = H/B_v \qquad \text{[5.5]}$$

Substituindo a Eq. 5.5 em 5.4, obtém-se a Eq. 5.6, que é a carga decorrente do peso de solo sobre o duto, ou seja:

$$W_c = \gamma H B_c \qquad \text{[5.6]}$$

O fator de fluência (F_k) foi incluído na fórmula de Iowa porque se acreditava que as deflexões do duto aumentavam com o tempo durante um longo período, podendo acrescer a deflexão inicial em 30%. Foi então sugerido, de forma conservadora, um fator de 1,5. Atualmente se sabe que grande parte das deformações ocorre durante a fase construtiva, sendo comum adotar $F_k = 1$ (Goddard, 1994).

Dutos plásticos, no entanto, apresentam fenômenos de fluência e de relaxação de tensões, isto é, seus módulos de deformabilidade decrescem com o tempo por conta de um comportamento viscoelástico. Para esse tipo de duto, em vez de se ajustar os fatores de fluência com o tempo, prefere-se trabalhar com valores decrescentes do módulo de deformabilidade do duto, definidos em função de uma curva E_p *versus* tempo, denominada *curva de relaxação*.

Para a constante de berço (F_d), tem sido usual assumir um valor igual a 0,1, embora seu valor varie de acordo com a condição do apoio na área de berço, conforme mostra a Tab. 5.1.

Como mencionado, os resultados dos ensaios realizados por Spangler (1941) revelaram uma relação linear entre o movimento lateral do duto e a magnitude

TAB. 5.1 Valores para a constante de berço

θ (°)	0	30	45	60	90	120	180
F_d	0,110	0,108	0,105	0,102	0,096	0,090	0,083

Fonte: Goddard (1994).

das tensões passivas geradas. Logo, k foi admitido como constante para um solo com determinado grau de compactação e teor de umidade. Posteriormente, foi verificado que, na realidade, k não era constante, mas sim o produto $k \cdot r$ (Watkins; Spangler, 1958), que foi denominado *módulo de reação do solo* (E'), sendo introduzido na fórmula de Iowa como:

$$\Delta X = F_k F_d \frac{W_c}{\frac{E_p I}{r^3} + 0,061 E'} \qquad [5.7]$$

O deslocamento vertical ΔY pode ser obtido a partir da Eq. 5.8, concebida por Masada (2000) segundo as mesmas hipóteses de Spangler (1941):

$$\Delta Y = F_k F_d \frac{W_c}{2r \left(\frac{E_p I}{r^3}\right)} \left[\frac{0,0595 E'}{\frac{E_p I_p}{r^3} + 0,061 E'} - 1\right] \qquad [5.8]$$

De posse dessa expressão, é possível calcular a relação entre ΔX e ΔY:

$$\left|\frac{\Delta Y}{\Delta X}\right| \approx 1 + \frac{0,0014\, E'}{(E_p I/r^3)} \qquad [5.9]$$

Resultados catalogados por Spangler (1941) e reanalisados por Masada (2000) mostram que, em solos bem compactados, a relação $\Delta Y / \Delta X$ varia entre 1,03 e 1,5 de modo inversamente proporcional à profundidade da instalação. Para solos mal compactados, foram observados valores de $\Delta Y / \Delta X$ entre 0,92 e 1.

Apesar de largamente empregada para estimativas das deflexões em dutos flexíveis, a fórmula de Iowa tem sido alvo de muitas críticas. As principais são resumidas a seguir (Jeyapalan; Ethiyajeevakaruna; Boldon, 1987; Masada, 2000):

a) A fórmula de Iowa foi desenvolvida considerando que o duto assume uma forma elíptica quando se deforma. Contudo, em aterros com alto grau de compactação, dutos muito flexíveis geralmente não assumem uma forma elíptica. Nessas condições, as deformações do duto podem ser muito pequenas e, antes que deflexões substanciais ocorram, o duto pode romper por flambagem através de múltiplas ondas;

b) Em instalações em trincheira, a fórmula não leva em conta a rigidez do solo natural;

c) A distribuição de tensões assumida ao redor do duto em muitos casos não representa a realidade;

d) O encurtamento circunferencial do duto é desprezado.

5.2.3 Determinação do módulo de reação do solo

A aplicação da fórmula de Iowa esbarra na dificuldade de se estabelecer um valor adequado para o módulo de reação do solo (E'). Uma vez que não representa uma propriedade exclusiva do solo, esse parâmetro não pode ser obtido diretamente de ensaios laboratoriais convencionais, mas apenas sob condições que promovam a interação do sistema solo-duto. Diversas propostas foram feitas para se determinar E' algebricamente, por meio de correlações, ou experimentalmente.

Com a utilização da teoria da elasticidade para analisar uma cavidade cilíndrica imersa em um meio elástico com uma distribuição de tensões uniforme, Meyerhof e Baikie (1963) sugerem a seguinte expressão para a determinação de k, a partir de Terzaghi (1955):

$$k = \frac{E_s}{2r(1 - v_s^2)} \qquad \textbf{[5.10]}$$

em que: E_s = módulo de deformabilidade do solo; v_s = coeficiente de Poisson do solo.

Admitindo $E_s = K_c$ para argila, $E_s = K_s H$ para areia (K_c e K_s são chamadas pelos autores de *constantes de reação do solo*) e $v_s = 0,5$, as seguintes expressões aproximadas para a obtenção de k são propostas:

$$k = K_c/1,5r \qquad \text{(argila)} \qquad \textbf{[5.11]}$$

$$k = K_s H/1,5r \qquad \text{(areia)} \qquad \textbf{[5.12]}$$

em que: H = altura de cobertura de solo; r = raio do duto.

E' é obtido multiplicando-se k pelo raio do duto. Valores típicos sugeridos para K_c e K_s são fornecidos na Tab. 5.2.

Por meio da análise elástica de um cilindro oco de solo (*hollow cylinder*), sujeito a um carregamento hidrostático uniforme interna e externamente, Luscher (1966) desenvolveu a seguinte expressão, que considera a profundidade onde a estrutura encontra-se instalada (H):

$$k = \frac{E_s \left[1 - \left(\frac{r}{r_e}\right)^2\right]}{(1 + v_s)r \left[1 + \left(\frac{r}{r_e}\right)^2 (1 - 2v_s)\right]} \qquad \textbf{[5.13]}$$

em que: $r_e = r + H$, sendo H a altura de cobertura de solo.

Tab. 5.2 Valores típicos de K_c e K_s

K_c (argila)	Rija	3,5 MPa a 7 MPa
	Dura	7 MPa a 14 MPa
	Muito dura	> 14 MPa
K_s (areia)	Fofa	0,4 MPa a 1,1 MN/m³
	Med. compacta	1,1 MPa a 3,3 MN/m³
	Compacta	> 3,3 MN/m³

Fonte: Meyerhof e Baikie (1963).

Entre as sugestões de determinação do módulo de resistência passiva a partir de correlações, merecem registro as que utilizam o índice CBR e o módulo de compressão confinada ou módulo oedométrico (M_s).

Ao utilizar a teoria da elasticidade para a obtenção dos deslocamentos de um pistão rígido pressionado contra a superfície de um meio elástico semi-infinito, Nielson, Bhandhausavee e Yeb (1969) obtiveram uma relação entre E' e o índice CBR:

$$E' = 260\,CBR(\%) \qquad\qquad \textbf{[5.14]}$$

Relações entre E' e o módulo de compressão confinada (M_s) para dutos de superfície lisa e rugosa são definidas da seguinte forma (Nielson, 1967a; Nielson; Statish, 1972):

$$E' = 0{,}7M_s \quad \text{(superfície lisa)} \qquad\qquad \textbf{[5.15]}$$

$$E' = 1{,}5M_s \quad \text{(superfície rugosa)} \qquad\qquad \textbf{[5.16]}$$

Com o uso da solução analítica de Burns e Richard (1964), Hartley e Duncan (1987) verificaram que a razão E'/M_s depende apenas da rigidez relativa solo-duto, que é dada por ($M_s r^3/E_p I$), e do coeficiente de Poisson do solo v_s (Fig. 5.2). Pode-se observar que grande parte dos valores de E'/M_s encontra-se dentro da faixa de 0,7 a 1,5. Para valores de ($M_s r^3/E_p I$) superiores a aproximadamente 250, a razão E'/M_s torna-se praticamente constante, passando a depender apenas da aderência na interface entre o solo e o duto. Logo, em virtude da pequena influência da rigidez do duto nos resultados obtidos, os autores concluem que a hipótese de considerar $E' = M_s$ parece razoável.

Atualmente, há uma forte tendência em defesa de se considerar $E' = M_s$ (AWWA, 2004; McGrath; Chambers; Sharff, 1990; Goddard, 1994; Watkins; Anderson, 1999). O uso de M_s é vantajoso porque pode ser facilmente relacionado ao peso específico seco do solo (γ_d) e à resistência ao cisalhamento do ensaio de palheta, bem como a outros índices. Deve-se lembrar também que M_s provém de

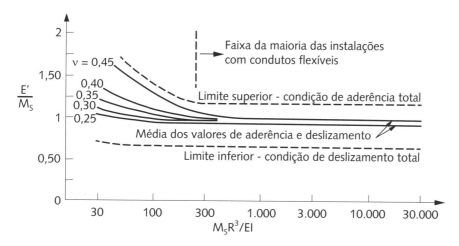

Fig. 5.2 *Valores de E'/M_s em função da rigidez relativa solo-duto*
Fonte: Hartley e Duncan (1987).

um ensaio laboratorial largamente utilizado (o ensaio de compressão confinada), e pode ser obtido sem maiores dificuldades em qualquer bom laboratório de Mecânica dos Solos.

A ausência de uma quantidade suficiente de dados para E' promoveu a realização de um grande volume de pesquisas experimentais com o objetivo de determiná-lo, as quais envolveram a confecção de equipamentos especiais para simular a interação solo-duto e a execução de ensaios de campo e laboratoriais com dutos enterrados.

Algumas pesquisas para a determinação de E' foram conduzidas a partir de ensaios em grande escala e monitoramento de obras reais. Um dos trabalhos mais completos neste âmbito foi apresentado por Howard (1977). Com o uso de dados provenientes do monitoramento de dutos em 113 obras, valores de E' foram retroanalisados pela fórmula de Iowa e agrupados de acordo com o tipo de solo, segundo a Classificação Unificada e o grau de compactação (Tab. 5.3). O autor ressalta, todavia, que os resultados obtidos não são aplicáveis a dutos dispostos em profundidades superiores a 15 m. A avaliação de dados com aterros profundos revelou que a deflexão real é muito inferior à estimada pela fórmula de Iowa.

A variação de E' em função da profundidade foi tema de muitas discussões até a publicação dos trabalhos de Hartley e Duncan (1987). A partir da análise de dados de diversas fontes da literatura e simulações numéricas, os autores constataram uma influência nítida da profundidade sobre E'. A Tab. 5.4 resume os resultados obtidos.

Apesar da crescente demanda de mercado, poucas pesquisas têm se dedicado à obtenção de valores de projeto para E' utilizando dutos plásticos. No trabalho

Dutos enterrados

Tab. 5.3 Valores de E' para diferentes tipos de instalação

Tipo de solo (Sistema unificado de classificação)	E' para grau de compactação do berço (kPa)			
	Lançado	Baixo, < 85% de Proctor Normal (Densidade relativa < 40%)	Moderado, 85%-95% de Proctor Normal (Densidade relativa = 40%-70%)	Alto, > 95% de Proctor Normal (Densidade relativa > 70%)
Solos finos (LL > 50) Solos com plasticidade média a alta (CH, MH, CH-MH)	Não há dados disponíveis; consultar um engenheiro geotécnico competente ou adotar $E' = 0$			
Solos finos (LL < 50) Solos com plasticidade intermediária ou não plásticos (CL, ML, ML-CL), com menos de 25% de partículas grossas	350	1.400	2.800	7.000
Solos finos (LL < 50) Solos com plasticidade intermediária ou não plásticos (CL, ML, ML-CL), com mais de 25% de partículas grossas; Solos grossos com mais de 12% de finos (GM, GC, SM, SC)	700	2.800	7.000	14.000
Solos grossos com menos de 12% de finos (GW, GP, SW, SP)	1.400	7.000	14.000	21.100
Brita	7.000	21.100	21.100	21.100
Acurácia em termos da deflexão percentual	±2	±2	±1	±0,5

Fonte: Howard (1977).

conduzido por Howard (1977), menos de 8% das instalações investigadas envolviam tais dutos e, mesmo assim, todos com menos de 0,3 m de diâmetro. Por meio de comparações com dados coletados *in situ*, Jeyapalan e Jaramillo (1994) verificaram que os valores de E' propostos por Howard (1977) geraram previsões contra a segurança para a maioria das instalações com dutos plásticos. Visando preencher essa lacuna, os autores compilaram resultados de ensaios de campo com dutos de PVC, HDPE, ABS e RPM, com o objetivo de obter valores de E' para esses tipos de material. Foram analisados dados de dutos de 0,3 m a 0,9 m de diâmetro enterrados em profundidades de 1,5 m a 9,1 m. Os resultados obtidos são reproduzidos na Tab. 5.5.

Valores experimentais de E' para instalações com dutos flexíveis de PVC de 75 mm de diâmetro são mostrados na Fig. 5.3 (Costa, 2005). A investigação contou com uma série de ensaios com modelos laboratoriais em escala reduzida, que possuíam uma altura de cobertura de solo igual a aproximadamente $6D$. Na superfície dos modelos, foram aplicados carregamentos uniformemente

TAB. 5.4 Valores de E' em função da profundidade

Tipo de solo	Profundidade (m)	E' (MPa) Grau de compactação* (AASHTO)			
		85%	90%	95%	100%
Solos finos com menos de 25% de areia (CL, ML, CL-ML)	0-1,5	3,5	4,8	6,9	10,3
	1,5-3	4,1	6,9	9,7	13,8
	3-4,5	4,8	8,3	11	15,9
	4,5-6	5,5	9	12,4	17,9
Solos grossos com finos (SM, SC)	0-1,5	4,1	6,9	8,3	13,1
	1,5-3	6,2	9,7	12,4	18,6
	3-4,5	6,9	10,3	14,5	22,1
	4,5-6	7,6	11	16,5	25,5
Solos grossos com pouca ou nenhuma porcentagem de finos (SP, SW, GP, GW)	0-1,5	4,8	6,9	11	17,2
	1,5-3	6,9	10,3	15,2	22,7
	3-4,5	7,2	11	16,5	24,8
	4,5-6	7,6	11,7	17,2	26,2

Fonte: Hartley e Duncan (1987).   * em relação à energia de Proctor Normal.

distribuídos (q) iguais a 50 kPa, 100 kPa e 150 kPa, a fim de simular aterros com diferentes profundidades. A determinação de E' foi efetuada diretamente por meio de medidas das deflexões do duto e das tensões na linha d'água. Para tanto, foi utilizado um transdutor de deslocamentos capaz de obter deslocamentos radiais em pontos distintos em torno da seção transversal do duto. Quanto maior a densidade do solo, maior a influência da profundidade sobre E'. Os resultados de E' obtidos são da mesma ordem de grandeza dos valores publicados por Howard (1977) e Hartley e Duncan (1987).

Finalmente, é importante mencionar que ainda não há nenhuma correlação entre o módulo

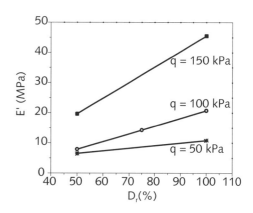

FIG. 5.3 *Módulo de reação do solo em instalações de dutos de PVC de pequeno diâmetro*
Fonte: Costa (2005).

TAB. 5.5 Valores de E' para dutos plásticos

Rigidez do duto (kPa)*	Classe do berço	Faixa de profundidade (m)	E' (MPa)
1.380	I e II	1,5-9,1	7-28
275	I e II	1,5-4,6	1,4-5,5

* Determinada em ensaio de placa paralela (ver Cap. 8). Fonte: Jeyapalan e Jaramillo (1994).

E' e os resultados de ensaios pressiométricos ou dilatométricos, área que certamente poderá povoar os interesses de pesquisadores, por conta das condições de contorno de tais ensaios.

5.2.4 Método de Watkins

Considerando $\Delta Y/\Delta X = 1$, a Eq. 5.7 pode ser reescrita da seguinte forma para a deflexão vertical:

$$\frac{\Delta Y}{D} = F_k F_d \frac{\sigma_v}{\frac{8E_p I}{D^3} + 0{,}061\, E'} \qquad [5.17]$$

Chamando o termo $E'/(E_p I/D^3)$ de RR (ou seja, a rigidez relativa solo-duto) e considerando $\sigma_v = E' \cdot \varepsilon_v$, $F_k = 0{,}1$ e $F_d = 1$, a Eq. 5.17 adquire a seguinte forma:

$$\frac{\Delta Y}{D\varepsilon_v} = \frac{d_y}{\varepsilon_v} = \frac{RR}{80 + 0{,}61 \cdot RR} \qquad [5.18]$$

Agora é possível constatar que a fórmula de Iowa representa uma relação entre a razão de deflexão do duto (d_y/ε_v) e a rigidez relativa do sistema solo-duto (RR).

A Eq. 5.18 pode ser escrita de uma forma mais geral:

$$\frac{d_y}{\varepsilon_v} = \frac{RR}{a + b \cdot RR} \qquad [5.19]$$

em que: a e b = constantes empíricas que incorporam os parâmetros F_k e F_d.

Watkins avaliou um conjunto de dados provenientes de ensaios com dutos flexíveis realizados na Universidade Estadual de Utah (EUA) e calibrou a Eq. 5.19, obtendo $a = 30$ e $b = 1$. A Fig. 5.4 mostra a curva proposta por Watkins para ser usada em projetos. Cerca de 90% das deflexões medidas nos experimentos realizados situam-se abaixo dessa curva. A título comparativo, a curva correspondente à fórmula de Iowa também é exibida na mesma figura.

A reta horizontal $d_y/\varepsilon_v = 1$ é assíntota à curva de Watkins, o que demonstra que a deflexão do duto deve sempre ser igual ou inferior à deformação do solo de aterro ($d_y \leqslant \varepsilon_v$). No entanto, o limite superior da curva correspondente à fórmula de Iowa é 1,64, o que significa que essa fórmula fornece resultados muito conservadores.

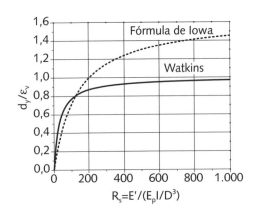

FIG. 5.4 *Razão de deflexão em função da rigidez relativa*
Fonte: Watkins e Anderson (1999).

Para a determinação de E' e ε_v é proposto o gráfico da Fig. 5.5, que relaciona a tensão efetiva com a deformação do solo para diversos graus de compactação (GC) relacionados à energia de Proctor modificado. Os dados apresentados são oriundos de diversos ensaios de compressão confinada realizados com solos não coesivos tipicamente usados como aterro em instalações com dutos flexíveis. As curvas representam limites inferiores, com 90% dos dados correspondentes situando-se à esquerda das mesmas.

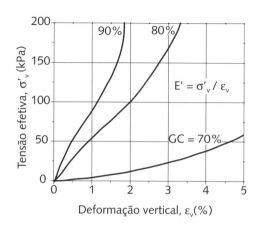

FIG. 5.5 *Curvas tensão-deformação para solos não coesivos em instalações com dutos flexíveis*
Fonte: Watkins e Anderson (1999).

5.2.5 Deflexão de um anel elástico

A deflexão pode ser estimada imaginando o duto como um elemento anelar, elástico, submetido a um determinado carregamento. A solução para uma carga concentrada vertical atuando no topo do duto é desenvolvida a seguir.

Seja um anel sujeito a uma compressão diametral imposta por uma carga concentrada vertical de intensidade P aplicada no ponto A (Fig. 5.6a). Considerando que o anel esteja apoiado em uma superfície plana horizontal, haverá uma reação de igual valor atuante no ponto C. Se as deformações permanecerem dentro do limite elástico, pode-se usar o método do trabalho virtual para a obtenção do deslocamento de um ponto qualquer no anel decorrente desse carregamento. O teorema de Castigliano fornece a seguinte expressão geral para o deslocamento (w):

$$w = \int_0^\theta \frac{M}{E_p I} \frac{\partial M}{\partial q} r\, d\theta \qquad [5.20]$$

em que: M = momento fletor em qualquer ponto do anel; r = raio do anel; E_p = módulo de elasticidade do material constituinte do anel; I = momento de inércia por unidade de comprimento; q = força fictícia aplicada em A, na mesma direção e sentido do deslocamento que se deseja conhecer.

A Fig. 5.6b mostra as forças e momentos atuantes em um quadrante do anel. Ao posicionar-se a origem dos eixos em A, o momento M em qualquer ponto do anel é igual a:

$$M = \left(\frac{P}{2} + q\right) r \operatorname{sen} \theta - M_A \qquad [5.21]$$

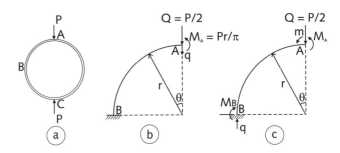

FIG. 5.6 *(a) Anel em compressão diametral; (b) esforços em um quadrante do anel com carga fictícia q aplicada em A; (c) esforços em um quadrante do anel com momento fictício m aplicado em A*

O momento M_A no ponto A, decorrente da carga P, pode ser determinado pelo teorema de Castigliano, aplicando um momento fictício (m) em A e admitindo a rotação do ponto A em relação a B (ψ_A) igual a zero (Fig. 5.6c):

$$\psi_A = \int_0^{\pi/2} \frac{M}{E_p I} \frac{\partial M}{\partial m} r d\theta = 0 \qquad [5.22]$$

O momento M na Fig. 5.6c é igual a:

$$M = \frac{P}{2} r \operatorname{sen} \theta - M_A - m \qquad [5.23]$$

Logo, $\partial M/\partial m = -1$. Fazendo $m = 0$ na Eq. 5.23, a resolução da Eq. 5.22 para o intervalo de θ entre 0 e $\pi/2$ fornece o seguinte valor para M_A:

$$M_A = \frac{Pr}{\pi} \qquad [5.24]$$

Introduzindo a Eq. 5.24 na Eq. 5.21 e derivando esta em relação a q, chega-se a:

$$\partial M/\partial q = r \operatorname{sen} \theta \qquad [5.25]$$

O deslocamento vertical do ponto A é obtido aplicando-se a força fictícia q nesse ponto (Fig. 5.6b). Fazendo q igual a zero na Eq. 5.21 e inserindo essa expressão juntamente com a Eq. 5.25 na Eq. 5.20, obtém-se, para o intervalo $0 \leq \theta \leq \pi/2$:

$$w_A = \frac{Pr^3}{2E_p I} \int_0^{\pi/2} \left(\operatorname{sen}^2 \theta - \frac{2 \operatorname{sen} \theta}{\pi} \right) d\theta \qquad [5.26]$$

A resolução desta integral fornece o seguinte resultado para o deslocamento vertical do ponto A (w_A) em relação ao ponto B:

$$w_A = \frac{Pr^3}{2E_p I} \left(\frac{\pi}{4} - \frac{2}{\pi} \right) \qquad [5.27]$$

Dessa forma, a deflexão vertical do duto (d_y) é igual a:

$$d_y = \frac{w_A}{r} = \frac{Pr^2}{2E_p I} \left(\frac{\pi}{4} - \frac{2}{\pi} \right) = 0,074 \frac{Pr^2}{E_p I} \qquad \textbf{[5.28]}$$

Raciocínio semelhante pode ser seguido para a determinação do deslocamento horizontal do ponto B em relação ao ponto A (w_B).

Considerando uma carga virtual horizontal q aplicada em B, o momento M em um ponto qualquer do anel pode ser escrito como:

$$M = \frac{Pr}{2} \operatorname{sen} \theta + qr \cos \theta + M_B \qquad \textbf{[5.29]}$$

Aplicando um momento virtual m em B e fazendo a rotação nesse ponto igual a zero ($\psi_B = 0$), obtém-se o seguinte valor para M_B:

$$M_B = Pr \left(\frac{1}{2} - \frac{1}{\pi} \right) \qquad \textbf{[5.30]}$$

Derivando a Eq. 5.29 em relação a q, chega-se a:

$$\partial M / \partial q = r \cos \theta \qquad \textbf{[5.31]}$$

Fazendo $q = 0$ na Eq. 5.29 e inserindo essa expressão juntamente com as Eqs. 5.30 e 5.31 em 5.20, obtém-se:

$$w_B = \frac{Pr^3}{2E_p I} \int_0^{\pi/2} \left[\frac{2}{\pi} \operatorname{sen} \theta - \operatorname{sen} \theta \cos \theta \right] d\theta \qquad \textbf{[5.32]}$$

A resolução dessa integral fornece o seguinte resultado para o deslocamento horizontal do ponto B (w_B) em relação ao ponto A:

$$w_B = \frac{Pr^3}{2E_p I} \left(\frac{2}{\pi} - \frac{1}{2} \right) \qquad \textbf{[5.33]}$$

A deflexão horizontal do duto (d_x) é dada pela Eq. 5.34. Note-se que a relação entre d_x e d_y é igual a 0,92.

$$d_x = \frac{w_B}{r} = \frac{Pr^2}{2E_p I} \left(\frac{2}{\pi} - \frac{1}{2} \right) = 0,068 \frac{Pr^2}{E_p I} \qquad \textbf{[5.34]}$$

Como um anel pode ser considerado uma seção de comprimento unitário de um tubo longo, a solução pode ser adaptada para dutos por meio da divisão de E_p por $(1 - v_p^2)$. Todas as grandezas referidas a partir dessa transformação são, então, relacionadas à seção do duto por unidade de comprimento.

Dutos enterrados

Esse procedimento pode ser usado para a obtenção de soluções para outros tipos de carregamento. O Quadro 5.1 relaciona as deflexões verticais (d_y) para alguns carregamentos típicos.

QUADRO 5.1 Deflexões verticais em dutos flexíveis para alguns carregamentos típicos

Carregamento			
d_y	$0{,}0186\frac{PD^2}{E_p I}$	$0{,}0104\frac{WD^3}{E_p I}(1-k_r)$	$0{,}0145\frac{WD^3}{E_p I}$

5.2.6 Método de Burns e Richard

Uma solução elástica fechada para o cálculo de deflexões em dutos foi proposta por Burns e Richard (1964). Trata-se da interação de uma casca cilíndrica em um meio semi-infinito, linear, elástico, homogêneo e isotrópico, sujeita a uma tensão vertical superficial uniformemente distribuída. Foram desenvolvidas expressões que consideram a interface solo-duto completamente lisa ou completamente rugosa, ou seja, permitindo ou não, respectivamente, o deslizamento do solo em relação ao duto. O método permite conhecer não somente a deflexão em qualquer orientação da seção do duto, mas também os esforços. Tensões e deslocamentos podem ser obtidos em qualquer ponto do maciço circundante. Apesar de publicado há bastante tempo, o método somente ganhou maior aceitação a partir do início da década de 1990, basicamente por causa da maior facilidade de implementação em programas computacionais.

As informações necessárias sobre o solo são o módulo de deformabilidade (E_s) e o coeficiente de Poisson (v_s), os quais são usados para calcular o módulo de compressão confinada (M_s), o coeficiente de empuxo ao repouso (K_0) e as constantes B e C:

$$M_s = \frac{E_s(1-v_s)}{(1+v_s)(1-2v_s)} \qquad \textbf{[5.35]}$$

$$K_0 = \frac{v_s}{1-v_s} \qquad \textbf{[5.36]}$$

$$B = \frac{1}{2}(1+K_0) = \frac{1}{2}\left(\frac{1}{1-v_s}\right) \qquad \textbf{[5.37]}$$

$$C = \frac{1}{2}(1-K_0) = \frac{1}{2}\left(\frac{1-2v_s}{1-v_s}\right) \qquad \textbf{[5.38]}$$

Dois parâmetros adimensionais relacionando a rigidez do solo com a rigidez da seção transversal do duto são definidos a partir de M_s, K_0, B e C:

$$U = 2B\frac{M_s r}{E_p A} \qquad \textbf{[5.39]}$$

$$V = 2C\frac{M_s r^3}{6E_p I} \qquad \textbf{[5.40]}$$

em que: r = raio médio do duto; A = área da seção transversal do duto.

U é denominado *razão de flexibilidade à extensão* e refere-se à rigidez relativa solo-duto sob condição de carregamento uniforme. V é chamado de *razão de flexibilidade à flexão* e representa a rigidez relativa solo-duto sob carregamento variável. Com base em U e V, são definidas as expressões gerais para as condições de aderência total e deslizamento perfeito.

Condição de aderência total

Considera-se que os deslocamentos do meio e do duto são iguais, frutos de um atrito de interface elevado, o que faz com que os deslocamentos tangenciais relativos sejam nulos. Para facilitar o equacionamento do problema, são definidas três variáveis em função de B, C, U e V:

$$a_0^* = \frac{U - 1}{U + B/C} \qquad \textbf{[5.41]}$$

$$a_2^* = \frac{C(1 - U)V - (C/B)U + 2B}{(1 + B)V + C(V + 1/B)U + 2(1 + C)} \qquad \textbf{[5.42]}$$

$$b_2^* = \frac{(B + CU)V - 2B}{(1 + B)V + C(V + 1/B)U + 2(1 + C)} \qquad \textbf{[5.43]}$$

As tensões radial (σ_r), circunferencial (σ_θ) e cisalhante ($\tau_{r\theta}$) do meio são dadas pelas seguintes expressões:

$$\sigma_r = P\{B[1 - a_0^*(r/\bar{r})^2] - C[1 - 3a_2^*(r/\bar{r})^4 - 4b_2^*(r/\bar{r})^2]\cos 2\theta\} \qquad \textbf{[5.44]}$$

$$\sigma_\theta = P\{B[1 + a_0^*(r/\bar{r})^2] + C[1 - 3a_2^*(r/\bar{r})^4]\cos 2\theta\} \qquad \textbf{[5.45]}$$

$$\tau_{r\theta} = P\{C[1 + 3a_2^*(r/\bar{r})^4 + 2b_2^*(r/\bar{r})^2]\operatorname{sen} 2\theta\} \qquad \textbf{[5.46]}$$

em que: P = tensão vertical aplicada na superfície do maciço; r = raio do duto; $\bar{r}$ = posição qualquer medida a partir do centro do duto; θ = ângulo circunferencial medido a partir da horizontal (linha d'água).

Considerando $\bar{r} = r$ nas Eqs. 5.44 e 5.46, obtêm-se, respectivamente, as tensões normal e cisalhante na interface solo-duto.

Dutos enterrados

O momento fletor (M) e a força circunferencial (N) em qualquer ponto do duto são dados por:

$$M = \mathrm{Pr}^2 \left\{ \frac{C}{6} \frac{U}{V} \left[1 - a_0^*\right] + \frac{C}{2} \left[1 - a_2^* - 2b_2^*\right] \cos 2\theta \right\} \qquad \textbf{[5.47]}$$

$$N = \mathrm{Pr}\{B[1 - a_0^*] + C[1 + a_2^*] \cos 2\theta\} \qquad \textbf{[5.48]}$$

Os deslocamentos radial (w) e tangencial (v) do meio são obtidos pelas Eqs. 5.49 e 5.50. Os deslocamentos radial e tangencial do duto serão conhecidos fazendo-se $\bar{r} = r$ nas equações que seguem:

$$w = \frac{P\bar{r}}{M} \frac{1}{2} \left\{ \left[1 + \frac{B}{C} a_0^* (r/\bar{r})^2\right] - \left[1 + a_2^* (r/\bar{r})^4 + \frac{2}{B} b_2^* (r/\bar{r})^2\right] \cos 2\theta \right\} \qquad \textbf{[5.49]}$$

$$v = \frac{P\bar{r}}{M} \frac{1}{2} \left\{ \left[1 - a_2^* (r/\bar{r})^4\right] + \left[\frac{2C}{B} b_2^* (r/\bar{r})^2\right] \operatorname{sen} 2\theta \right\} \qquad \textbf{[5.50]}$$

Condição de deslizamento perfeito

Quando o deslizamento entre o tubo e o meio é total, as tensões cisalhantes de interface são nulas, e o duto pode deslocar-se livremente. Para essa condição, duas novas variáveis intermediárias são identificadas:

$$a_2^{**} = \frac{2V - 1 + 1/B}{2V - 1 + 3/B} \qquad \textbf{[5.51]}$$

$$b_2^{**} = \frac{2V - 1}{2V - 1 + 3/B} \qquad \textbf{[5.52]}$$

As tensões radial (σ_r), circunferencial (σ_θ) e cisalhante ($\tau_{r\theta}$) do meio são dadas pelas Eqs. 5.53 a 5.55. A tensão radial na interface solo-duto é obtida fazendo-se $\bar{r} = r$.

$$\sigma_r = P\{B[1 - a_0^* (r/\bar{r})^2] - C[1 + 3a_2^{**} (r/\bar{r})^4 - 4b_2^{**} (r/\bar{r})^2] \cos 2\theta\} \qquad \textbf{[5.53]}$$

$$\sigma_\theta = P\{B[1 + a_0^* (r/\bar{r})^2] + C[1 + 3a_2^{**} (r/\bar{r})^4] \cos 2\theta\} \qquad \textbf{[5.54]}$$

$$\tau_{r\theta} = P\{C[1 - 3a_2^{**} (r/\bar{r})^4 + 2b_2^{**} (r/\bar{r})^2] \operatorname{sen} 2\theta\} \qquad \textbf{[5.55]}$$

O momento fletor (M) e a força circunferencial (N) na parede do duto podem ser calculados, nesse caso, como:

$$M = \mathrm{Pr}^2 \left\{ \frac{C}{6} \frac{U}{V} \left[1 - a_0^*\right] + \frac{C}{3} \left[1 + 3a_2^{**} - 4b_2^{**}\right] \cos 2\theta \right\} \qquad \textbf{[5.56]}$$

$$N = \Pr \left\{ B \left[1 - a_0^* \right] + \frac{C}{3} \left[1 + 3a_2^{**} - 4b_2^{**} \right] \cos 2\theta \right\} \qquad \textbf{[5.57]}$$

Os deslocamentos radial (w) e tangencial (v) do meio são definidos pelas expressões a seguir. Os deslocamentos radial e tangencial do duto são obtidos para $\bar{r} = $ r.

$$w = \frac{P\bar{r}}{M} \frac{1}{2} \left\{ \left[1 + \frac{B}{C} a_0^*(r/\bar{r})^2 \right] - \left[1 - a_2^{**}(r/\bar{r})^4 + \frac{2}{B} a_2^{**}(r/\bar{r})^2 \right] \cos 2\theta \right\} \quad \textbf{[5.58]}$$

$$v = \frac{P\bar{r}}{M} \frac{1}{2} \left\{ \left[1 + a_2^{**}(r/\bar{r})^4 \right] + \left[\frac{2C}{B} b_2^{**}(r/\bar{r})^2 \right] \operatorname{sen} 2\theta \right\} \qquad \textbf{[5.59]}$$

As Figs. 5.7 e 5.8 mostram a evolução das tensões e dos deslocamentos ao redor do duto e em pontos específicos do solo circundante, situados desde a interface até uma distância igual a $2D$. As situações ilustradas foram elaboradas para $K_0 = 0{,}5$, $U = 2$ e $V = 100$. A condição de aderência total da interface é mostrada na Fig. 5.7, enquanto a Fig. 5.8 retrata a condição de deslizamento perfeito. Eixos convenientemente posicionados ao redor do duto mostram, na abscissa, a distância à interface e, na ordenada, o parâmetro de interesse adimensionalizado. Os eixos a 45° trazem a média dos valores medidos no topo e na linha d'água. Valores negativos de deslocamento significam que o ponto medido se movimentou para longe do centro do duto.

As diferenças entre as tensões radiais e circunferenciais medidas nas duas condições investigadas diminuem significativamente após uma distância da interface igual a $0{,}5D$. A condição de deslizamento perfeito gerou deslocamentos um pouco superiores em relação à condição de aderência total. O arqueamento positivo do solo é observado no topo do duto e ocorre com a diminuição do diâmetro vertical. Na linha d'água verifica-se o oposto, ou seja, a mobilização de arqueamento negativo em resposta ao aumento do diâmetro horizontal.

A Fig. 5.9 mostra uma comparação da fórmula de Iowa com o método de Burns e Richard (1964) a partir de resultados experimentais (Costa, 2005). Os ensaios foram realizados com tubos de PVC de 75 mm de diâmetro externo e parede de 2 mm de espessura. Os modelos foram construídos utilizando uma areia pura com $D_r = 50\%$. Um carregamento uniformemente distribuído foi aplicado na superfície do maciço para simular aterros com diferentes alturas de cobertura de solo. A previsão foi realizada com os valores de E' apresentados na Fig. 5.3. A fórmula de Iowa gerou resultados um pouco acima dos valores experimentais, enquanto o método de Burns e Richard (1964) forneceu uma previsão mais próxima. Nota-se que há uma maior concordância entre os métodos para valores baixos de H/D.

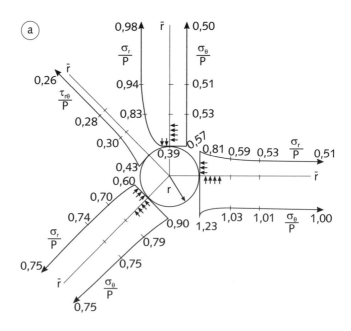

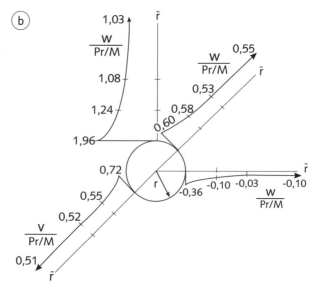

FIG. 5.7 *Representação de tensões e deslocamentos na condição de aderência total para* $K_0 = 0{,}5, U = 2 \text{ e } V = 100$

Fonte: Burns e Richard (1964).

5.2.7 Limite de desempenho

Logo após a publicação da fórmula de Iowa, convencionou-se que dutos corrugados de aço suportariam um limite máximo de deflexão total igual a 20% (Spangler, 1941). Como resultado, incorporou-se à prática um limite de 5% para tubos metálicos flexíveis, obtido mediante um coeficiente de

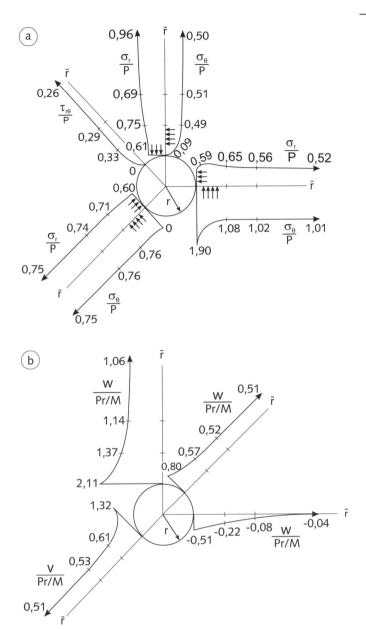

FIG. 5.8 *Representação de tensões e deslocamentos na condição de deslizamento perfeito para $K_0 = 0{,}5$, $U = 2$ e $V = 100$*
Fonte: Burns e Richard (1964).

segurança igual a 4. Pesquisas conduzidas na Universidade Estadual de Utah (EUA) mostraram que a integridade estrutural de dutos de PVC permanece até uma deflexão total máxima de 30% (Unibell, 1997). Assim, a prática atual com tubos desse material é utilizar, em projetos, um limite de 7,5%.

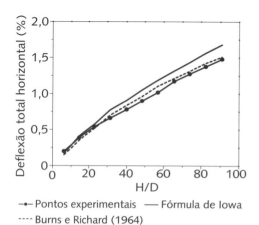

FIG. 5.9 *Comparação de deflexões experimentais e previsões com métodos analíticos para um duto de PVC imerso em um material granular com $D_r = 50\%$*

5.3 Teoria da compressão anelar (esmagamento da parede)

A teoria da compressão anelar foi originalmente proposta por White e Layer (1960), e serve para avaliar a possibilidade de esmagamento da parede do duto (flambagem plástica). Nessa teoria, postula-se que o duto se ajusta geometricamente à ação das cargas, redistribuindo os esforços de modo a minimizar os momentos fletores na parede, de acordo com o seguinte mecanismo:

a) Inicialmente, as deformações no sistema são pequenas, e as tensões no contorno da estrutura podem ser altamente desuniformes;

b) À medida que as deformações crescem, a forma geométrica da seção transversal do duto muda de circular para uma elipse horizontal, mobilizando a resistência passiva nas laterais;

c) Por causa da restrição dos deslocamentos horizontais, qualquer incremento adicional de tensão é redistribuído ao redor do duto, causando apenas a compressão da parede, que é o modo mais eficiente de suportar o carregamento.

Considerando o equilíbrio de esforços na meia seção esquematizada na Fig. 5.10, a tensão de compressão atuante na parede do duto deve ser inferior à resistência à compressão do material de fabricação do duto, reduzida por um coeficiente de segurança.

$$\sigma_c = \frac{p_r \cdot D_e}{2A} \leqslant \frac{\sigma_r}{FS} \qquad [5.60]$$

em que: σ_c = tensão circunferencial de compressão; A = área da parede do duto por unidade de comprimento; p_r = pressão radial uniforme aplicada ao duto, calculada como a soma do peso do solo sobrejacente a eventuais sobrecargas; D_e = diâmetro externo do duto; σ_r = resistência à tração do material de fabricação do duto; FS = coeficiente de segurança, em geral não inferior a 2.

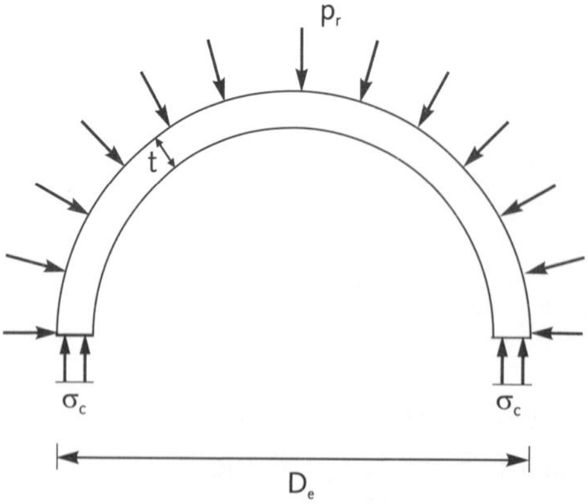

FIG. 5.10 *Tensão de compressão na parede do duto*

Por causa do comportamento dependente do tempo, os dutos plásticos devem ser avaliados face às suas propriedades de curto e longo prazos. A seguinte formulação é recomendada para esses dutos (USACE, 1997):

$$T_{ST} = \frac{p_{r,ST} \cdot D_e}{2}$$ **[5.61a]**

$$T_{LT} = \frac{p_{r,LT} \cdot D_e}{2}$$ **[5.61b]**

em que: T_{ST} = esforço de compressão na parede do duto em razão de cargas de curta duração; T_{LT} = esforço de compressão na parede do duto em razão de cargas de longa duração; $p_{r,ST}$ = pressão radial de curto prazo, proveniente de cargas móveis; $p_{r,LT}$ = pressão radial de longo prazo, oriunda do peso do solo e de outros tipos de carregamento fixo.

A área da parede do duto por unidade de comprimento (A) é determinada pela seguinte expressão, para um coeficiente de segurança igual a 2:

$$A \geqslant 2 \left[\frac{T_{ST}}{f_i} + \frac{T_{LT}}{f_{50}} \right]$$ **[5.62]**

em que: f_i = resistência inicial do material; f_{50} = resistência do material para 50 anos.

Há uma série de evidências experimentais mostrando que a teoria da compressão anelar se ajusta bem a dutos flexíveis implantados em aterros bem compactados (Valsangkar; Britto, 1979; Bacher; Kirkland, 1982; Trott; Taylor; Symons, 1984). A baixa rigidez à flexão do duto, aliada à menor susceptibilidade do solo à deformação em profundidade, criam um cenário favorável para o desenvolvimento de uma distribuição homogênea de tensões em volta do duto, com momentos fletores de magnitude muito pequena.

Entretanto, dutos de grande diâmetro instalados sob alturas de cobertura pequenas precisam apresentar maior resistência à flexão para prevenirem deformações excessivas e o colapso estrutural, o que leva à mobilização de momentos fletores elevados. A pequena altura de cobertura de solo contribui para o surgimento de carregamentos excêntricos na presença de tráfego, podendo induzir o duto a uma ruptura por desconfinamento na altura dos ombros (Bueno, 1987). Padrões altamente desuniformes de distribuição de tensões podem surgir nessas condições, não sendo a teoria da compressão anelar aplicável.

Tem sido usual, na prática corrente, calcular as tensões em dutos não circulares considerando que o produto $p_r \cdot r$ se mantém constante. Assim, nos locais de menor raio de curvatura, as tensões externas aumentam e, nos pontos de maior raio de curvatura, elas decrescem (Fig. 5.11).

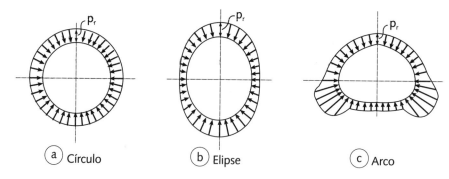

FIG. 5.11 *Distribuição de tensões em dutos de diferentes seções transversais*

5.4 RUPTURA POR FLAMBAGEM ELÁSTICA

O modo de ruptura mais provável para dutos flexíveis envoltos em solo compacto e sob alturas de cobertura maiores que uma vez o diâmetro é a flambagem elástica. Quando a razão entre o raio e a espessura do duto (r/t) é elevada, a ruptura tende a ocorrer por flambagem elástica. Por outro lado, para valores mais baixos de r/t, a flambagem plástica é a mais provável (ou seja, o esmagamento da parede). Em valores intermediários, há uma zona de transição que engloba ambos os modos.

Watkins (1963) analisou o comportamento de dutos comparando-o ao de colunas, e verificou que o modo de ruptura, seja por flambagem elástica ou esmagamento da parede, depende da rigidez do sistema solo-duto e da magnitude da tensão de compressão na parede (σ_c).

A Fig. 5.12a mostra a variação da tensão de compressão com a esbeltez de uma coluna, L/r (sendo L o comprimento da coluna e r o seu raio de giração). Para uma coluna curta, de esbeltez muito baixa, a ruptura ocorre por esmagamento, com elevadas tensões de compressão. Por outro lado, uma coluna longa e bastante esbelta rompe por flambagem, e os pontos experimentais ajustam-se muito bem ao modelo teórico descrito pela curva de Euler. No entanto, os resultados experimentais indicam haver uma zona de interação em que a ruptura é caracterizada por um modo intermediário entre flambagem e esmagamento.

Um comportamento similar para dutos enterrados é mostrado na Fig. 5.12b, que apresenta a variação da tensão de compressão na parede, σ_c (Eq. 5.60), com a flexibilidade do duto em si, representada por $(D^3/E_p I)(t/D)$. A curva de flambagem hidrostática teórica possui o formato de uma hipérbole, assemelhando-se à curva de Euler. Dutos menos flexíveis sujeitos a altas tensões de compressão tendem a romper por esmagamento. Por outro lado, dutos mais flexíveis tendem a sofrer ruptura por flambagem elástica. Há, porém, uma zona no gráfico da

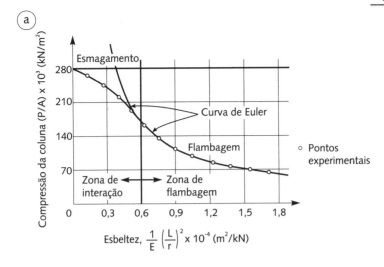

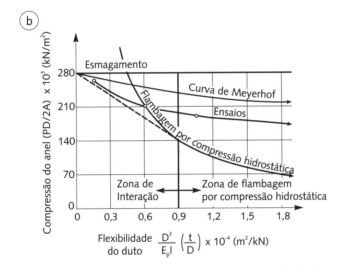

FIG. 5.12 *Comportamento de (a) colunas em compressão e de (b) dutos em compressão*
Fonte: Watkins (1963).

Fig. 5.12b em que a ruptura do duto ocorre por interação de flambagem elástica com esmagamento.

A qualidade do aterro é um fator de grande importância no modo de ruptura do sistema solo-duto. Sistemas envolvendo aterros mal compactados e dutos com maiores razões D/t sob pequena altura de cobertura de solo representam as condições mais susceptíveis à ruptura por flambagem elástica.

Para um anel circular sob pressão uniforme, a carga crítica por flambagem elástica pode ser dada, segundo Timoshenko e Gere (1961), por:

$$P_{cr} = (n^2 - 1)\frac{E_p I}{r^3} \qquad [5.63]$$

Essa expressão pode ser estendida para a análise de um duto da seguinte forma:

$$P_{cr} = \frac{(n^2 - 1)}{(1 - v_p^2)} \frac{E_p \cdot I}{r^3} \quad [5.64]$$

Lembrando que $I = \frac{t^3}{12}$, chega-se a:

$$P_{cr} = \frac{(n^2 - 1)}{12(1 - v_p^2)} E_p \left(\frac{t}{r}\right)^3 \quad [5.65]$$

Portanto, a flambagem elástica de um duto sujeito a tensões radiais uniformes cresce com o quadrado de n e decresce com o aumento do raio. A Fig. 5.13 mostra formas de flambagem para $n = 2$ a 5. Para o caso em que $n = 2$, o duto toma a forma de uma elipse antes da ruptura, e P_{cr} torna-se:

$$P_{cr} = \frac{3}{12(1 - v_p^2)} E_p \left(\frac{t}{r}\right)^3 \quad [5.66]$$

Em dutos enterrados, o número de meias-ondas de flambagem tende a crescer com o aumento do confinamento do solo adjacente, o que leva à elevação da carga crítica.

O efeito do solo adjacente na carga de flambagem em dutos flexíveis enterrados pode ser levado em conta considerando-se o solo como um conjunto de molas radiais (hipótese de Winkler). Em cada mola, a força guarda uma relação linear com o deslocamento, que é definida pelo coeficiente de reação do solo (k). O Quadro 5.2 sumariza as principais formulações utilizadas para o cálculo de P_{cr} segundo esse procedimento.

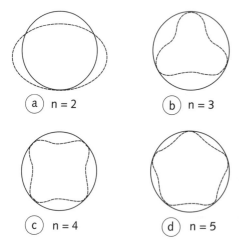

FIG. 5.13 *Formas geométricas de flambagem elástica de dutos*

A hipótese de Winkler, no entanto, desconsidera o efeito das deformações cisalhantes que se desenvolvem em volta do duto, o que pode representar uma grande desvantagem se houver movimento relativo na interface solo-duto. Os estados limites de deslizamento total ou aderência perfeita podem ser considerados supondo que o solo é um meio contínuo, homogêneo, isotrópico e linear elástico. Segundo essa abordagem, o duto é simulado por uma casca cilíndrica elástica (Burns; Richard, 1964). Por meio da compatibilidade entre as tensões e os momentos atuantes no duto, além das tensões no solo, torna-se possível expressar a carga de flambagem como uma função das características dos dois materiais.

5 | Dutos flexíveis

Quadro 5.2 Modelos baseados na hipótese de Winkler para a determinação da flambagem elástica em dutos enterrados

Formulação	Observação	Fonte
$P_{cr} = \frac{E_p I}{r^2} \cdot \frac{(n+1)^2 - 1}{1 - v^2} + \frac{kr}{(n+1)^2 - 1}$	k definido de acordo com as Eqs. 5.11 ou 5.12	Meyerhof e Baikie (1963)
$P_{cr} = 2\left(k\frac{E_p I}{r^3}\right)^{1/2}$	k definido de acordo com a Eq. 5.13	Luscher e Hoëg (1964)
$P_{cr} = (n^2 - 1)\frac{E_p I}{r^3} + \frac{kr}{(n^2 - 1)}$	$k = \frac{E_s}{r}$ $n = \left[1 + \left(\frac{kr^4}{E_p I}\right)^{1/2}\right]^{1/2}$, $n \geqslant 2$	Cheney (1963)

Outra forma de determinar a flambagem elástica incorporando o efeito do solo adjacente pode ser obtida, segundo AWWA (2004) e Moser e Folkman (2008), por:

$$q_a = \frac{230}{FS}\left(R_w B' E' \frac{E_p I}{D^3}\right)^{1/2} \qquad \textbf{[5.67]}$$

em que: q_a = tensão de flambagem admissível (kPa); E' = módulo de reação do solo (kPa); FS = coeficiente de segurança, que é igual a 2,5 para $H/D \geqslant 2$, ou a 3, para $H/D < 2$; B' = coeficiente empírico, que é dado por:

$$B' = \frac{4(H^2 + DH)}{1,5(2H + D)^2} \qquad \textbf{[5.68]}$$

R_w, o fator de submersão na Eq. 5.67, é dado por:

$$R_w = 1 - 0,33\left(\frac{H_w}{H}\right) \qquad \textbf{[5.69]}$$

em que: H_w = altura do nível d'água sobre o topo do duto (m); H = altura de cobertura de solo (m).

Para a determinação das cargas externas em instalações em dutos, deve-se proceder à seguinte verificação:

$$q_a \geqslant \gamma_w H_w + R_w \frac{W_c}{D} + p_v \qquad \textbf{[5.70]}$$

em que: γ_w = peso específico da água; W_c = carga vertical de solo sobre o duto; p_v = pressão interna de vácuo no duto.

5.5 Métodos de dimensionamento

Os procedimentos para a análise das várias facetas do comportamento mecânico de dutos flexíveis enterrados, incluindo a ruptura por deflexão excessiva, por plastificação das paredes e por flambagem, são denominados *métodos de dimensionamento*. Por embutirem uma visão ampla do comportamento do duto, os métodos de dimensionamento mais completos são chamados de *métodos balanceados*, e baseiam-se nos seguintes aspectos principais:

- ☐ Determinação da tensão vertical no topo do duto proveniente de peso próprio do solo de cobertura e sobrecargas;
- ☐ Avaliação da rigidez estrutural para permitir manuseio e instalação;
- ☐ Verificação de ruptura por deflexão excessiva, plastificação da parede e flambagem elástica. Em geral, a tensão de compressão da parede do duto é utilizada para selecionar a espessura da parede, enquanto a verificação de deflexão excessiva é usada como teste final da instalação (Krizek et al., 1971).

Alguns dos principais métodos de dimensionamento são abordados a seguir. Foram selecionados os métodos de Meyerhof e Fisher (1963), Allgood e Takahashi (1972) e do American Iron and Steel Institute (AISI, 2007), todos concebidos para dutos de aço. Para dutos plásticos, é apresentado o método de dimensionamento da American Association of State Highway and Transportation Officials (AASHTO, 2002), que também traz recomendações para dutos de aço, mas que foram omitidas do texto por serem semelhantes às do AISI.

5.5.1 Método de Meyerhof e Fisher

O método proposto por Meyerhof e Fisher (1963) assume que a rigidez flexural governa o comportamento de dutos flexíveis durante a instalação e o reaterro, e que a resistência à compressão do duto é a principal preocupação sob carga de trabalho. O método também assume que a resistência e a deformação de dutos flexíveis dependem da ação conjunta do duto e do solo circundante. Para valores pequenos de resistência flexural e de módulo de reação do solo, a ruptura ocorre por flambagem elástica. Para valores altos desses parâmetros, a ruptura acontece por plastificação da parede.

Os autores postulam que a ruptura por deformação excessiva ocorrerá somente em aterros mal compactados, mas recomendam que a deflexão seja usada sempre como um fator limitante.

A espessura da parede do duto é selecionada pela Eq. 5.60, utilizando-se uma carga vertical igual ao peso do solo somada a sobrecargas móveis atuantes sobre o topo do duto. Assume-se arbitrariamente que as cargas móveis podem ser desprezadas para alturas de cobertura maiores que 2,5 m para rodovias e 10 m para ferrovias, independentemente do diâmetro do duto.

A tensão de flambagem, σ_c, é determinada pela teoria de estabilidade elástica para placas curvas (Meyerhof; Baikie, 1963):

$$\sigma_c = \frac{\sigma_y}{1 + \frac{\sigma_y}{\sigma_b}}$$

[5.71]

em que: σ_y = tensão de escoamento do material do duto; σ_b é dado por:

$$\sigma_b = \frac{2}{A}\sqrt{\frac{k \cdot E_p \cdot I}{1 - v^2}} \qquad \textbf{[5.72]}$$

em que: A = área da seção do duto; k = coeficiente de reação do solo, obtido por meio das Eqs. 5.11 ou 5.12.

A deflexão do duto, limitada a 5% do diâmetro, é obtida pela Eq. 5.73, proveniente da fórmula de Iowa ignorando-se a rigidez flexural do duto e os fatores de berço e fluência:

$$\Delta X = \frac{2,7p_v}{k} \qquad \textbf{[5.73]}$$

em que: p_v = tensão vertical sobre o topo do duto.

5.5.2 Método de Allgood e Takahashi

Allgood e Takahashi (1972) introduziram um método de dimensionamento mais refinado para o projeto de dutos flexíveis, que analisa os principais modos de ruptura e leva em conta a avaliação do arqueamento do solo e de momentos fletores. O seguinte roteiro de cálculo deve ser seguido:

1. Determina-se a tensão vertical total na altura do topo (p_v) e da linha d'água do duto (p_a). Acréscimos de tensão decorrentes das sobrecargas só são levados em conta quando a soma da altura de cobertura com o diâmetro ($H + D$) é inferior a 1,5 m. Caso contrário, são desprezados.

$$p_v = H\gamma \qquad \textbf{[5.74]}$$

$$p_a = [H + (D/2)]\gamma \qquad \textbf{[5.75]}$$

2. O módulo de compressão confinada do solo (M_s) é obtido a partir de resultados de ensaios oedométricos para um nível de tensão correspondente à altura da linha d'água. Contudo, na ausência de informações mais exatas, M_s pode ser estimado como:

$$M_s = 1,22E' \qquad \textbf{[5.76]}$$

em que E' = módulo de reação do solo.

3. O arqueamento do solo sobre o duto é quantificado pelo fator de arqueamento A:

$$A = 0,2 - 0,2\left[1 - \frac{H}{D}\right]^2 \qquad \text{para } H/D \leqslant 1$$

$$A = 0,2 \qquad \text{para } H/D > 1 \qquad \textbf{[5.77]}$$

4. O valor de A é usado para calcular a força normal (N) na parede do duto:

$$N = p_v(1-A)(D/2) \qquad [5.78]$$

5. O momento fletor (M) no duto é obtido por meio da curva experimental da Fig. 5.14. Para tanto, é necessário calcular a rigidez relativa do sistema (RR) e p_i, que são dados por:

$$RR = \frac{M_s}{(E_p I/D^3)} \qquad [5.79]$$

$$p_i = p_v(1-A) \qquad [5.80]$$

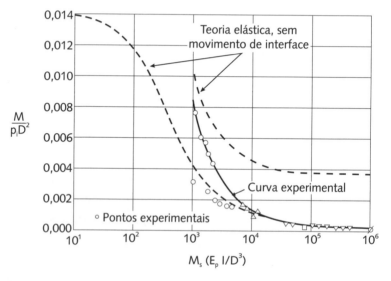

Fig. 5.14 *Momentos fletores em dutos enterrados flexíveis*
Fonte: Allgood e Takahashi (1972).

6. O critério de manuseio e transporte deve atender à seguinte condição:

$$\frac{D^2}{E_p I} \leqslant 0{,}247 m \cdot kN^{-1} \qquad [5.81]$$

Da Eq. 5.81, obtém-se o fator de rigidez mínimo ($E_p I$) que o duto deve possuir segundo esse critério.

7. A tensão circunferencial admissível na parede do duto será:

$$\sigma_{ad} = \frac{f_y}{FS} = \frac{N}{A_s} \pm \frac{My}{I} \qquad [5.82]$$

em que: f_y = tensão de escoamento do material do duto; FS = fator de segurança; A_s = área da seção transversal da parede do duto = $t \times 1$; $y = t/2$.

Conhecendo f_y e adotando um fator de segurança mínimo de 2, obtém-se a espessura mínima t necessária para suportar os esforços M e N e o fator de rigidez correspondente, que deve ser comparado ao calculado no item 5, devendo o maior valor ser adotado.

8. A deflexão vertical do duto ($\Delta Y/D$) é determinada pela seguinte expressão, obtida a partir da teoria da elasticidade para um cilindro no estado plano de deformação e imerso em um meio homogêneo e semi-infinito (Hoëg, 1966):

$$\frac{\Delta Y}{D} = \frac{p_v}{M_s} \frac{14F + 1}{3(2F + 3)} \qquad \textbf{[5.83]}$$

em que:

$$F = \frac{1}{96(1 - v_p^2)} \frac{M_s D^3}{E_p I} \qquad \textbf{[5.84]}$$

em que: $M_s D^3/E_p I$ = rigidez relativa solo-duto; a deflexão horizontal do duto, por sua vez, é admitida como igual à deflexão vertical ($\Delta X = \Delta Y$) e, segundo os autores, não deve ser superior a 5%.

9. A altura do plano de igual recalque (H_e) é calculada conforme a expressão a seguir. Se $H \geqslant 2D$, deve-se assumir $H_e = D$.

$$\frac{H_e}{D} = \frac{A}{2 \left(\frac{c}{p_v} + K_0 \cdot \text{tg}\,\phi \right)} \qquad \textbf{[5.85]}$$

em que: c = coesão do solo; K_0 = coeficiente de empuxo ao repouso.

10. Para o cálculo do arqueamento do solo, os autores sugerem a utilização do gráfico da Fig. 5.15, que requer a determinação do coeficiente de arqueamento Ω:

$$\Omega = (2H_e/D) \left[(\varepsilon_c/\varepsilon_s) - 1 \right] \qquad \textbf{[5.86]}$$

em que: ε_c = deformação vertical do duto ao longo do diâmetro; ε_s = deformação vertical no solo.

A razão $\varepsilon_c/\varepsilon_s$ é obtida da deflexão vertical do duto, calculada no item 8:

$$\frac{\Delta Y/D}{p_v/M_s} = \frac{\varepsilon_c}{\tilde{C}\varepsilon_s} \qquad \textbf{[5.87]}$$

em que:

$$\tilde{C} = \frac{(1 + v_s)(1 - 2v_s)}{1 - v_s} \qquad \textbf{[5.88]}$$

O valor de A, obtido por meio da Fig. 5.15, deve ser comparado com o inicialmente previsto no item 3. Iterações devem ser realizadas até que os valores convirjam. A dificuldade de utilização da Fig. 5.15 reside na escolha

Dutos enterrados

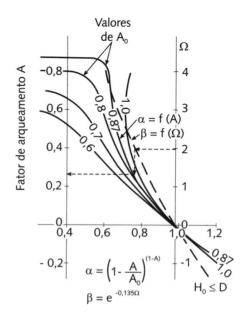

Fig. 5.15 *Gráfico para estimativas do fator de arqueamento em dutos enterrados*
Fonte: Allgood e Takahashi (1972).

da constante A_0, um parâmetro empírico que varia com o tipo de solo. Para solos granulares, os autores sugerem adotar $A_0 = 0{,}87$.

11. A flambagem do duto é verificada pela seguinte expressão:

$$P_{cr} = \bar{C}\sqrt{M_s \frac{E_p I}{D^3}} \qquad [5.89]$$

em que:

$$\bar{C} = 6\sqrt{\tilde{B}\tilde{C}}$$

Por sua vez

$$\tilde{B} = \frac{1 - (r/r_0)^2}{(1 + v_s)\left[1 + (1 - 2v_s)(r/r_0)^2\right]} \qquad [5.90]$$

em que: r = raio do duto; $r_0 = r + H$.

O coeficiente de segurança à flambagem (FS_{fl}) é calculado da seguinte forma:

$$FS_{fl} = \frac{P_{cr}}{P_i} \qquad [5.91]$$

12. Para o esmagamento da parede, o equilíbrio limite do bloco de solo sobre o duto fornece:

$$FS_{ep} = \frac{2(1-A)(2cH_e + f_y t)}{f_y t(D - 2H_e K_0 \operatorname{tg} \phi)} \qquad [5.92]$$

em que: FS_{ep} = fator de segurança ao esmagamento da parede.

Recomendam-se coeficientes de segurança mínimos iguais a 2 para as verificações de flambagem e esmagamento da parede.

Exemplo 5.1 _____

Determinar a espessura de um duto de aço com 1,5 m de diâmetro a ser implantado em um aterro de 6 m de altura, com peso específico de 20 kN/m^3 e módulo de compressão confinada de 6 MPa.

Solução:

⊡ Cálculo da tensão vertical:

Altura de cobertura: $H = 6 - 1,5 = 4,5$ m.

Tensão vertical no topo e na altura da linha d'água:

$$p_v = 4,5 \times 20 = 90 \, \text{kPa}$$

$$p_a = [4,5 + (1,5/2)] \times 20 = 105 \, \text{kPa}$$

⊡ Estimativa inicial do arqueamento:

$H/D = 4,5/1,5 = 3 > 1$, portanto $A = 0,2$.

⊡ Estimativa da força de compressão anelar:

A força de compressão anelar N será:

$$N = 90 \times (1 - 0,2) \times (1,5/2) = 54 \, \text{kN/m}$$

⊡ Critério de manuseio e instalação:

$$1,5^2/E_p I \leqslant 0,247$$

$$E_p I \geqslant 9,11 \, \text{kN} \cdot \text{m}^2/\text{m}$$

⊡ Cálculo do momento fletor máximo:

$$p_i = p_v(1 - A) = 90 \times (1 - 0,2) = 72 \, \text{kPa}$$

$$M_s/(E_p I/D^3) = 6.000/(9,11/1,5^3) = 2.222,8$$

Com esses valores, obtém-se da curva experimental da Fig. 5.14:

$$\frac{M}{p_i D^2} = 0,005,$$

o que fornece $M = 0,810$ kN·m/m.

⊡ Cálculo da espessura mínima do duto:

Considerando uma tensão de escoamento de 230 MPa para o aço, a seguinte espessura mínima é obtida para um coeficiente de segurança igual a 2:

Dutos enterrados

$$230.000/2 = (54/t) + 0,810 \times (t/2)/(t^3/12) \quad \text{ou}$$

$$115.000t^2 - 54t - 4,86 = 0$$

$$t = 0,0067\,\text{m} = 6,7\,\text{mm}$$

A rigidez correspondente é $E_p I = 2,1 \times 10^8 \times (0,0067^3/12) = 5,26\,\text{kN} \cdot \text{m}^2/\text{m}$. Contudo, para que o critério de manuseio e instalação seja atendido, o duto deve possuir uma espessura mínima de 9 mm.

⊡ Cálculo da deflexão vertical do duto:

A rigidez relativa é calculada da seguinte forma:

$$M_s/(E_p I/D^3) = 6.000/(9,11/1,5^3) = 2.222,8$$

Por meio das Eqs. 5.83 e 5.84 e adotando $v_p = 0,3$, obtém-se:

$$\Delta Y = 49,7\,\text{mm}$$

Deve-se verificar também o critério de deflexão do duto:

$$d_y = \Delta Y/D = 3,3\% < 5\% \quad \text{(ok)}$$

⊡ Cálculo do arqueamento:

$$\frac{\varepsilon_c}{\varepsilon_s} = \tilde{C}\frac{\Delta Y/D}{p_v/M_s} = 0,74\frac{0,033}{0,015} = 1,63$$

Como $H \geqslant 2D$, adota-se $H_e = D = 1,5\,\text{m}$.

O fator de arqueamento, Ω, é então dado como:

$$\Omega = (2H_e/D)[(\varepsilon_c/\varepsilon_s) - 1]) = (2 \times 1,5/1,5)(1,63 - 1) = 1,26$$

Adotando $A_0 = 0,87$ para o solo granular, obtém-se, por meio da Fig. 5.15, A $\approx 0,2$. Resta apenas verificar a estabilidade da instalação contra deformação excessiva e flambagem.

⊡ Flambagem e esmagamento da parede

Os parâmetros $\tilde{B}$, $\tilde{C}$ e $\bar{C}$, necessários para a determinação da pressão crítica de flambagem (P_{cr}), são calculados da seguinte forma:

$$\tilde{B} = \frac{1 - (0,75/5,25)^2}{(1+0,3)[1 + (1 - 2 \times 0,3)(0,75/5,25)^2]} = 0,747$$

$$\tilde{C} = (1+0,3)(1 - 2 \times 0,3)/(1-0,3) = 0,743$$

$$\bar{C} = 6\sqrt{\tilde{B} \cdot \tilde{C}} = 6\sqrt{0,747 \times 0,743} = 4,47$$

Assim,

$$P_{cr} = \bar{C}\sqrt{M_s \frac{E_p I}{D^3}} = 4{,}47\sqrt{6.000 \times \frac{9{,}11}{1{,}5^3}} = 568{,}9 \text{ kPa}$$

O coeficiente de segurança para a flambagem é igual a:

$$FS_{fl} = 568{,}9/72 \approx 8 \quad \text{(ok)}$$

Assumindo para o solo um ângulo de atrito interno de 35°, o coeficiente de segurança contra o esmagamento da parede é calculado da seguinte maneira:

$$
\begin{aligned}
FS_{ep} &= \frac{2(1-A)(2cH_e + f_y t)}{f_y t(D - 2H_e K_0 \operatorname{tg}\phi)} \\
&= \frac{2(1-0{,}2)(2 \times 0 \times 1{,}5 + 230.000 \times 0{,}009)}{230.000 \times 0{,}009(1{,}5 - 2 \times 1{,}5 \times 0{,}426 \times 0{,}7)} = 2{,}64
\end{aligned}
$$

Nessa expressão, K_0 foi estimado como $(1 - \operatorname{sen}\phi)$.

5.5.3 Método do AISI para dutos de aço

O American Iron and Steel Institute (AISI) apresenta, em seu *Handbook of steel drainage and highway construction products*, diretrizes para o dimensionamento de dutos de aço (AISI, 2007). Recomendações semelhantes para o dimensionamento de dutos de aço podem ser obtidas no manual *Standards specifications for highway bridges*, da American Association of State Highway and Transportation Officials (AASHTO, 2002).

A altura de cobertura mínima de solo ($H_{mín}$) recomendada é de $D/8$ a $D/6$ para aplicações rodoviárias e de $D/4$ para obras ferroviárias. O grau de compactação mínimo recomendado para aplicações rotineiras é de 85% da energia de Proctor Normal.

A carga de projeto (P_v), por sua vez, é determinada da seguinte forma:

$$P_v = K(DL + LL) \qquad \text{para } H \geqslant D \qquad \textbf{[5.93a]}$$

$$P_v = DL + LL \qquad \text{para } H < D \qquad \textbf{[5.93b]}$$

em que: K = fator de carga, obtido por meio da Fig. 5.16; DL = sobrecarga decorrente do peso do solo acima do topo do duto; LL = carga móvel.

O esforço de compressão no duto (C) é dado por:

$$C = P_v D/2 \qquad \textbf{[5.94]}$$

A tensão de compressão na parede do duto é obtida pelas seguintes expressões, que representam as três zonas comportamentais que governam o comportamento de todos os dutos, como discutido por Watkins (1963):

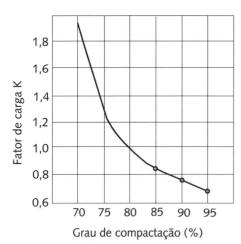

FIG. 5.16 *Fator de carga*

$$f_b = f_y = 230 \quad \text{para } D/r < 294 \quad \text{[5.95]}$$

$$f_b = [279{,}6 - (574{,}3 \times 10^{-6})(D/r)^2]$$
$$\text{para } 294 \leqslant D/r \leqslant 500 \quad \text{[5.96]}$$

$$f_b = \frac{34 \times 10^6}{(D/r)^2} \quad \text{para } D/r > 500 \quad \text{[5.97]}$$

em que: f_b = tensão de compressão (MPa); f_y = tensão de escoamento do material do aço (MPa); r = raio de giração da parede do duto (mm).

A Eq. 5.95 é a tensão de escoamento do aço, e representa a zona de esmagamento da parede do duto. A Eq. 5.96 representa a zona de interação do esmagamento com a flambagem elástica. Por fim, a Eq. 5.97 diz respeito à flambagem elástica. A tensão admissível na parede do duto (f_c) é obtida aplicando-se um fator de segurança igual a 2 a f_b.

A área necessária da parede do duto (A) é computada segundo a Eq. 5.98. Deve-se, em seguida, selecionar a espessura da parede correspondente à área calculada. Se o duto for corrugado, isso pode ser feito na Tab. 5.6.

$$A = C/f_c \quad \text{[5.98]}$$

A rigidez mínima do duto necessária ao manuseio e à instalação é avaliada por meio do fator de flexibilidade (FF):

$$FF = D^2/E_p I \quad \text{[5.99]}$$

em que: E_p = módulo de elasticidade do duto; I = momento de inércia da parede do duto.

A Tab. 5.7 apresenta alguns valores recomendados para FF, de acordo com a corrugação do duto.

5.5.4 Método da AASHTO para dutos plásticos

No procedimento recomendado pela American Association of State Highway and Transportation Officials (AASHTO, 2002), o duto deve possuir uma altura mínima de solo sobre o seu topo não inferior a $D/8$ ou $0{,}3$ m.

Tab. 5.6 Propriedades das seções de dutos corrugados

Perfil da corrugação	Espessura (mm)											
	1	1,3	1,6	2	2,8	3	3,5	4	4,2	5	6	7
Momento de inércia (I) (mm⁴/mm)												
38 x 6,5	3,7	5,11	6,46	8,58								
68 x 13	16,49	22,61	28,37	37,11	54,57		70,16		86,71			
76 x 25	75,84	103,96	130,4	170,4	249,73		319,77		393,12			
125 x 25			133,3	173,72	253,24		322,74		394,84			
152 x 51						1.057,25		1.457,56		1.867,12	2.278,31	2.675,11
Área da parede do duto (A) (mm²/mm)												
38 x 6,5	0,896	1,187	1,484	1,929								
68 x 13	0,885	1,209	1,512	1,966	2,852		3,621		4,411			
76 x 25	1,016	1,389	1,736	2,259	3,281		4,169		5,084			
125 x 25			1,549	2,014	2,923		3,711		4,521			
152 x 51						3,522		4,828		6,149	7,461	8,712
Raio de giração (r) (mm)												
38 x 6,5	2,063	2,075	2,087	2,109								
68 x 13	4,316	4,324	4,332	4,345	4,374		4,402		4,433			
76 x 25	8,639	8,653	8,666	8,685	8,724		8,758		8,794			
125 x 25			9,277	9,287	9,308		9,326		9,345			
152 x 51						17,326		17,375		17,425	17,475	17,523

Fonte: AISI (2007).

Tab. **5.7** Fator de flexibilidade para dutos corrugados

Corrugação (mm x mm)	FF (mm/N)
68 x 13	0,245
125 x 25	0,188
76 x 25	0,188
152 x 51	0,114

Fonte: AISI (2007).

Recomenda-se utilizar como solo de aterro um material classificado como A-1, A-2 ou A-3, segundo o Sistema Rodoviário de Classificação de Solos, e compactado com grau de compactação mínimo de 90% da energia de Proctor Normal.

A carga de projeto que chega ao duto pode ser determinada por meio das Eqs. 5.93a ou 5.93b, e o esforço de compressão no duto (C) é dado pela Eq. 5.94.

A área necessária da parede do duto (A) é computada segundo a Eq. 5.100. Deve-se, em seguida, selecionar a espessura da parede correspondente à área calculada.

$$A = C/f_s \qquad \textbf{[5.100]}$$

em que: f_s = tensão admissível, que é igual à tensão de escoamento do material dividida por um fator de segurança igual a 2; a carga sobre o topo do duto, C, pode ser obtida da mesma forma que no método do AISI.

A flambagem do duto é avaliada por meio da Eq. 5.101, que é semelhante à Eq. 5.67. A tensão de flambagem admissível é obtida dividindo-se a tensão crítica por um fator de segurança igual a 2.

$$f_{cr} = 63,7 \left(\frac{r}{A}\right) \sqrt{R_w M_s \frac{E_p I}{0,149 \ r^3}} \qquad \textbf{[5.101]}$$

em que: f_{cr} = tensão crítica de flambagem (kPa); A = área da seção transversal do duto (m^2/m); r = raio do duto (m); R_w = fator de submersão, que é calculado como $1 - 0,33(H_w/H)$, sendo H_w a altura do nível d'água sobre o topo do duto e H, a altura de cobertura de solo; M_s = módulo de compressão confinada do solo (kPa).

5.6 Previsão da carga de ruptura a partir da observação de obras

É possível também prever a carga de ruptura de uma instalação a partir de registros de deflexões ou de momentos fletores coletados durante a execução da obra. Isso corresponde a executar uma prova de carga não destrutiva, já que não é necessário carregar a estrutura até a ruptura. O procedimento envolve métodos gráficos que devem ser alimentados com os valores de carga aplicada e deflexões ou momentos fletores resultantes medidos em campo. Apesar de seu potencial, esses métodos são pouco divulgados e geralmente não fazem parte do controle de execução das obras de dutos enterrados no Brasil (Bueno; Silva; Barbosa, 1991). A seguir, será abordado o método gráfico de Southwell (1932).

Southwell (1932) mostrou que, para uma coluna carregada axialmente e sujeita a pequenos desvios de prumo, a equação diferencial de Euler para a flambagem de pilares de comprimento L, carregados axialmente por uma carga P, poderia ser escrita como:

$$\frac{d^2(y - \delta)}{dx^2} + \frac{P}{EI}y = 0 \qquad \textbf{[5.102]}$$

em que: $\delta =$ imperfeições iniciais; $EI =$ rigidez à flexão do pilar.

Se as imperfeições iniciais (δ) puderem ser expressas por uma série de Fourier, tal como:

$$\delta = \delta_1 \operatorname{sen} \frac{\pi x}{L} + \delta_2 \operatorname{sen} \frac{2\pi x}{L} + \delta_3 \operatorname{sen} \frac{3\pi x}{L} + \cdots \qquad \textbf{[5.103]}$$

a solução da Eq. 5.102 será:

$$y = \frac{\delta_1}{1 - \frac{P_1}{P}} \operatorname{sen} \frac{\pi x}{L} + \frac{\delta_2}{1 - \frac{P_2}{P}} \operatorname{sen} \frac{2\pi x}{L} + \cdots \qquad \textbf{[5.104]}$$

em que:

$$P_n = \frac{n^2 \pi^2 EI}{L^2}, \quad \text{com } n = 1, 2, \ldots$$

A deflexão central (y_c) é obtida fazendo $x = L/2$ na Eq. 5.104:

$$y_c = \frac{\delta_1}{1 - \frac{P}{P_1}} - \frac{\delta_3}{1 - \frac{P}{P_3}} + \frac{\delta_5}{1 - \frac{P}{P_5}} - \frac{\delta_7}{1 - \frac{P}{P_7}} \cdots \qquad \textbf{[5.105]}$$

e a imperfeição central (δ_c) será:

$$\delta_c = \delta_1 - \delta_3 + \delta_5 - \delta_7 + \cdots \qquad \textbf{[5.106]}$$

O deslocamento central medido durante o carregamento do pilar (Δ_c) será a diferença entre o valor teórico dado pela Eq. 5.105 e a imperfeição central inicial:

$$\Delta_c = y_c - \delta_c \qquad \textbf{[5.107]}$$

Dutos enterrados

Como P tende a P_1 à medida que o pilar é carregado, a Eq. 5.105 pode ser reduzida, sem perda de precisão, ao primeiro termo da série, de modo que:

$$\Delta_c \cong \frac{\delta_1}{1 - \frac{P}{P_1}} - \delta_1 \qquad \qquad \textbf{[5.108]}$$

ou, de outra forma,

$$\frac{\Delta_c}{P} = \frac{\Delta_c}{P_1} + \frac{\delta_1}{P_1} \qquad \qquad \textbf{[5.109]}$$

Essa é a equação de uma reta com inclinação $(1/P_1)$ e intercepto igual a δ_1 no eixo das abscissas, como mostra a Fig. 5.17. Dessa forma, com os resultados experimentais de carga aplicada (P) e deflexão (Δ_c) medidos durante a execução da obra, é possível traçar a curva de Southwell e encontrar o valor da carga de flambagem (P_1) e das imperfeições iniciais (δ_1).

A acurácia do método está diretamente relacionada às imperfeições iniciais do sistema e à proximidade dos valores de cargas e deslocamentos e/ou momentos medidos em relação aos valores de ruptura. Assim, quanto menores forem as imperfeições iniciais e mais próximas da ruptura estiverem as grandezas medidas, mais concordante será o resultado da previsão.

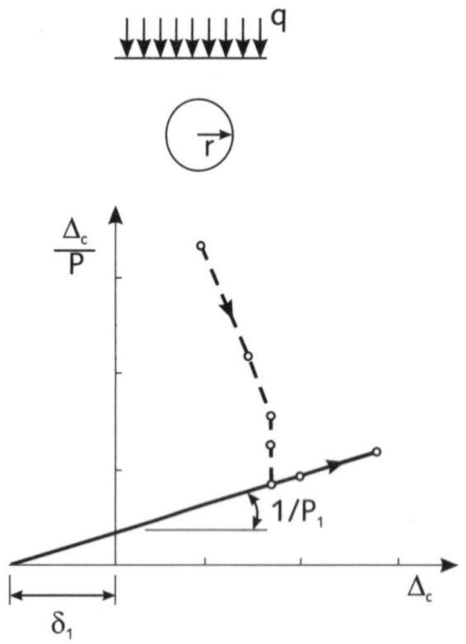

Como se observa na Fig. 5.17, é necessário dispor de resultados que, quando lançados no gráfico de Southwell, se alinhem de forma a permitir determinar a equação geral do método. Valsangkar, Britto e Gunn (1981) sugerem que esse trecho linear é atingido com valores de deflexão correspondentes a carregamentos aplicados além de 2/3 da provável carga de ruptura.

Fig. 5.17 *Método de Southwell*

A aplicação do método de Southwell ao comportamento de dutos enterrados sujeitos ao fenômeno de flambagem foi sugerida por Valsangkar, Britt e Gunn (1981) e utilizada em ensaios em modelos físicos reduzidos por Bueno (1987).

A Tab. 5.8 mostra previsões da carga de ruptura de dutos enterrados com o método de Southwell, aplicado a resultados experimentais disponíveis na literatura e considerando valores de carga aplicada superiores a cerca de metade da carga de ruptura (Viana; Bueno, 1999). Os dados selecionados envolvem experimentos com diferentes tipos de duto, solo, carregamento e grau de compactação.

O método de Southwell forneceu previsões com discrepâncias em torno de aproximadamente 35% do valor experimental medido. Observa-se que foram

TAB. 5.8 Previsões da tensão de ruptura de dutos enterrados com o método de Southwell

Fonte	Tipo de duto	Diâm. (mm)	Solo	GC (%)	D_r (%)	Δ_c (%)	P_{exp} (kPa)	P_{sw} (kPa)	P_{sw}/P_{exp}
Watkins et al. (1983)	Polietileno corrugado	375	Areia siltosa	70	-	10	43	38	0,88
		375	Areia siltosa c/ pedr.	70	-	10	53	49	0,92
		600	Areia siltosa	75	-	10	288	177	0,61
		600	Areia siltosa	85	-	10	78	74	0,95
		450	Areia siltosa	75	-	10	72	48	0,67
		450	Areia siltosa	85	-	10	211	134	0,64
Moser et al. (1985)	Fibra de vidro		Areia siltosa	90	-	5	319	254	0,80
		600	Areia pura	-	90	5	534	458	0,85
			Argila	85	-	5	190	164	0,86
Pearson e Milligan (1990)	Aço	275	Areia pura	-	90	-	135	140	1,04
			Areia pura	-	90	-	88	108	1,23
			Areia pura	-	90	-	98	117	1,19
			Areia pura	-	90	-	82	101	1,23
Bueno, Silva e Barbosa (1991)	Aço	100	Areia pura	85	40	4	68	71	1,04
			Areia pura	85	83	4	160	212	1,33
			Areia pura	85	83	4	48	61	1,27
			Areia pura	85	83	4	128	159	1,25
			Areia pura	85	83	4	41	54	1,32
			Areia pura	85	83	4	129	159	1,24
Viana e Bueno (1999)*	PVC	200	Areia pura	-	70	7,5	36	40	1,11
			Areia pura	-	70	7,5	50	50	1

*Previsões feitas somente com dados obtidos durante o processo construtivo.

Fonte: Viana e Bueno (1999).

obtidas previsões contra a segurança para os experimentos realizados com areia pura e a favor da segurança para os experimentos com solos contendo finos. Reitera-se que a acurácia do método depende, em grande parte, da proximidade da carga aplicada em relação à carga de ruptura.

Dutos enterrados em condições especiais 6

Os princípios utilizados pelos métodos de dimensionamento de dutos enterrados discutidos nos capítulos anteriores pressupõem as condições mais comuns encontradas no dia a dia, sejam referentes à geometria da instalação ou aos carregamentos aplicados. Algumas condições particulares, entretanto, requerem considerações adicionais a respeito desses princípios, por conta da complexidade que o problema envolve. Este capítulo discute algumas das situações peculiares mais comumente encontradas na prática.

6.1 Instalações múltiplas

Como abordado no Cap. 1 (Fig. 1.1d), as instalações múltiplas ocorrem quando os dutos são implantados lado a lado, em vala ou sob aterro. Esse expediente, necessário em diversas circunstâncias, levanta o questionamento sobre a utilização de soluções desenvolvidas para dutos isolados no dimensionamento dos elementos de uma instalação múltipla.

Os dutos flexíveis, por exemplo, podem sofrer deformações significativas sob cargas e, nesse processo, transferem esforços para o solo adjacente. Assim, em uma instalação múltipla qualquer, a ação sobre um elemento afeta os elementos adjacentes. Quando os elementos estão distantes entre si, a redistribuição de tensões que naturalmente ocorre ao redor de cada tubo não interfere no campo de tensões dos elementos adjacentes. Porém, se a distância entre tubos for pequena, haverá uma interferência entre os campos de tensões e de deformações gerados isoladamente por cada tubo. Essa interação deveria ser quantificada ao se projetar a instalação, uma vez que, em certas situações, uma ruptura prematura do conjunto pode ocorrer.

Uma das primeiras contribuições à questão das instalações múltiplas foi dada por Ling (1948), que elaborou uma análise sobre o efeito do espaçamento entre dois orifícios executados em uma placa carregada uniformemente nas bordas, em uma e em duas direções perpendiculares entre si. A instalação múltipla é inicialmente avaliada de acordo com o espaçamento entre dutos. Se a distância estiver dentro da zona de interferência entre dutos adjacentes, devem-se avaliar os fatores de concentração que ocorrem ao redor de cada duto. O fator de concentração é definido como a relação entre uma variável qualquer (tensão, momento ou força de compressão na parede) medida em um ponto em uma instalação múltipla e em uma instalação análoga contendo apenas um duto isolado, ou seja:

$$k_j = \frac{s_{ji}}{t_{ji}} \qquad [6.1]$$

em que: k_j = fator de concentração do parâmetro j; s_{ji} = parâmetro j observado na posição i em uma instalação múltipla; t_{ji} = parâmetro j observado na posição i em uma instalação com um duto isolado.

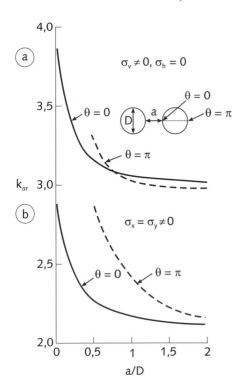

FIG. 6.1 *Fatores de concentração de tensões ao redor de orifícios em uma placa carregada*
Fonte: Ling (1948).

A Fig. 6.1 mostra o fator de concentração de tensões radiais (σ_r) em dois orifícios circulares de diâmetro D, com espaçamento a entre si, em uma placa carregada. A Fig. 6.1a apresenta resultados obtidos para um carregamento uniaxial vertical ($\sigma_h = 0$), e a Fig. 6.1b, para uma condição hidrostática ($\sigma_h = \sigma_v \neq 0$). Ambas as figuras exibem curvas para as posições na linha d'água (posições $\theta = 0$ e π). Observa-se que a interação dos dutos é mais intensa quando não há confinamento lateral ($\sigma_h = 0$) e quando $a/D < 0,5$. Acima desse patamar, o efeito da interação decresce rapidamente e praticamente desaparece quando $a/D > 2$.

A configuração de Ling (1948) foi estudada experimentalmente por Tam (1968) por meio de fotoelasticidade. Nesse estudo, tubos flexíveis foram inseridos em dois orifícios de igual diâmetro executados em uma placa de material fotoelástico carregada unidirecionalmente. Os resultados obtidos por Tam diferiram consideravelmente dos apresentados por Ling não apenas na forma como os fatores de concentração se distribuem ao longo do perímetro do orifício, mas também em suas magnitudes (Figs. 6.2 e 6.3). Os resultados desse estudo não definem claramente um espaçamento mínimo necessário entre tubos, embora sugiram que a relação a/D deve ser superior a 1,25 (máximo valor testado) para eliminar os efeitos da interação dos dutos quando se consideram fatores de concentração de tensões normais e radiais. Os resultados mostram que os efeitos da interação são maiores nos pontos internos (6 e 8) tanto para tensões normais como radiais.

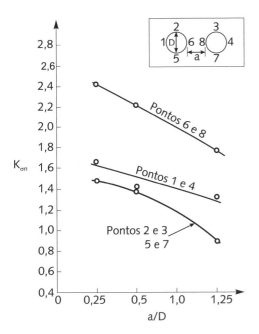 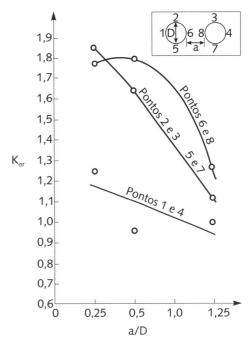

FIG. 6.2 *Fator de concentração de tensões normais ao redor de tubos inseridos em uma placa fotoelástica*
Fonte: Tam (1968).

FIG. 6.3 *Fator de concentração de tensões radiais ao redor de tubos inseridos em uma placa fotoelástica*
Fonte: Tam (1968).

Os resultados de Tam devem ser usados com cautela, uma vez que, nesse tipo de análise, o sistema solo-duto é representado por uma placa metálica contendo dois orifícios, onde dutos metálicos são inseridos. É fácil deduzir que esse procedimento não simula problemas reais, apesar de fornecer uma noção sobre a distribuição das tensões e deflexões.

Stankowski e Nielson (1969) apresentaram avaliações experimentais com modelos reduzidos, conduzidos para investigar o comportamento de instalações múltiplas de três tubulações igualmente espaçadas e implantadas em uma vala aterrada com material granular. As Figs. 6.4 e 6.5 mostram, respectivamente, os fatores de concentração de tensões normais (σ_n) e de esforços normais (N) obtidos na investigação. Percebe-se que as tensões nas instalações múltiplas são superiores aos valores medidos nas instalações simples dentro do intervalo a/D estudado. Além disso, os resultados sugerem que um espaçamento uniforme mínimo de três vezes o diâmetro nominal é necessário para evitar a interação dos dutos.

Bueno (1987) apresentou um estudo experimental com instalações múltiplas de dois dutos em linha implantados em areia fofa e compacta. Os resultados

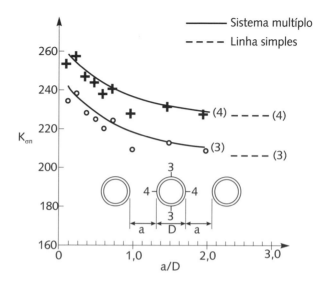

Fig. 6.4 *Fatores de concentração de tensões normais ao redor de tubos imersos em material granular*
Fonte: Stankowski e Nielson (1969).

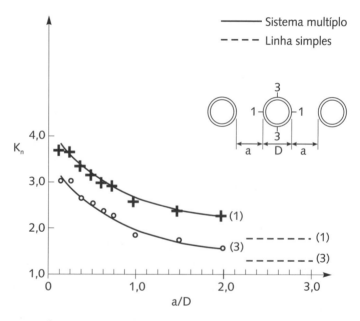

Fig. 6.5 *Fatores de concentração de esforços normais ao redor de tubos imersos em material granular*
Fonte: Stankowski e Nielson (1969).

obtidos confirmam as sugestões de Stankowski e Nielson (1969) quanto ao espaçamento necessário para eliminar os efeitos da interação dos dutos e mostram que, em areias fofas, o efeito da interação dos dutos é minimizado pela capacidade do solo circundante de se deformar. Em areias compactas, por outro lado, a rigidez relativa do sistema solo-duto é maior, e as deformações sofridas pelos dutos modificam o estado de tensões de dutos adjacentes quando o espaçamento entre eles é pequeno. Em outras palavras, o espaçamento mínimo necessário para eliminar a interação mútua depende também da deformabilidade do solo da envoltória.

Um conceito que auxilia o engenheiro na difícil tarefa de projetar tubulações múltiplas em vala é o da largura de transição. Para entendê-lo, é necessário considerar que as teorias elaboradas para quantificar tensões e deflexões de dutos enterrados em vala pressupõem a condição de vala estreita. Aumentando-se progressivamente a largura da vala, atinge-se uma condição limite a partir da qual o comportamento do sistema deixa de ser o de um duto em vala e passa a ser o de um duto saliente. Essa é a largura de transição, e ocorre quando a força vertical calculada para a condição de duto em vala (F_v) iguala-se à força vertical calculada para a condição de duto saliente positivo (F_s):

$$F_v = C_v \gamma B_v^2 = F_s = C_s \gamma B_c^2 \qquad \textbf{[6.2]}$$

Rearranjando, tem-se:

$$B_{vt} = B_c \left[\frac{C_s}{C_v} \right]^{1/2} \qquad \textbf{[6.3]}$$

em que: B_{vt} = largura de transição; C_v = fator de carga para dutos em vala (Eq. 4.3); C_s = fator de carga para dutos em saliência (Eqs. 4.10 e 4.11). Se $B_v <$ B_{vt}, a vala é denominada estreita e, em caso contrário, é chamada de larga.

Uma proposta de distribuição da carga vertical entre três dutos paralelos é ilustrada na Fig. 6.6 (Bulson, 1985). Assume-se que a metade esquerda do duto A e a metade direita do duto B estejam em valas de largura $B_{vA}/2$ e $B_{vB}/2$, respectivamente. Se B_{vA} e B_{vB} não ultrapassam a largura de transição, os dutos A e B são considerados em condição de vala estreita. Por sua vez, o duto central C é considerado em uma condição de vala larga se $B_{cC} + 2a$ é maior que sua distância de transição. Nesse caso, as cargas sobre os dutos A, B e C, denominadas F_A, F_B e F_C, respectivamente, são calculadas da seguinte maneira:

$$F_A = 0{,}5\gamma \left(C_v B_{vA}^2 + C_s B_{cA}^2 \right) \qquad \textbf{[6.4a]}$$

$$F_B = 0{,}5\gamma \left(C_v B_{vB}^2 + C_s B_{cB}^2 \right) \qquad \textbf{[6.4b]}$$

$$F_C = \gamma C_c B_{cC}^2 \qquad \textbf{[6.4c]}$$

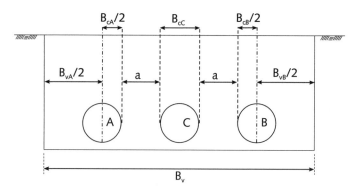

Fig. 6.6 *Instalações múltiplas em dutos rígidos*
Fonte: Bulson (1985).

Por outro lado, se a soma ($B_{cC} + 2a$) é inferior à largura de transição, os prismas de solo sobre as áreas adjacentes ou entre os dutos não irão recalcar em relação aos prismas sobre os dutos, de modo que as cargas serão calculadas da seguinte forma:

$$F_A = 0{,}5\gamma[C_v B_{vA}^2 + H(B_{cA} + a)] \qquad [6.5a]$$

$$F_B = 0{,}5\gamma[C_v B_{vB}^2 + H(B_{cB} + a)] \qquad [6.5b]$$

$$F_C = \gamma H[B_{cC} + a] \qquad [6.5c]$$

Entre as especificações técnicas vigentes para o espaçamento entre dutos em instalações múltiplas, merece destaque a do National Corrugated Steel Pipe Association (NCSPA, 2008) (Tab. 6.1). A preocupação fundamental da especificação é garantir um espaço livre de trabalho entre os dutos, de tal modo que seja possível efetuar uma compactação adequada. Em nenhuma condição prática essa recomendação exige espaçamentos da ordem de grandeza dos recomendados pelas pesquisas descritas acima. Em vista disso, é importante que o projetista tome cuidados adicionais para minimizar o efeito da interação dos dutos, que certamente ocorrerá quando essas especificações forem seguidas.

Um estudo sobre o espaçamento entre dutos múltiplos utilizando o método dos elementos finitos (MEF) foi efetuado por Silveira (2001). Os esforços gerados nos elementos de uma rede múltipla composta por cinco dutos de aço corrugado de grande diâmetro foram comparados. Embora os elementos centrais possuíssem vãos de aproximadamente 15 m, uma variação do espaçamento entre dutos de 1,5 m para 3,5 m gerou uma redução de 20% a 33% nos deslocamentos verticais do duto central. Esse intervalo de redução está associado ao grau de compactação do solo empregado na construção da envoltória. Solos menos compactos fornecem

Tab. 6.1 Espaçamento entre dutos em uma instalação múltipla

Forma do duto	Dimensão (m)	Espaçamento mínimo (x) (m)
Arco		0,6
Vão	até 0,9 de 0,9 a 2,75 de 2,75 a 4,8	0,3 1/3 do vão 0,9
Circular	até 0,6 de 0,6 a 1,8 acima de 1,8	0,3 1/2 diâmetro 0,9

Fonte: NCSPA (2008).

maiores deslocamentos e, portanto, menores reduções, enquanto o oposto ocorre com solos compactos.

6.2 DUTOS SUBMERSOS

Uma condição muito frequente de ocorrer na prática é a de dutos implantados abaixo do nível freático. Nesse caso, é necessário rebaixar o N.A. durante a fase construtiva. As técnicas de rebaixamento podem ser consultadas em textos específicos, como o de Alonso (2007), por exemplo.

Há três etapas da obra que merecem análises específicas:

- durante a fase construtiva, ao se desligar o sistema de rebaixamento;
- durante a vida útil da obra, sob condição de submersão e com o duto ainda vazio;
- durante a vida útil da obra, sob condição de submersão e com o duto em operação.

No final da fase construtiva de um trecho de rede, ao se desligar o sistema de rebaixamento, a tubulação ainda não está sob efeito da carga do fluido transportado. Se o reaterro da vala ainda não estiver concluído, a instalação pode ficar sujeita a esforços hidrodinâmicos de elevação do N.A., que podem comprometer a sua situação de equilíbrio. O fluxo transiente da água pode atingir apenas a parte inferior do duto, gerando, por efeito das forças de percolação de sentido ascensional da água, um empuxo que se contrapõe às forças oriundas dos pesos do duto e do solo de cobertura. Tal efeito pode eventualmente causar o levantamento da tubulação, especialmente em situações envolvendo tubulações flexíveis de maiores diâmetros e níveis d'água elevados. Para que o coeficiente de segurança contra o levantamento seja quantificado, é necessário conhecer o empuxo hidrostático e a carga estabilizadora, que é composta pelo peso do duto e do solo de cobertura. O empuxo pode ser determinado por meio do traçado de uma rede de fluxo transiente.

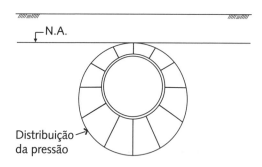

FIG. 6.7 *Diagrama de empuxo hidrostático ao redor de um duto enterrado em condição de submergência (N.A. estático)*

Uma vez sob condição de submergência e N.A. estático, é necessário verificar a possibilidade de levantamento da tubulação. A distribuição de pressões no duto submerso é mostrada na Fig. 6.7. Nota-se que a ação da água não é uniforme ao longo do perímetro do duto, sendo máxima na base e mínima no topo. Nesse caso, o peso total da instalação é a soma do peso próprio do duto, do material transportado, do solo de cobertura e de eventuais sobrecargas:

$$P = P_c + P_L + P' \qquad [6.6]$$

em que: P = peso total da instalação; P_c = peso do duto; P_L = peso do material transportado; P' = peso efetivo do solo de cobertura.

Para que a flutuação não ocorra, a força P deve ser superior ao empuxo P_w, que é calculado como:

$$P_w = \frac{\pi D_e^2 \gamma_w}{4} \qquad [6.7]$$

em que: D_e = diâmetro externo do duto; γ_w = peso específico da água.

A condição crítica ocorre quando a tubulação está vazia, o que pode acontecer com frequência ao longo da vida útil da instalação.

6.3 DUTOS MUITO RASOS

Instalações muito rasas estão sujeitas a distribuições de tensões altamente desuniformes, com concentração de cargas no topo do duto. A situação agrava-se quando a tubulação atravessa leitos de rodovias ou ferrovias, ficando sujeita às cargas de tráfego. Nessa situação, para evitar uma ruptura prematura, é necessário que o duto disponha de rigidez à flexão suficiente para suportar as forças e os momentos fletores que se desenvolvem no topo e na região do ombro.

Quando o tubo não é rígido o suficiente para resistir aos esforços externos, as instalações rasas geralmente sofrem ruptura de duas formas distintas:

a) por deformação excessiva no topo, com reversão da curvatura;
b) sob carregamento assimétrico, estático ou móvel, a ruptura se dá por flambagem, que é induzida por deformações na região dos ombros por falta de confinamento sobre o topo da estrutura.

6.4 DUTOS EM VALAS PREENCHIDAS COM CONCRETO

Deve-se evitar tanto quanto possível o preenchimento de valas com concreto. Há dois argumentos fortes que suportam essa recomendação:

a) com raras exceções, o concreto possui peso específico superior aos de solos compactados, o que aumenta a carga sobre o duto;
b) o preenchimento da vala com concreto dificulta as operações de manutenção e reparo da linha, especialmente se um trecho do duto vier a ser substituído.

No entanto, há situações em que é necessário proteger a tubulação contra impactos, redistribuir rapidamente as cargas externas aplicadas ou, ainda, minimizar os recalques da vala. Nelas, pode ser interessante preencher, pelo menos parcialmente, a parte superior da vala com concreto. Sugere-se utilizar concreto magro, a fim de facilitar qualquer operação de reparo na linha. O uso de material estabilizado, como solo-cal, solo-cimento ou solo-fibra, também pode ser uma boa opção.

6.5 DUTOS EM VALAS ESCORADAS

O escoramento da vala após a sua abertura é necessário em diversas situações de instalação de dutos. A necessidade do escoramento pode ser inicialmente verificada por meio da profundidade crítica (z_{crit}).

A abertura de valas com paredes verticais pressupõe a presença de solos coesivos. Se a superfície horizontal do terreno é plana, um solo coesivo (considerando $\phi = 0$) permite que se escave em curto prazo uma vala com parede vertical, cujo empuxo é anulado em uma profundidade de $z_{crit} = 2c/\gamma$. Há autores que consideram que $z_{crit} = 4c/\gamma$, tendo em conta que a parcela negativa do empuxo, que ocorre até a profundidade $z_0 = 2c/\gamma$, pode ser contrabalançada por uma parcela positiva do empuxo ativo que atua desse ponto até $2z_0$. É preciso, no entanto, separar o conceito matemático da realidade, tendo-se em vista que o empuxo negativo significa, fisicamente, uma contração do solo e, portanto, um descolamento do solo da estrutura de contenção. Não há uma ação negativa do solo sobre a parede. Assim, parece mais lógico admitir que $z_{crit} = 2c/\gamma$.

Quando a superfície do terreno é inclinada e se admite que o solo coesivo escavado é saturado e obedece ao critério de ruptura de Mohr-Coulomb, pode-se facilmente mostrar que o material entra em processo de plastificação quando a profundidade atinge:

$$z_{crit} = \frac{2c}{\gamma \, \text{sen} \, 2i} \qquad [6.8]$$

em que: i = ângulo de inclinação do terreno com a horizontal.

Tomando-se, para ilustrar esse efeito, um terreno coesivo com $i = 30°$, a profundidade crítica a partir da qual o terreno já estaria plastificado atingiria $2,3c/\gamma$. Nota-se, portanto, que a inclinação do terreno aumenta em 15% a profundidade teórica de escavação sem escoramento.

Quando a vala é aberta, a tendência do solo é de se expandir, movimentando-se para dentro da região escavada. Nesse processo, são geradas pressões neutras negativas que se dissipam ao longo do tempo. Portanto, embora a resistência do solo possa ser menor em curto prazo do que em longo prazo, a tensão efetiva é maior em razão do valor negativo da pressão da água intersticial.

Por outro lado, ao se permitir a drenagem, a parcela atritiva do solo é despertada. Além de alterar a forma e a posição da superfície potencial de ruptura, o atrito altera também a magnitude da resistência interna do solo e, portanto, a profundidade a partir da qual é necessário introduzir o escoramento. Dessa forma, não se pode afirmar, *a priori*, qual das duas situações é a mais crítica. É necessário considerar a magnitude das pressões neutras geradas e também o modo como a dissipação dessas pressões afeta a resistência interna do solo.

Quando o solo apresenta coesão e atrito, a profundidade crítica iguala-se a:

$$z_{crit} = \frac{2c}{\gamma \sqrt{K_a}} \qquad [6.9]$$

em que: K_a = coeficiente de empuxo ativo = $\text{tg}^2(45° - \phi/2)$.

Os solos granulares com poucos finos, mesmo com superfície horizontal, não permitem a escavação de valas com paredes verticais sem escoramento. Nessa condição, as paredes da vala permanecem estáveis, com uma inclinação limite em relação à horizontal, θ_i, cuja magnitude depende de uma série de fatores, entre os quais a resistência ao cisalhamento, a profundidade da escavação e as condições de drenagem. A inclinação limite de um maciço puramente granular seco será igual ao ângulo de atrito crítico do solo (ou seja, $\theta_i = \phi_{crit}$). Esse valor será reduzido à metade se houver percolação de água em direção ao pé do talude. Na prática, contudo, as condições de vizinhança nem sempre permitem que se proceda a uma escavação de valas com paredes inclinadas, tendo-se em vista as restrições de espaço.

6.5.1 Tipos de escoramento

Há várias formas de executar o escoramento das paredes de valas. Entre as mais comuns, destacam-se:

a) Estacas de madeira ou de aço (seção I ou H) dispostas de modo espaçado ao longo do comprimento da vala. No vão entre as estacas, encaixam-se pranchões de madeira, placas de concreto ou chapas de aço. Esse processo é utilizado em solos instáveis, como solos granulares puros;

b) Cortina de estacas justapostas de madeira ou de aço (perfis I, H ou especiais). As estacas são dispostas lado a lado antes da escavação da vala e constituem um elemento de contenção contínuo. Esse método é utilizado em solos instáveis, geralmente abaixo do N.A.;

c) Cortina de estacas de madeira ou de aço segundo um dos processos citados anteriormente, solidarizadas longitudinalmente por vigas.

Quando os esforços nos elementos de sustentação das paredes são grandes, é necessário dispor de meios para impedir ou minimizar os deslocamentos horizontais. A Fig. 6.8 apresenta as formas mais comuns de sustentação das paredes de valas: o uso de estroncas e o engaste por meio de ficha. As estroncas são vigas transversais que trabalham à compressão, interligando as paredes da contenção (Fig. 6.8a). Por sua vez, ficha é o nome dado ao comprimento do paramento abaixo da linha de escavação, que tem o propósito de conferir estabilidade adicional à estrutura (Fig. 6.8b).

A escolha do tipo de escoramento depende do solo, das características da instalação, da largura e profundidade da vala, da presença de nível d'água e do custo local da atividade, entre outros aspectos.

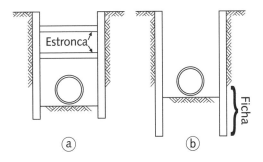

Fig. 6.8 *(a) Cortina escorada com estroncas e (b) cortina sustentada apenas por ficha*

Nos casos em que é necessário efetuar o escoramento da vala, é preciso prever as formas de remoção e, se possível, as maneiras de seu reaproveitamento. É importante mencionar o cuidado que se deve ter na retirada do escoramento, para evitar a criação de zonas vazias ou de baixa densidade no contato entre o solo de reaterro e o solo das paredes da vala. Em valas largas, não há maiores inconvenientes mecânicos, pois a instalação comporta-se como um duto sob aterro. Por outro lado, no caso de valas estreitas, a componente das forças cisalhantes de superfície será afetada por essas zonas vazias e, em vista disso, o efeito do arqueamento positivo poderá ser limitado, quando não totalmente destruído.

A distribuição de tensões horizontais em cortina engastada com face rígida segue as seguintes observações:

(i) se o deslocamento do topo é superior ao deslocamento da base da cortina, a distribuição de tensões é aproximadamente triangular. A magnitude das tensões horizontais situa-se entre os limites das condições ativa e passiva;

(ii) quando a base da cortina se desloca mais do que o topo, ocorre uma distribuição parabólica de tensões. O empuxo resultante, nesse caso, é aproximadamente 10% a 15% maior do que o empuxo no caso da consideração de condição ativa e distribuição triangular de tensões.

Se a cortina possui face flexível, a distribuição de tensões é mais complexa em comparação com a face rígida.

6.5.2 Cortinas engastadas

As cortinas engastadas sem suporte lateral são empregadas para profundidades de até 5 m. No geral, elas são rígidas, e se admite que girem em torno de um ponto abaixo da base da escavação, que é denominado *pivô*. Além disso, as distribuições de tensões são consideradas triangulares, ativa ou passiva, dependendo da direção dos deslocamentos da parede.

A Fig. 6.9 ilustra os diagramas de esforços atuantes nesse tipo de cortina. Admite-se que a ficha (t) garante o seu engastamento no solo de fundação. Além disso, em razão da resultante de forças horizontais que atuam na direção da escavação, pressupõe-se a existência de um ponto de rotação P, denominado *pivô*, como mencionado anteriormente, que provoca a reversão dos movimentos da cortina. Por conseguinte, o solo será alternado da condição ativa para a condição

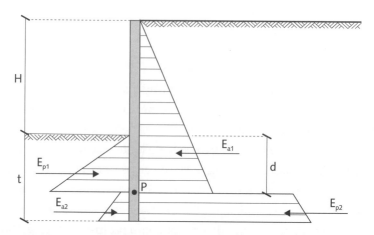

FIG. 6.9 *Diagrama de esforços em uma cortina engastada*

passiva atrás da escavação, e o oposto ocorrerá na zona frontal. Dada a altura H e os parâmetros geotécnicos do solo (ϕ e γ), o problema resume-se à determinação das incógnitas t e d. Uma vez que há duas equações disponíveis, oriundas do equilíbrio de forças na direção horizontal e dos momentos em relação ao ponto P, o sistema é determinado estaticamente.

Quando o solo situa-se abaixo do N.A., os valores das forças de pressão de água à frente e atrás da cortina são desconhecidos. Nesse caso, a determinação de d e t só pode ser feita por processos iterativos. Alternativamente, pode-se lançar mão de um processo simplificado, em que a porção da cortina abaixo do ponto P é desprezada e as ações das forças de empuxo atuantes neste trecho são representadas por uma resultante horizontal (Q) aplicada no ponto P. As duas incógnitas passam a ser a força Q e a distância d. Tomando-se o momento em relação a P, a força Q pode ser eliminada. O valor de d assim obtido é majorado por um fator igual a 1,2 para se chegar ao comprimento t da ficha. Esse fator não é um coeficiente de segurança, mas apenas uma correção ao valor encontrado para levar em conta a inexatidão desse processo simplificado. Recomenda-se fazer uma retroanálise dos resultados obtidos.

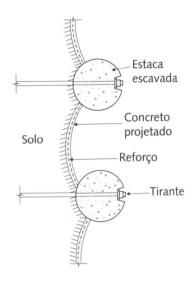

FIG. 6.10 *Contenção com estacas espaçadas e concreto projetado*

Tendo-se em vista a necessidade de uma obra estanque quando o nível d'água está presente, as cortinas engastadas são executadas na maioria dos casos com estacas justapostas. No entanto, solos coesivos resistentes admitem a execução de cortinas com estacas espaçadas acima do N.A. (Fig. 6.10). Essa configuração permite que o solo nos vãos entre as estacas transfira, por arqueamento, parte das tensões laterais para as estacas. Em geral, espaçamentos entre estacas de duas a três vezes a sua largura característica são adequados. Instabilidades localizadas podem ser resolvidas com a utilização de concreto projetado.

6.5.3 Cortinas com estroncas

Embora a função das estroncas seja evitar movimentos horizontais da cortina, a ocorrência de movimentos é esperada à medida que a escavação avança e se aproxima de um novo nível de estroncamento. Os movimentos da cortina para dentro da zona escavada são de natureza ativa e provocam redução das tensões horizontais, que partem da condição em repouso. Embora a colocação de um novo nível de estroncamento force as estacas a retornarem para a sua posição inicial, induzindo sobre elas tensões no trecho repouso-passivo, é possível que, entre estroncas, prevaleçam tensões no campo repouso-ativo. O quanto se avança em um ou outro campo à medida que a escavação e o estroncamento prosseguem só pode ser conhecido com instrumentação para medidas das tensões *in situ* e previsto com o uso de simulação numérica. Particularmente, o método dos elementos finitos (MEF) tem sido uma ferramenta muito útil na análise de escavações, por permitir levar em conta descontinuidades geotécnicas e sequências construtivas.

Em vista da dificuldade de se prever os empuxos atuantes sobre as estruturas estroncadas, os projetos geralmente são elaborados a partir de diagramas de distribuição das tensões horizontais oriundos de experiências com obras instrumentadas. A Fig. 6.11 mostra sugestões de diagramas de distribuição de tensões horizontais estabelecidos para alguns tipos de solo.

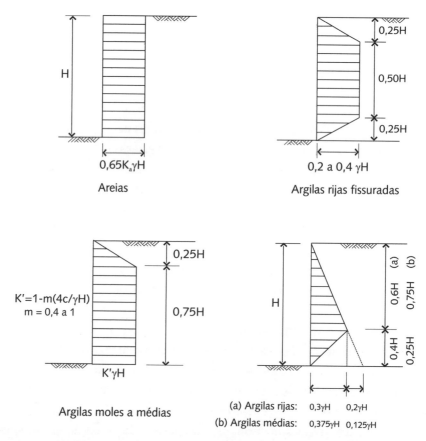

FIG. 6.11 *Distribuição de tensões horizontais para diferentes tipos de solo*

A Fig. 6.12 ilustra a construção de cortinas estroncadas executadas com estacas justapostas e espaçadas, com a utilização de pranchões de madeira (que podem ser substituídos por placas de concreto ou de aço) para o fechamento dos vãos. Nesse caso, o espaçamento entre estacas é de aproximadamente 1 m a 2 m.

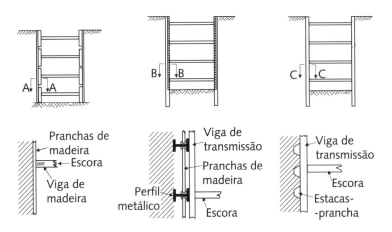

FIG. 6.12 *Construção de cortinas estroncadas*

6.6 Dutos em interação longitudinal

A elevada extensão de uma tubulação pode conduzir a inúmeras situações particulares de interação com o solo em localidades específicas, o que caracteriza um problema tridimensional. A despeito do grande progresso alcançado ao longo do último século nos mais diversos aspectos da área de dutos enterrados, é pequena a atenção que tem sido dispensada ao comportamento longitudinal de dutos enterrados, como vem sendo alertado ao longo das últimas décadas (Poulos, 1974; Prevost; Kienow, 1994). Isso é refletido nos livros, normas vigentes e manuais técnicos sobre o assunto, que geralmente fazem apenas uma breve alusão ao tópico, quando não o ignoram totalmente.

Os fatores que deflagram interações longitudinais são relacionados ao comportamento intrínseco do solo e do material constituinte da tubulação, bem como à presença de sobrecargas superficiais. Os mecanismos provenientes do comportamento do solo envolvem variações de volume e movimentações de massa, que promovem recalque, elevação e deslocamentos laterais ou longitudinais. Cargas atuando na superfície do maciço, oriundas do peso de veículos, aterros e construções em geral, acarretam o recalque do duto. Variações de temperatura e pressão interna causam dilatação ou contração da tubulação e podem ser acompanhadas por deslocamentos axiais. Em estágios mais críticos, o aumento da dilatação do duto pode causar elevação por flambagem, por conta de restrições à expansão. A Fig. 6.13 relaciona os principais fatores causadores do comportamento longitudinal, classificando-os segundo a origem mencionada.

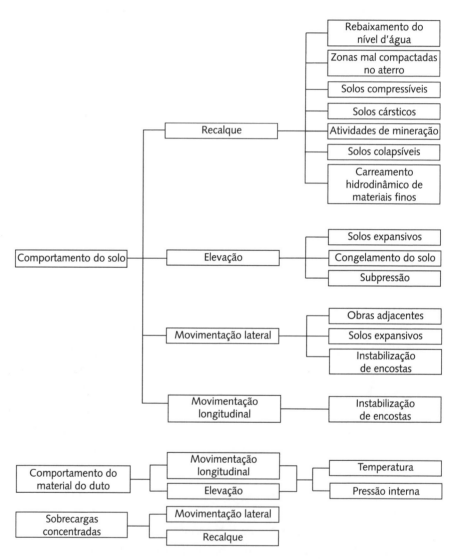

FIG. 6.13 *Causas da interação longitudinal de dutos enterrados*

Uma ocorrência que leve a uma interação longitudinal da tubulação pode forçar o duto a experimentar grandes deformações, o que é acompanhado por uma complexa redistribuição de tensões no maciço circundante. O duto pode sofrer esforços longitudinais e circunferenciais de elevada magnitude na região afetada, podendo, inclusive, sofrer ruptura.

6.6.1 Dutos sujeitos a perda de apoio localizada

Algumas das causas de recalque no duto citadas na Fig. 6.13 envolvem a perda de suporte parcial ou total em uma determinada localidade da tubulação. A perda de apoio total representa a condição mais crítica e faz com que o duto passe a se comportar de modo semelhante a uma viga biengastada, podendo sofrer flexões que comprometem o desempenho hidráulico e, em casos extremos, levam à ruptura. Considerando a heterogeneidade do solo e as condições de apoio, carga e saturação, é possível que se formem vazios de consideráveis proporções ao longo do duto. A avaliação do problema é de grande interesse prático e deve considerar a análise das deflexões, esforços internos e tensões na massa de solo circundante ao longo da tubulação.

Um estudo com modelos em escala reduzida sobre a perda de apoio foi efetuado por Costa (2005). Os modelos foram construídos em uma caixa de testes metálica com 1,4 m de comprimento, 0,56 m de largura e 0,56 m de altura contendo um tubo de PVC com 75 mm de diâmetro e 2 mm de espessura imerso em uma areia pura. Segundo a classificação de Gumbel et al. (1982) (ver Cap. 1), os modelos ensaiados eram representativos de sistemas flexíveis.

No centro da caixa havia um mecanismo composto por uma base móvel com 100 mm de largura e comprimento igual a três vezes a largura. O tubo era disposto sobre a base móvel, recebendo, em seguida, uma cobertura de solo igual a seis vezes o diâmetro. Quando deslocada em sentido descendente, a base conferia uma perda de apoio localizada ao tubo. A Fig. 6.14 mostra um esquema dos modelos construídos.

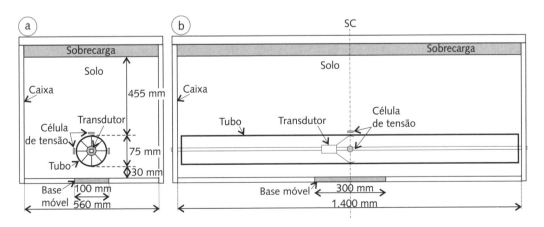

FIG. 6.14 *Modelos construídos para avaliação de dutos sujeitos a perda de apoio localizada: (a) seção transversal; (b) seção longitudinal*
Fonte: Costa (2005).

Todos os ensaios contaram com um transdutor de deslocamentos capaz de medir deflexões em oito pontos distintos ao longo da seção transversal do duto. O transdutor era capaz de se deslocar livremente dentro do tubo, obtendo, dessa forma, o perfil longitudinal de deflexões. Os ensaios contaram também com células para medidas de tensão total no solo ao redor do tubo, posicionadas no topo e na linha d'água na seção central (SC).

A deflexão (d) do duto durante o deslocamento do alçapão nos oito pontos na seção central (SC) é exibida na Fig. 6.15. Os dados correspondem a um modelo ensaiado com o solo com densidade relativa (D_r) de 50% e uma sobrecarga (q) aplicada na superfície igual a 100 kPa. O deslocamento da base móvel (δ) é normalizado pela sua largura (B). Deflexões positivas significam que o ponto medido se aproxima do centro do tubo.

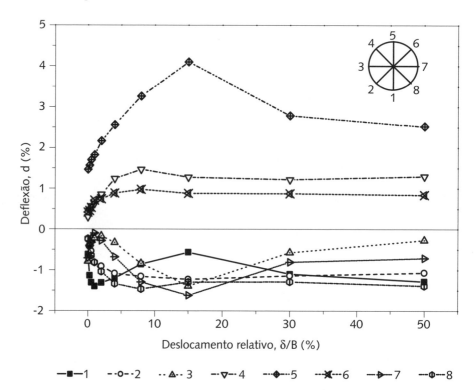

FIG. 6.15 *Deflexões medidas na seção central de um duto sujeito a perda de apoio localizada*
Fonte: Costa (2005).

De modo geral, a condição mais crítica durante a perda de apoio ocorreu para o deslocamento δ/B de 15%. A partir de $\delta/B = 30\%$, as deflexões no duto variam muito pouco com a movimentação da base.

O desconfinamento lateral em razão da descida do alçapão promoveu o recalque do topo (ponto 5) até $\delta/B = 15\%$. Nesse patamar, ocorre uma reversão acentuada da curvatura no topo. Em seguida, o topo passou a apresentar elevação até o final do deslocamento do alçapão, recuperando parte da deflexão positiva sofrida. Tendência semelhante, porém consideravelmente menos pronunciada, foi observada no ombro (pontos 4 e 6), com um suave pico em $\delta/B = 8\%$ seguido de estabilização até o final do ensaio.

A base do duto (ponto 1) apresentou um comportamento muito singular, com etapas sucessivas de recalque e elevação. Recalques iniciais abruptos ocorreram até $\delta/B = 1\%$, seguidos de elevação entre $\delta/B = 1\%$ e 15%. Em seguida, recalques tornaram novamente a ocorrer até o final do teste. O comportamento da linha d'água (pontos 3 e 7) assemelhou-se ao da base, no sentido de que o diâmetro horizontal sofre encurtamentos e alongamentos sucessivos. As curvas dos pontos 3 e 7 (linha d'água) possuem basicamente a mesma forma da curva da base, porém invertida. A variação da deflexão (d) no assento (pontos 2 e 8) foi comparativamente pequena durante todo o ensaio, ocorrendo até $\delta/B = 5\%$.

A Fig. 6.16 mostra o perfil de deflexões ao longo do comprimento do duto para o deslocamento relativo crítico de 15%. Constata-se que a perturbação sofrida no topo e na base do tubo em razão da perda de suporte atinge uma distância horizontal máxima, medida a partir de SC, igual a aproximadamente 2,5D. Porém, as deflexões observadas nas demais posições de medida alcançam distâncias ainda maiores, de até 4,5D.

O deslocamento ao longo do eixo do duto pode ser calculado assumindo-se um determinado carregamento e condição de apoio para o trecho em questão e utilizando-se a equação diferencial da linha elástica. Pode-se considerar, por exemplo, o duto simplesmente apoiado com um carregamento uniformemente distribuído ao longo de todo o comprimento (AWWA, 2004).

Entretanto, situações envolvendo dutos sobre apoios finitos não são usuais. Na grande maioria dos casos práticos, o duto encontra-se em contato direto com o solo e experimenta forças de reação distribuídas ao longo de seu comprimento. Em tubulação com junta do tipo ponta e bolsa, a distribuição da carga sobre o duto não é uniforme, mas será maior na bolsa por causa do maior diâmetro. Assim, tanto a distribuição de tensões sobre o duto como a distribuição da reação pode mudar consideravelmente, dependendo da acomodação da bolsa no berço. Pearson (1977) enumera três possibilidades: a) quando o encaixe da bolsa é cuidadosamente escavado no berço; b) quando o encaixe possui profundidade maior do que a projeção da bolsa; e c) quando a profundidade do encaixe é inferior.

Dutos enterrados

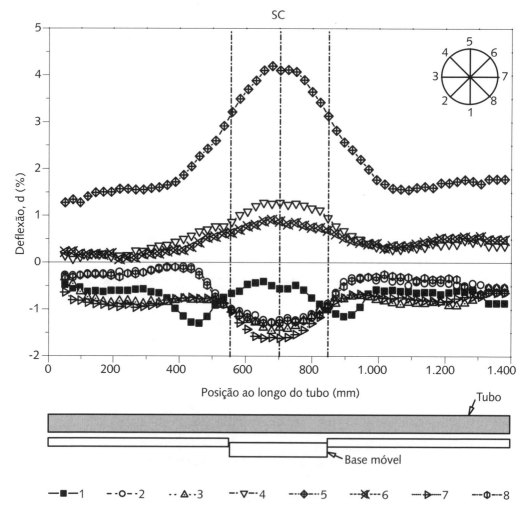

FIG. 6.16 *Perfil de deflexões ao longo de um duto sujeito a perda de apoio localizada*
Fonte: Costa (2005).

Determinar o deslocamento do duto a partir de um perfil de deslocamentos (ou de reações) preconcebido é uma solução demasiadamente simplificada para o problema em questão. Quando um determinado carregamento é aplicado a uma tubulação, os deslocamentos e esforços internos decorrentes não podem ser simplesmente computados procedendo-se ao equilíbrio estático das forças atuantes na estrutura, uma vez que a reação do solo ao longo da tubulação não varia linearmente. Tampouco se pode antecipar um padrão definido para o perfil dos deslocamentos, visto que eles dependerão de diversos fatores, como distribuição e intensidade do carregamento, propriedades do tubo e características do meio em que ele está inserido.

Um método de análise mais adequado consiste em considerar a tubulação repousando sobre um meio constituído por apoios elásticos discretos, nos quais a tensão de contato por unidade de comprimento (p) é proporcional ao deslocamento vertical (u) (hipótese de Winkler), ou seja:

$$p = Ku \qquad \textbf{[6.10]}$$

em que: K = módulo de suporte do solo, que é igual a $k_v D$, sendo k o coeficiente de reação do solo.

Introduzindo a Eq. 6.10 na equação diferencial da linha elástica para uma tubulação infinita sobre apoio distribuído, chega-se a:

$$EI \frac{d^4 u}{dy^4} = -Ku \qquad \textbf{[6.11]}$$

em que: y = posição ao longo do eixo da tubulação.

A solução geral da Eq. 6.11 é dada por:

$$u = e^{\lambda y}(C_1 \cos \lambda y + C_2 \operatorname{sen} \lambda y) + e^{-\lambda y}(C_3 \cos \lambda y + C_4 \operatorname{sen} \lambda y) \qquad \textbf{[6.12]}$$

em que: C_i = constantes de integração; λ = característica do sistema = $\sqrt[4]{\frac{K}{4EI}}$.

O produto de λ pelo comprimento do tubo (L) caracteriza a rigidez relativa longitudinal do sistema e também pode ser utilizado como critério para a classificação do duto, de acordo com o comprimento, em três grupos distintos: i) se $\lambda L \leqslant \pi/4$, a rigidez é elevada e o duto é dito curto; ii) se $\pi/4 < \lambda L < \pi$, a rigidez é intermediária e o duto é classificado como de comprimento médio; iii) se $\lambda L \geqslant \pi$, a rigidez é baixa e o duto é considerado longo.

A determinação das constantes C_i dependerá das condições de contorno do problema em questão. Hetényi (1946) fornece soluções para a Eq. 6.11 considerando diversas situações de carregamento, como cargas concentradas, uniformemente distribuídas, triangulares, entre outras. Para um duto enterrado sujeito a uma carga concentrada (P) e a um carregamento distribuído (q) representando o peso do solo de aterro, a Eq. 6.12 adquire a seguinte forma:

$$u = \frac{P\lambda}{2K}\left[e^{-\lambda y}(\cos \lambda y + \operatorname{sen} \lambda y)\right] + \frac{q}{K} \qquad \textbf{[6.13]}$$

Derivando sucessivamente a Eq. 6.13 com respeito a y, obtêm-se as equações para rotação (θ), momentos fletores (M) e esforços cortantes (Q) ao longo do duto, cujas representações gráficas são exibidas na Fig. 6.17.

Selvadurai (1985) aplicou a solução de uma viga infinita sobre apoio elástico para um duto sujeito a um recalque ocasionado por uma falha na camada

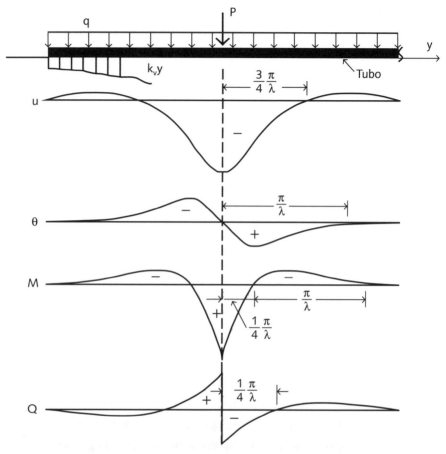

FIG. 6.17 *Recalques (u), rotações (θ), momentos fletores (M) e esforços cortantes (Q) no duto, considerando-se uma carga concentrada (P) e um carregamento distribuído (q)*

subjacente. Nesse caso, uma grande proporção do duto é abrangida pelo recalque. Um deslocamento predefinido, em vez de um carregamento, foi considerado como condição de contorno do problema. O modelo assume que o deslocamento sofrido pelo solo (δ) é conhecido e que não há variação de K ao longo da tubulação. Como referência, assume-se que o eixo longitudinal y é posicionado no eixo central do duto (Fig. 6.18). Como condições de contorno, tem-se que $u_e = u_d$, $u'_e = u'_d$, $u''_e = u''_d$ e $u'''_e = u'''_d$ (os subscritos "e" e "d" referem-se às regiões do duto em que $y \leqslant 0$ e $y \geqslant 0$, respectivamente). O recalque da tubulação é obtido por meio das Eqs. 6.14a e 6.14b.

$$u_d = \delta \left(1 - \frac{e^{-\lambda y}}{2} \cos \lambda y \right) \qquad \text{para } y \geqslant 0 \qquad \textbf{[6.14a]}$$

$$u_e = \frac{\delta}{2} e^{\lambda y} \cos \lambda y \qquad \text{para } y \leqslant 0 \qquad \textbf{[6.14b]}$$

6 | Dutos enterrados em condições especiais

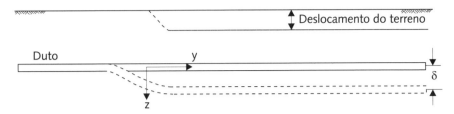

FIG. 6.18 *Duto enterrado sujeito a recalque diferencial e sistema de coordenadas*
Fonte: Selvadurai (1985).

Em diversas circunstâncias, há a necessidade de tratar a tubulação como uma estrutura de comprimento finito. Hetényi (1946) propôs um método de cálculo para vigas de comprimento finito que consiste em empregar a solução desenvolvida para viga infinita e aplicar esforços auxiliares em suas extremidades para anular os esforços calculados naqueles pontos (princípio da superposição). Em outras palavras, supondo-se uma viga com extremidades A e B, deverão ser determinados os esforços M_{OA}, Q_{OA}, M_{OB} e Q_{OB} que anularão os esforços M_A, Q_A, M_B e Q_B previamente obtidos nos pontos A e B, supondo-a infinita.

Entretanto, o método da superposição para vigas de comprimento finito não gera resultados adequados se os esforços auxiliares não forem suficientemente reduzidos em comparação com as cargas atuantes na viga (Vesic, 1961). Com base em avaliações de resultados obtidos com uma viga finita com carga concentrada no meio do vão, Vesic recomenda a utilização do método somente para estruturas com $\lambda L > 2{,}25$. Erros próximos a 15% foram verificados com vigas mais curtas. Por outro lado, soluções baseadas na hipótese de Winkler para vigas de comprimento infinito geram erros desprezíveis quando empregadas para vigas com $\lambda L > 5$.

A solução para viga finita tem aplicação, por exemplo, no caso de um duto de comprimento L com uma sobrecarga uniformemente distribuída q atravessando um depósito com compressibilidade superior à dos depósitos adjacentes (Fig. 6.19a). O tubo pode ser considerado biengastado, sendo o recalque em qualquer ponto entre A e B dado pela Eq. 6.15.

Outra condição de interesse é a de um duto com uma sobrecarga q atravessando um vazio de extensão L_v (Fig. 6.19b). O deslocamento e os esforços em A e B são determinados pelas Eqs. 6.16 a 6.18, considerando-se semi-infinitos os trechos do duto à esquerda de A e à direita de B. O deslocamento do tubo no ponto central E é determinado a partir dos esforços calculados em A ou B.

$$u = \frac{q}{K}\left[1 - \frac{1}{\operatorname{senh}\lambda L + \operatorname{sen}\lambda L}(\operatorname{senh}\lambda y \cos\lambda y' + \operatorname{sen}\lambda y \cosh\lambda y' + \operatorname{senh}\lambda y' \cos\lambda y + \operatorname{sen}\lambda y' \cosh\lambda y)\right] \quad [6.15]$$

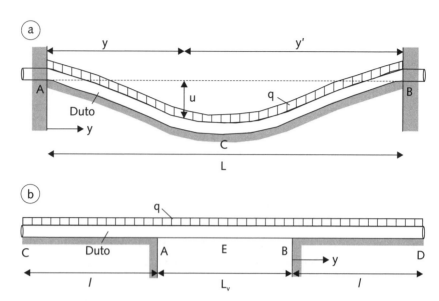

FIG. 6.19 *Tubulação com carga uniformemente distribuída atravessando (a) um depósito de solo compressível e (b) um vazio*

$$u = \frac{q\lambda L_v}{K}\left[e^{-\lambda y}\cos\lambda y - \alpha(e^{-\lambda y}(\cos\lambda y - \text{sen}\,\lambda y))\right] \quad \text{[6.16]}$$

$$M_A = M_B = (qL/2\lambda)\alpha \quad \text{[6.17]}$$

$$Q_A = -Q_B = qL/2 \quad \text{[6.18]}$$

em que: $\alpha = \frac{6-\lambda^2 L_v^2}{6(2+\lambda L_v)}$; M_A e M_B = momento fletor em A e B, respectivamente; Q_A e Q_B = esforço cortante em A e B, respectivamente.

A determinação de deslocamentos em um duto finito sobre apoio elástico pode ser feita de forma expedita pelo método simplificado de Levinton (1947). O diagrama de tensões de contato é determinado por quatro ordenadas, p_1 a p_4, e dividido em triângulos (Fig. 6.20a). Para se determinar as quatro ordenadas, são necessárias duas equações de equilíbrio e duas de compatibilidade de deslocamentos. Assumindo que $p = Ku$ (hipótese de Winkler), as equações de equilíbrio são obtidas por meio da soma dos momentos nos pontos L e R, chegando-se a:

$$4u_2 + 10u_3 + 7u_4 = 6M_L/(a^2 K) \quad \text{[6.19a]}$$

$$7u_1 + 10u_2 + 4u_3 = -6M_R/(a^2 K) \quad \text{[6.19b]}$$

em que: M_L e M_R = momentos nos pontos L e R, respectivamente.

As equações de compatibilidade são obtidas assumindo-se inicialmente que o duto é rígido e sofre uma deflexão nas extremidades igual a u_1 e u_4 (linha cheia superior na Fig. 6.20b). Nos pontos 2 e 3, essas deflexões são dadas por:

$$u_{f2} = u_1 + (1/3)(u_4 - u_1) \quad \textbf{[6.20a]}$$

$$u_{f3} = u_1 + (2/3)(u_4 - u_1) \quad \textbf{[6.20b]}$$

Em seguida, supõe-se que o duto retoma a sua flexibilidade e adquire o comportamento de uma viga flexível biapoiada que apresenta deflexões nos pontos 2 e 3 iguais a u_{b2} e u_{b3}, respectivamente (linha cheia inferior na Fig. 6.20b). Essa parcela do deslocamento pode ser determinada por meio de fórmulas conhecidas da Resistência dos Materiais. Por fim, aplicam-se as tensões de contato, e o conduto recupera parte da deflexão sofrida (linha cheia superior), de valor igual a u_{c2}

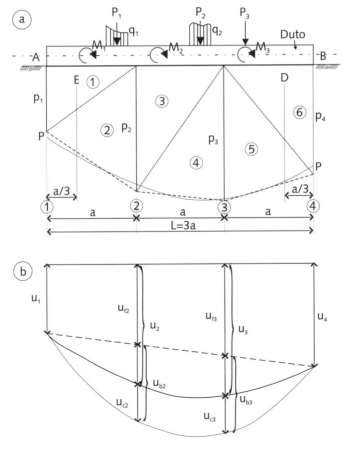

FIG. 6.20 *Determinação do deslocamento do duto com o método de Levinton (1947)*

e u_{c3}. Esses deslocamentos representam o efeito das seis cargas triangulares na Fig. 6.20a e são obtidos por meio das seguintes expressões:

$$u_{c2} = \frac{a^4}{1.080EI}(94p_1 + 429p_2 + 390p_3 + 77p_4) \qquad \textbf{[6.21a]}$$

$$u_{c3} = \frac{a^4}{1.080EI}(77p_1 + 390p_2 + 429p_3 + 94p_4) \qquad \textbf{[6.21b]}$$

Assim, os deslocamentos totais nos pontos 2 e 3 são estimados pelas Eqs. 6.22a e 6.22b, que são as duas equações de compatibilidade necessárias para a solução do problema, juntamente com a Eq. 6.20.

$$u_2 = \frac{2}{3}u_1 + \frac{1}{3}u_4 + u_{b2} - \frac{a^2K}{1.080EI}(94u_1 + 429u_2 + 390u_3 + 77u_4) \quad \textbf{[6.22a]}$$

$$u_3 = \frac{1}{3}u_1 + \frac{2}{3k}u_4 + u_{b3} - \frac{a^2K}{1.080EI}(77u_1 + 390u_2 + 429u_3 + 94u_4) \quad \textbf{[6.22b]}$$

Métodos que consideram o meio como elástico-contínuo, como os de Ohde (1942) e De Beer (1948), juntamente com métodos numéricos (elementos finitos e diferenças finitas, por exemplo), representam soluções alternativas aos modelos que empregam a hipótese de Winkler.

6.6.2 Dutos sujeitos a elevação localizada

A elevação de dutos ocorre principalmente por causa de subpressão e solos expansivos. Com relação à primeira causa, dutos enterrados de grande diâmetro são comumente empregados como alternativa econômica à construção de pontes em córregos e rios estreitos, principalmente em áreas rurais. No entanto, tem sido relatado um elevado número de problemas envolvendo o soerguimento da extremidade de montante desses tubos (Lohnes; Klaiber; Austin, 1995; Kjartanson et al., 1995). O levantamento do duto deve-se a gradientes de pressão neutra agindo na parte inferior da tubulação, provenientes de diferenças de carga hidráulica a montante e a jusante, criadas por fluxos além da capacidade de vazão do tubo e pelo bloqueio parcial na entrada do duto.

Os dutos enterrados fazem parte do grupo das estruturas com maior probabilidade de serem afetadas pela ação dos solos expansivos. É comum a ocorrência concomitante de expansão vertical e lateral, o que imprime ao duto elevadas pressões de expansão (Katti; Kulkarni; Fotedar, 1969; Chen, 1988).

Os solos também podem sofrer expansão em razão do congelamento. O congelamento da água resulta, no solo, em um aumento de volume global entre 2,5% e 5%. No entanto, a formação de lentes de cristais de gelo é a maior causa do aumento de volume do solo durante o congelamento. Os solos mais suscetíveis ao congelamento são os siltes.

Uma avaliação experimental sobre a elevação de dutos foi realizada por Costa (2005), que utilizou o mesmo aparato ilustrado na Fig. 6.14. Em linhas gerais, os perfis de deflexão observados nos modelos após a elevação da base móvel revelaram uma forte ascensão da base e do reverso do duto, além do aumento do diâmetro horizontal. O ombro foi a região que menos sofreu deflexão. As deflexões induzidas pela elevação foram observadas até a uma distância medida a partir da seção central (SC) igual a sete vezes o diâmetro do duto.

A Fig. 6.21 apresenta o perfil registrado em um ensaio conduzido com $D_r = 50\%$ e $q = 100$ kPa para um deslocamento relativo δ/B igual a 4%. Deflexões de grande magnitude são notadas na base e na linha d'água. O perfil do topo revela deflexões de magnitudes relativamente pequenas e uma depressão em SC. As regiões do ombro e assento praticamente não sofreram deflexões além dos limites da base móvel.

Uma solução analítica para a previsão da elevação sofrida por dutos enterrados foi proposta por Rajani e Morgenstern (1993), considerando-se um meio elastoplástico. O modelo considera que, após ser solicitada por um determinado esforço transversal F, a tubulação exibe uma dupla curvatura (Fig. 6.22).

O esforço transversal F é aplicado em três incrementos distintos, F_1, F_2 e F_3, cada qual gerando uma série de eventos em decorrência da interação do solo com o duto. No intervalo $0 \leqslant F \leqslant F_1$, o duto e o solo comportam-se elasticamente. Nessa fase, a determinação dos esforços e deslocamentos é realizada com o auxílio da hipótese de Winkler, considerando-se a tubulação infinita. Em $F_1 < F \leqslant F_2$, o eixo x-x divide o meio em duas regiões distintas (Fig. 6.22): a região A, onde o solo está no estado plástico e o duto no estado elástico, e a região B, onde tanto o duto como o solo ainda se encontram na fase elástica. Inicialmente, o eixo x-x ocupa a posição s-s, sendo paulatinamente transladado à medida que F aumenta, até atingir uma distância $\overline{y}$. Por fim, quando F ultrapassa F_2, o tubo passa a apresentar deformações plásticas.

No intervalo $F_1 \leqslant F \leqslant F_2$, a equação de equilíbrio para a região A é expressa por:

$$EI\frac{d^4u}{dy^4} = -F_p \qquad \textbf{[6.23]}$$

em que: F_p = resistência passiva do meio (força por unidade de comprimento).

F_p pode ser obtido por meio de uma representação bilinear das curvas carga-deslocamento, que foram propostas por Rowe e Davis (1982a,b) para o arrancamento de ancoragens verticais considerando-se diferentes alturas de

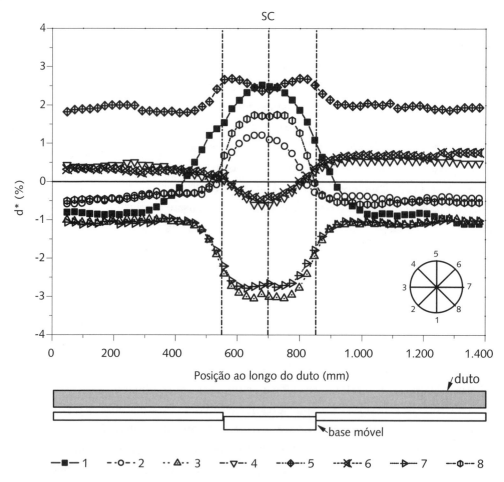

FIG. 6.21 *Perfil de deflexões ao longo de um duto sujeito a elevação localizada*
Fonte: Costa (2005).

cobertura de solo sobre o duto (H). As condições de contorno admitidas para o problema possibilitam fornecer a seguinte solução para a Eq. 6.24, no ponto de aplicação da carga F na região A ($y = -\overline{y}$):

$$\overline{u} = N_p \left(\frac{1}{2} + \frac{2}{3} \frac{\overline{F}}{N_p} + \frac{8}{3} \frac{\overline{F}^4}{N_p^4} \right) \quad [6.24]$$

em que: $\overline{u} = uK/Dc$ para solo coesivo ou $uK/\gamma DH$ para solo não coesivo; $\overline{F} = F\lambda/Dc$ para solo coesivo ou $F\lambda/\gamma DH$ para solo não coesivo; $N_p = F_p/Dc$ para solo coesivo ou $F_p/\gamma DH$ para solo não coesivo.

O comprimento da região A, $\overline{y}$, é obtido pela seguinte expressão:

$$\overline{y}\lambda = \frac{2F\lambda}{F_p} - 1 \quad [6.25]$$

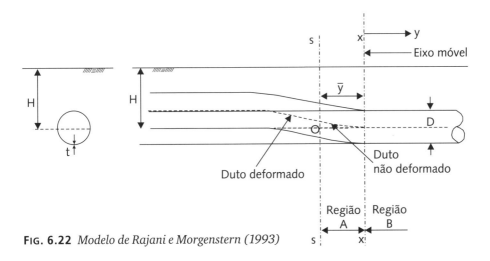

Fig. 6.22 *Modelo de Rajani e Morgenstern (1993)*

A utilização dos ábacos propostos por Rowe e Davis (1982a,b) para a determinação de F_p, além de considerar o comportamento de resistência do sistema como não linear, possibilita levar em conta a altura de cobertura do solo nas análises.

A Fig. 6.23 mostra a relação entre $\overline{F}$ e $\overline{u}$ obtida pela Eq. 6.24, considerando que $N_p = 6{,}35$, e compara a solução proposta com o resultado de uma análise numérica tridimensional por meio do método dos elementos finitos, executado para $H/D = 1{,}55$. Ainda são exibidas, na Fig. 6.23, curvas analíticas correspondentes aos limites para H/D (zero a infinito). Uma boa concordância entre o modelo analítico proposto e o modelo numérico tridimensional foi obtida.

A solução de Rajani e Morgenstern (1993) guarda vantagem sobre as demais porque utiliza como dado de entrada a resistência passiva do solo à movimentação do duto, e não somente uma simples relação elástico-linear entre a tensão de contato e o deslocamento produzido. Assim, a profundidade da instalação está sendo indiretamente considerada no método. Contudo, é importante recordar que os dados de Rowe e Davis (1982b), dos quais se derivou F_p, foram obtidos a partir de análises com ancoragens rígidas, sendo desconsiderada, portanto, a interação transversal que ocorre no caso de dutos flexíveis.

6.6.3 Dutos sujeitos a movimentação lateral

Uma das causas mais comuns de carregamento lateral em tubulações enterradas é a execução de obras adjacentes, que são implantadas, em geral, por meio de corte e aterro.

A implantação de uma linha nova, tanto durante a escavação como na fase de reaterro, altera o estado de tensões de linhas paralelas preexistentes, pela

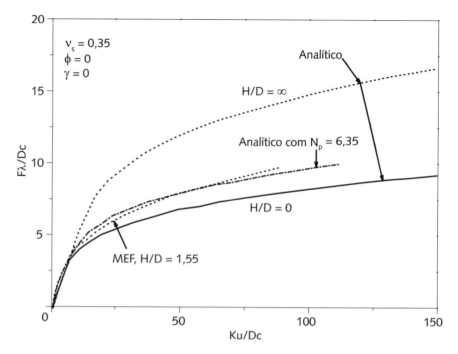

FIG. 6.23 *Curvas adimensionais carga-deslocamento para um duto em um meio elastoplástico*

Fonte: Rajani e Morgenstern (1993).

indução de movimentos laterais do solo. Em casos extremos, a magnitude do movimento pode causar a ruptura do duto ou a abertura de juntas em tubulações com uniões articuladas. Outras situações de carregamento lateral que também ocorrem com alguma frequência são as de tubos implantados paralelamente a vias de transporte (rodovias ou ferrovias) e em terrenos inclinados.

Como o movimento lateral do duto decorrente da abertura de uma vala adjacente é induzido pelo solo junto à tubulação, a ruptura por deslocamento lateral pode ocorrer durante a fase executiva ou em algum momento após a conclusão da obra. Essa última possibilidade acontece em solos sob processo de consolidação ou, ainda, naqueles que apresentam suscetibilidade aos fenômenos de fluência, ou seja, de deformação sob carregamento constante.

Crofts, Menzies e Tarzi (1977) dividem o movimento lateral total (δ_h) de um duto enterrado em quatro parcelas, de acordo com a sequência construtiva:

$$\delta_h = \delta_{h1} + \delta_{h2} + \delta_{h3} + \delta_{h4} \qquad [6.26]$$

em que: δ_{h1} = deslocamento decorrente do movimento da parede vertical da vala desprovida de suporte lateral; δ_{h2} = deslocamento necessário para a parede da vala entrar em contato com o suporte; δ_{h3} = deslocamento decorrente da deformação dos suportes sob efeito do empuxo resultante; δ_{h4} = deslocamento decorrente da consolidação do aterro (adensamento primário e fluência).

Determinação do deslocamento δ_{h1}

Sem suporte lateral e antes de atingir a ruptura, uma vala aberta em solo argiloso deforma-se lateralmente em condição não drenada. Esse deslocamento é comumente denominado *embarrigamento* e é, em geral, mais intenso na base do que no topo da escavação. Dependendo da magnitude do embarrigamento, pode ser necessário um desbaste fino para manter as paredes da vala em prumo.

O embarrigamento em uma vala pode ser estimado pelo módulo de deformabilidade não drenado do solo. Alternativamente, Crofts, Menzies e Tarzi (1977) sugerem admitir um embarrigamento de 15 mm próximo ao topo de escavações que atingem a profundidade crítica. Para valas mais rasas que a profundidade crítica (z_{crit}), o embarrigamento deve ser estimado proporcionalmente de acordo com a altura, ou seja:

$$\delta_b = (z/z_{\mathrm{crit}}) \times 15\,\mathrm{mm} \qquad \textbf{[6.27]}$$

em que: z = profundidade da vala ($z < z_{\mathrm{crit}}$).

Valores típicos de δ_b em função do tipo de solo e da profundidade de escavação são fornecidos na Tab. 6.2.

TAB. 6.2 Valores típicos de embarrigamento imediato de paredes de valas

Tipo de solo	Profundidade de escavação	Embarrigamento da face de escavação (δ_b)
Argila muito mole	0-1,5 m	15 mm
Argila arenosa muito mole	0-1,5 m	15 mm
Argila pedregulhosa muito mole	Profundidades maiores que 1,5 m não devem ser escavadas em estágio único	
Argila mole	0-2 m	7 mm
Argila arenosa mole	2-4 m	15 mm
Argila pedregulhosa mole	Profundidades maiores que 4 m não devem ser escavadas em estágio único	
Argila rija	0-2,5 m	5 mm
Argila arenosa rija	2,5-5 m	10 mm
Argila pedregulhosa rija	5-7,5 m	15 mm
Argila dura	0-3 m	5 mm
Argila arenosa dura	3-6 m	9 mm
Argila pedregulhosa dura	6-10 m	15 mm

Fonte: Crofts, Menzies e Tarzi (1977).

Dutos enterrados

Uma vez que os movimentos laterais de uma tubulação implantada próximo a uma vala recém-aberta serão inferiores a δ_b, a seguinte relação é sugerida:

$$\delta_{h1} = \alpha \delta_b \qquad [6.28]$$

O fator de redução α é dado pela curva C da Fig. 6.24, e é função da distância horizontal da tubulação à vala e da profundidade da vala.

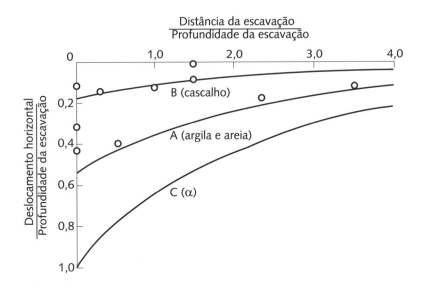

A: Deslocamento horizontal, x_3, em argila e areia como % da profundidade de escavação, H
B: Deslocamento horizontal, x_3, em pedregulho, com % da profundidade de escavação, H
C: Fator de redução, α, para fornecer o movimento de dutos a partir do movimento da face da trincheira

FIG. 6.24 *Curvas para a estimativa de deslocamentos horizontais de tubulações*
Fonte: Crofts, Menzies e Tarzi (1977).

Determinação do deslocamento δ_{h2}

O deslocamento δ_{h2} ocorre em situações em que há uma folga entre a face externa do escoramento e a parede da vala. Em vista disso, o solo lateral tem liberdade para movimentar-se ativamente até entrar em contato com o escoramento. Esse movimento pode ou não ser nulo, dependendo do tipo de escoramento. Em valas escoradas com paredes cravadas ou moldadas *in loco*, executadas antes da escavação ser iniciada – como é o caso de paredes-diafragma, estacas-prancha e estacas justapostas e secantes –, o deslocamento pode ser considerado nulo. Por outro lado, em sistemas construtivos como o de perfis metálicos com pranchões de madeira ou placas pré-moldadas, as irregularidades nas paredes da vala quase sempre propiciam a ocorrência do deslocamento δ_{h2}.

A estimativa de δ_{h2} deve ser feita assumindo-se uma parcela fixa de 10 mm somada a uma parcela variável de 2 mm a 18 mm, para levar em conta as irregularidades da face do elemento de suporte, como, por exemplo, placas de aço corrugado. Assim, tem-se:

$$\delta_{h2} = \alpha[10\,\text{mm} + (2\,\text{mm a } 18\,\text{mm})] \qquad \textbf{[6.29]}$$

Se o escoramento possuir face lisa e for cuidadosamente estroncado, o valor de δ_{h2} pode ser significativamente reduzido. Particularmente, quando estacas-prancha ou paredes-diafragma são instaladas antes da escavação, pode-se assumir que $\delta_{h2} = 0$.

Determinação do deslocamento $\delta_{\mathbf{h3}}$

O deslocamento δ_{h3} é referente ao efeito do empuxo de solo sobre o escoramento, o qual engloba as ações de expansão do solo, o encurtamento elástico das estroncas e o deslocamento e a flexão dos elementos de suporte lateral. Por ser, em parte, função da sequência construtiva, a previsão de δ_{h3} é complexa. As curvas A e B da Fig. 6.24 constituem um limite superior dos deslocamentos registrados em escavações executadas em solos arenosos, argilosos e pedregulhosos, devendo ser utilizadas na estimativa de δ_{h3}:

$$\delta_{h3} = \frac{\text{deslocamento horizontal}}{\text{profundidade de escavação}} \cdot \frac{H}{100} \qquad \textbf{[6.30]}$$

Se a vala for escorada dentro dos intervalos recomendados na Tab. 6.3, de acordo com o tipo de solo, as seguintes reduções de δ_{h3} são admitidas:

- ☐ para valas de até 3 m de profundidade, reduzir δ_{h3} em ½;
- ☐ para valas entre 3 m e 5 m de profundidade, reduzir δ_{h3} em ¾.

Essas reduções não podem ser aplicadas a argila mole, areia fofa ou em locais com o nível d'água acima do nível da escavação.

TAB. 6.3 Intervalo de escoramento de valas

Solo	Intervalo de escoramento (h)
Argila média, areia média	1
Argila rija, areia compacta	2
Argila dura, areia muito compacta	4

Determinação do deslocamento δ_{h4}

A parcela de deslocamento horizontal da tubulação δ_{h4} decorre da consolidação da massa de solo situada entre a contenção e a tubulação existente, e é estimada pela seguinte expressão:

$$\delta_{h4} = \alpha \frac{B_v}{2} \frac{C_c}{1+e_0} \log \frac{K_0}{K_a} \qquad [6.31]$$

em que: α = fator de redução, obtido da curva C da Fig. 6.24; C_c = índice de compressão do solo; e_0 = índice de vazios inicial do solo; B_v = largura da vala; K_a = coeficiente de empuxo ativo do solo; K_o = coeficiente de empuxo em repouso do solo.

6.6.4 Dutos sujeitos a dilatação térmica

Os materiais de engenharia dilatam-se quando aquecidos – uns mais, outros menos, porém todos se dilatam. Quando lhes é permitido dilatar livremente, o efeito resultante é apenas um aumento de suas dimensões. Entretanto, se a expansão for impedida, o resultado será um aumento dos esforços de compressão na direção do deslocamento impedido. No caso específico de dutos enterrados, a expansão impedida provoca esforços de compressão ao longo de seu comprimento e, portanto, esforços longitudinais em emendas e blocos de fixação, entre outros. A deformação axial decorrente do efeito da dilatação pode ser escrita como:

$$\varepsilon = \alpha \Delta T \qquad [6.32]$$

em que: α = coeficiente de dilatação térmica na direção considerada (mm/m/°C, ou simplesmente °C^{-1}); ΔT = variação de temperatura (°C).

A partir do valor da deformação, pode-se calcular a tensão de compressão nas extremidades do duto, ou seja:

$$\sigma = E_p \qquad [6.33]$$

em que: E_p = módulo de elasticidade em compressão do material das paredes do duto.

Conhecida essa tensão, é possível calcular a força de compressão para a expansão impedida, que é dada pelo produto da tensão gerada pela área transversal do duto, ou seja:

$$F = \sigma A = E_p A = E_p \{\pi/4[(D_i + t)^2 - D_i^2]\} \qquad [6.34]$$

em que: A = área transversal do duto; D_i = diâmetro interno do duto; t = espessura da parede do duto.

Uma análise dessa expressão mostra que a força de compressão é função não apenas da deformação em si, mas do módulo de deformabilidade em compressão do material do duto.

Considere, como ilustração, duas linhas iguais, uma de aço e outra de plástico. Embora os dutos plásticos deformem muito mais do que os dutos de aço, o módulo do aço é muito superior ao do plástico; assim, se todos os demais fatores forem iguais, a força de compressão do aço é bastante superior à do plástico.

Além disso, é importante mencionar que o fenômeno da expansão térmica é mais acentuado em dutos aéreos sujeitos às variações climáticas e em linhas que transportam material aquecido. O uso de juntas flexíveis, por exemplo, do tipo ponta e bolsa com anel, laços de expansão e juntas de dilatação térmica pode minimizar esse efeito. No caso de dutos enterrados sujeitos às variações climáticas, a questão pode ser menos severa por duas razões básicas: (i) ao longo da tubulação, há sempre adesão e/ou atrito de interface entre o solo e as paredes do duto, cujo sentido é sempre oposto ao movimento ou à tendência de movimento; e (ii) a cobertura de solo sempre atenua as variações climáticas.

Em qualquer caso, porém, é importante dispor dos parâmetros da instalação para a elaboração de um projeto adequado, sem riscos de flexão ou flambagem da linha. Tais efeitos podem causar, entre outros, o levantamento do duto, a abertura de juntas e, eventualmente, a ruptura da estrutura. Em qualquer uma dessas hipóteses, ainda que não haja um dano estrutural maior, certamente haverá mau desempenho da tubulação. O projeto deve evitar tal resultado.

7 MINIMIZAÇÃO DE TENSÕES SOBRE DUTOS ENTERRADOS

Em muitas situações práticas, pode ser conveniente induzir o arqueamento positivo em uma instalação para reduzir as tensões externas sobre os dutos. Sem esse tipo de intervenção, concentrações indesejáveis de tensões poderiam ocorrer, o que representaria um problema para a obra. Em outras situações, pode ser de interesse reduzir as tensões para que sejam utilizados, por exemplo, dutos mais flexíveis e baratos ou instalações mais rasas, ou ainda para aumentar a segurança contra eventual dano ou ruptura do duto.

Situações como essas se enquadram também na categoria de condições especiais de instalação, e requerem análises específicas adicionais, algumas com desenvolvimento ainda em progresso. Em vista disso, entendeu-se que seria oportuno tratar desse tema em um capítulo específico.

A Fig. 7.1 resume as principais soluções propostas para a redução de tensões sobre dutos (Viana, 1998). Nota-se que a maioria dos métodos propõe a modificação das condições de apoio (berço compressível), a promoção de um espraiamento das tensões verticais, especialmente as resultantes de carregamento externo (uso de placa de concreto sobre o duto, próximo da superfície do terreno), ou procura induzir recalques do prisma interno (trincheira induzida, pneussolo, berço compressível e uso de geossintéticos sobre camada compressível ou vazio). O uso de fitas metálicas na região da linha d'água e a utilização de geossintéticos sobre o topo do duto são processos construtivos que repousam em conceitos de reforço de solo. Esse tema tem gerado enorme interesse técnico entre os militantes da área.

Neste capítulo, três desses processos construtivos serão abordados detalhadamente: a trincheira induzida (ou falsa trincheira), o berço compressível e a geovala. Embora a fenomenologia dos três procedimentos seja praticamente a mesma, a forma de execução, as experiências acumuladas e, sobretudo, o comportamento do duto sob carga podem ser completamente diferentes.

As três técnicas construtivas têm por objetivo induzir uma parcela adicional de recalques ao prisma interno, de modo a intensificar o arqueamento positivo. A técnica do berço compressível induz recalques adicionais ao duto por meio dos recalques do solo de apoio, podendo causar recalques diferenciais. Recalques totais são prejudiciais às estruturas, mas, na maioria dos casos, são os recalques diferenciais os mais nocivos. Em dutovias, além de gerarem esforços à estrutura, os recalques desse tipo podem provocar abertura de juntas, o que é extremamente

7 | Minimização de tensões sobre dutos enterrados

Método de redução de tensões verticais	Esquema empregado	Autores
Trincheira Induzida	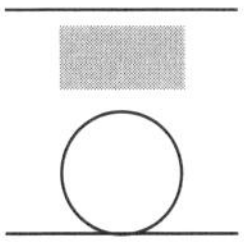	(Marston, 1922)
Berço compressível	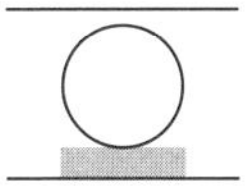	(Spangler, 1951; Liedberg, 1994)
Tiras matálicas	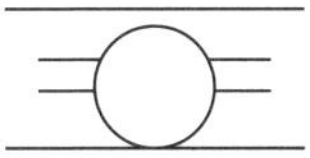	(Kennedy e Laba, 1989)
Geossintético	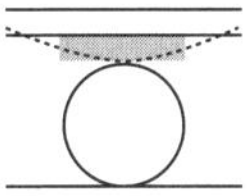	(Das e Khing, 1994; Viana e Bueno, 1998)
Pneusolo	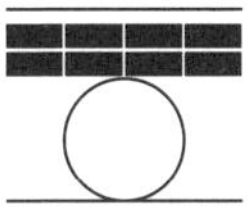	(Long, 1996)
Placa de concreto	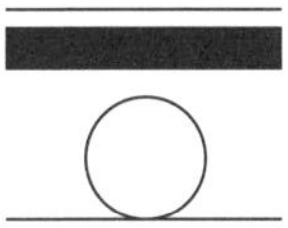	(Fre-composites, 1999)
Geovala	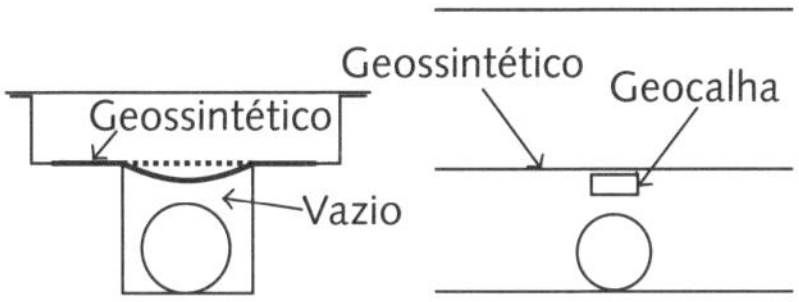 Geossintético Geocalha Geossintético Vazio	(Viana e Bueno, 2003)

FIG. 7.1 *Esquemas dos métodos de redução de tensões verticais sobre dutos*
Fonte: modificado de Viana (1998).

danoso aos dutos implantados em sistemas com juntas acopladas, como o de ponta e bolsa, por exemplo. Por outro lado, os recalques extras promovidos pela trincheira induzida ou pela geovala advêm da massa de solo sobre o duto, e não necessariamente da camada na qual repousa, não causando, portanto, recalques diferenciais.

7.1 TRINCHEIRA INDUZIDA

O método da trincheira induzida ou da falsa trincheira (Fig. 7.2) foi proposto por Marston em 1922 e é geralmente empregado em dutos sob aterro (saliente positivo) quando se deseja induzir recalques adicionais ao prisma interno de modo a se obter uma razão de recalques positiva, ou seja, um arqueamento positivo. De modo geral, o método consiste na instalação de uma camada de material compressível, pouco espessa, acima do plano crítico. Essa camada é um elemento indutor de recalques e possui a largura do prisma interno, podendo atingir também parte dos prismas externos. Embora tenha sido desenvolvida para as instalações salientes positivas, a técnica pode ser estendida a outros tipos de instalação.

Em dutos com saliência positiva, os recalques da camada compressível somam-se aos recalques do prisma interno, o que causa uma atenuação ou até mesmo uma reversão da tendência de transferência de cargas dos prismas externos para o duto. A expressão da razão de recalques (ver Cap. 4) torna-se, portanto:

$$r_{sd} = \frac{(\Delta H_1 + \Delta H_2) - (\Delta H_3 + \Delta d + \Delta H_4)}{\Delta H_1} \quad [7.1]$$

em que: ΔH_1 = recalque do plano crítico, no prisma externo, em razão da compressão da camada de espessura βB_c (ver Fig. 4.3); ΔH_2 = recalque do solo de fundação no prisma externo; ΔH_3 = recalque do solo de fundação no centro do duto; Δd = deflexão vertical do duto; ΔH_4 = recalque do plano crítico, no prisma interno, em razão da compressão da camada de material compressível que compõe a trincheira induzida.

O sucesso da instalação em trincheira induzida depende da magnitude do recalque ΔH_4 em relação às demais parcelas da Eq. 7.1. O tipo de material de preenchimento, a posição e as dimensões da camada indutora afetam esse recalque e são os fatores determinantes da intensidade das tensões verticais que atingem o topo do duto.

Em princípio, a trincheira induzida pode ser preenchida por materiais de diferentes tipos, desde que o material selecionado seja depositado de forma que possa se comprimir sob o carregamento aplicado e, de preferência, que não se deteriore com o tempo. Solos depositados com baixo grau de compactação, material vegetal (como palha, capim e feno), geoexpandidos (material geossintético muito leve, como o poliestireno expandido – EPS) e geocompostos compressíveis são exemplos de materiais utilizados na confecção da camada indutora.

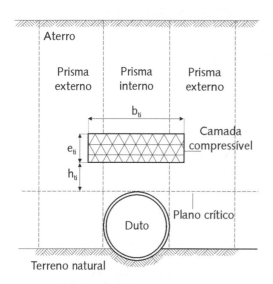

Fig. 7.2 *Instalação de duto com trincheira induzida*

Os materiais vegetais geralmente apresentam o inconveniente de se degradarem com o tempo, o que seguramente modifica as cargas atuantes. Uma exceção à regra é a palha de arroz, empregada por Melotti (2002) em seus experimentos. Apesar de ser um material vegetal, ela é altamente resistente aos processos de degradação por ser muito rica em sílica. Por conta dos inconvenientes dos materiais vegetais, solos depositados com grau de compactação baixo e materiais geossintéticos são alternativas mais recomendáveis.

Ainda não há um processo analítico ou empírico consagrado para o dimensionamento da falsa trincheira, entendendo-se como dimensionamento a seleção da largura e da espessura e o posicionamento acima do duto. A seleção tem sido feita por tentativas. Os relatos de observações de laboratório e de campo, baseados em resultados de instrumentação e de análises numéricas (especialmente o método dos elementos finitos – MEF), podem orientar o projetista.

O MEF, nesse aspecto, tem se tornado uma ferramenta muito útil para auxiliar no dimensionamento da falsa trincheira, pois permite a visualização dos campos de tensão e de deformações decorrentes da interação dos vários elementos do sistema. Assim, torna-se possível, depois de uma análise paramétrica com o MEF, escolher a posição relativa ao plano crítico, a largura e a espessura da camada compressível. O Quadro 7.1 resume alguns dos principais trabalhos publicados na literatura; os mais relevantes são apresentados a seguir.

Sladen e Oswell (1988) relatam o uso da trincheira induzida em dutos rígidos de concreto instalados em saliência positiva. O trabalho foi realizado na cidade de Sandstone, no Canadá. Dois tipos de material de preenchimento foram empregados: palha e poliestireno. A palha foi usada em locais tolerantes à subsidência esperada pela degradação do material vegetal, e o poliestireno foi utilizado em locais menos tolerantes a recalques de longo prazo, como o leito de rodovias, por exemplo. A Tab. 7.1 resume as características dos ensaios realizados. A camada compressível era posicionada sobre o plano crítico e construída com largura (b_{ti}) 40% a 60% maior que a do prisma interno. A espessura da camada compressível (e_{ti}) era igual a aproximadamente 50% do diâmetro do duto. Nessas condições, foram observadas reduções nas tensões verticais de 60% a 80% da tensão inicial registrada.

Outro trabalho que merece destaque é o de Vaslestad, Johansen e Holm (1993), que utilizaram uma trincheira induzida de blocos de EPS construída sobre dutos rígidos de concreto com seções circular e retangular. As Figs. 7.3 e 7.4 ilustram as principais características geométricas das configurações ensaiadas com dutos circulares e retangulares, respectivamente. A trincheira induzida tinha

QUADRO 7.1 Principais trabalhos sobre trincheira induzida

Autor	Descrição	Material da trincheira induzida	Resultado obtido
Larsen (1962)	Ensaios em dutos de concreto com 1,9 m de diâmetro	Palha	Possibilidade de aumentar o recobrimento de solo em 70%
Scheer e Willett (1969)	Ensaios em dutos de concreto com 5,6 m de diâmetro	Palha	Redução de 50% nas tensões no duto
Deen (1969)	Ensaios em dutos de concreto com 1,2 m de diâmetro	Não informado	O duto, sem a camada indutora, rompeu-se
Taylor e Spangler (1973)	Ensaios em dutos de concreto com 1,2 m de diâmetro e 9 m de recobrimento	Não informado	Redução de 50% nas tensões no duto
Bacher e Kirkland (1985)	Ensaios em dutos de concreto com seções em arco e retangulares	EPS	Redução drástica das tensões no duto
Sladen e Oslwell (1988)	Ensaios em dutos de concreto com diâmetros de 2,1 m e 2,5 m	Palha e EPS	Redução de 60% a 80% nas tensões no duto
Vaslestad, Johansen e Holm (1993)	Ensaios em dutos de concreto com seção circular ($D = 1,4$ m e $1,6$ m) e retangular (2 m x $2,55$ m)	EPS	Redução de 52% a 78% nas tensões no duto
Machado, Bueno e Vilar (1996)	Simulações numéricas com o MEF em dutos de concreto com 2 m de diâmetro	Material compressível	Redução de até 48% nas tensões no duto
Viana e Bueno (1998)	Ensaios com geotêxtil sobre uma base móvel capaz de induzir o arqueamento ativo no maciço	Areia fofa com $D_r = 40\%$	Redução da ordem de 60% nas tensões medidas
Melloti (2002)	Ensaios com variação das dimensões e da posição da camada indutora	Palha de arroz	Redução de 44% a 58% nas tensões medidas
Plácido (2006)	Ensaios com variação das dimensões e da posição da camada indutora; simulações numéricas	Geocomposto drenante	Redução de até 85% nas tensões medidas

TAB. 7.1 Resumo das principais características dos experimentos de Sladen e Oswell (1988)

Diâmetro do duto (D) (m)	Material de preenchimento	Dimensões da camada indutora Espessura (e_{ci}) (m)	Largura (b_{ci}) (m)	b_{ci}/D	Redução das tensões calculadas (%)
2,1	Palha	1,2	3	1,4	
2,5	Poliestireno	1	4	1,6	60 a 80
	Palha	1,2	4	1,6	

espessura de 0,5 m, largura de 2 m ou 3 m e era posicionada 200 mm ou 500 mm acima do plano crítico. Em um dos modelos com duto circular, a trincheira induzida foi construída com largura maior que a do prisma central. Nos modelos com duto de seção retangular, a trincheira foi executada com a mesma largura do duto, e um deles foi construído sem a falsa trincheira para servir de referência. As tensões totais nos modelos foram medidas por meio de células instaladas nas proximidades do duto e da trincheira induzida. A Tab. 7.2 resume as configurações adotadas nos experimentos.

Os resultados mostraram que a trincheira induzida permitiu uma redução das tensões verticais entre 52% e 78% em relação às tensões esperadas sem a trincheira. Além disso, os autores observaram que o único caso sem a falsa trincheira apresentou um acréscimo de tensões de 25% sobre a estrutura.

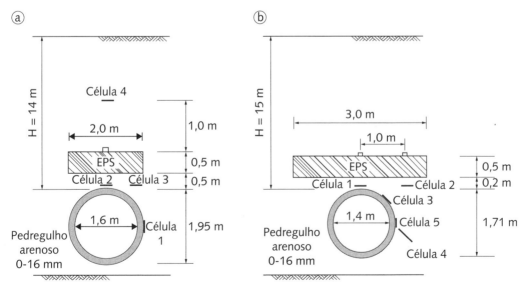

FIG. 7.3 Esquema dos modelos de Vaslestad, Johansen e Holm (1993) para dutos de seção circular com trincheira indutora de (a) 2 m de largura e (b) 3 m de largura

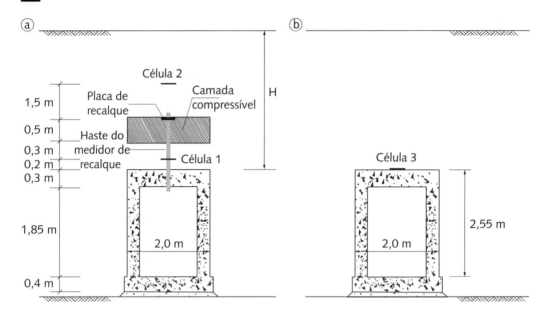

FIG. 7.4 *Esquema dos modelos de Vaslestad, Johansen e Holm (1993) para dutos de seção retangular (a) com trincheira indutora e (b) sem trincheira indutora*

A maior redução de tensões observada ocorreu no ensaio com a trincheira de 3 m de largura, o que sugere que esse elemento deveria ser projetado com largura maior que a do duto. No entanto, deve-se observar que, nesse ensaio específico, a trincheira foi posicionada a 200 mm do plano crítico, ao passo que, nos demais, a distância foi de 500 mm, o que dificulta comparações. De modo geral, as configurações testadas parecem sugerir que o posicionamento do elemento compressível tem maior influência do que a sua largura.

Em uma tentativa de esclarecer a questão da influência da geometria e da posição da camada indutora, Machado, Bueno e Vilar (1996) realizaram um estudo paramétrico do desempenho desse sistema construtivo utilizando o MEF.

TAB. 7.2 Resumo das principais características dos experimentos de Vaslestad, Johansen e Holm (1993)

Geometria do duto	Diâmetro ou largura do duto (D) (m)	Dimensões da trincheira induzida			b_{ti}/D
		Espessura (e_{ti}) (m)	Largura (b_{ti}) (m)	Altura (h_{ti}) (m)	
Circular	1,6	0,5	2	0,5	1,25
	1,4	0,5	3	0,2	2,14
Retangular	2	0,5	2	0,5	1
	2	Saliência positiva, sem trincheira induzida			

Nas simulações numéricas, foram considerados dutos de concreto com seções circular e quadrada com diâmetro ou lado de 2 m. A Fig. 7.5 mostra a geometria do problema estudado para o duto de seção circular. O modelo constitutivo empregado para o solo de aterro foi o hiperbólico (Duncan; Chang, 1970), cujos valores adotados para os parâmetros são apresentados na Tab. 7.3. Assumiu-se, para o duto de concreto e o material compressível da trincheira induzida, o comportamento elástico-linear, cujos parâmetros são apresentados na Tab. 7.4.

TAB. 7.3 Parâmetros do modelo hiperbólico nas simulações de Machado, Bueno e Vilar (1996)

c' (kPa)	ϕ' (°)	E (MPa)	v	K	n	K_{ur}	R_f
40	28	130	0,3	500 e 1.300	0,5	1.000	0,95

* c' = coesão efetiva; ϕ' = ângulo de atrito interno; E = módulo de deformabilidade; v = coeficiente de Poisson; K = número do módulo tangente inicial; n = expoente do módulo tangente inicial; K_{ur} = número do módulo de descarregamento-recarregamento; R_f = razão de ruptura.

TAB. 7.4 Parâmetros elásticos e pesos específicos dos materiais empregados nas simulações de Machado, Bueno e Vilar (1996)

Material	E (MPa)	v	γ (kN/m^3)
Concreto	22.000	0,20	25
Trincheira induzida	0,5	0,35	0,5

As análises sobre a influência da posição da camada indutora (ou falsa trincheira) foram efetuadas considerando-se uma razão entre a altura de cobertura de solo e a espessura do duto (H/t) igual a 3,5, e uma razão entre a espessura do duto e seu diâmetro (t/D) igual a 0,1. Dois pontos do perímetro do duto foram selecionados como referências para a avaliação da variação das tensões (pontos A e B na Fig. 7.5).

Os autores verificaram que, sob o ponto de vista único de redução de tensões, a eficiência da camada indutora cresce com a redução de sua distância vertical ao topo do duto (h_{ti}). Além disso, perceberam também que a eficiência da camada indutora é menor nos dutos de seção quadrada, em comparação com os dutos de seção circular.

Quanto à influência da espessura da camada indutora (e_{ti}), verificou-se que, para dutos de seção circular, a redução das tensões é duplicada sobre o topo do duto (ponto A) e permanece praticamente inalterada na linha d'água (ponto B) ao

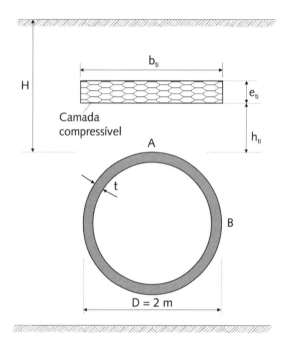

FIG. 7.5 *Geometria adotada nas análises de Machado, Bueno e Vilar (1996)*

se triplicar a espessura da camada indutora. O efeito é muito menos pronunciado em dutos de seção quadrada, em que, ao se triplicar a espessura da camada indutora, o aumento na redução de tensões sobre o topo do duto é inferior a 20%. Por sua vez, as tensões na linha d'água permaneceram praticamente inalteradas.

Os autores investigaram também a influência da largura da camada indutora sobre a redução de tensões (b_{ti}). Foi observado, por exemplo, que o efeito é mais evidente no topo do duto (ponto A) do que na linha d'água (ponto B), independentemente da seção transversal adotada (circular ou quadrada). Para a seção circular, foram obtidas, ao duplicar-se a largura da camada indutora, reduções de tensão aproximadamente 40% maiores no topo do duto e cerca de 25% maiores na linha d'água.

Em projeto, a cota da trincheira induzida no maciço deve ser adequadamente selecionada, levando-se em conta dois aspectos. Primeiramente, deve situar-se abaixo do plano de igual recalque (PIR), para que possa contribuir com o aumento do arqueamento positivo. Por outro lado, em algumas situações específicas, o alívio proporcionado pela trincheira indutora deve ser limitado, para que não haja um mau desempenho do sistema por falta de confinamento nas adjacências do duto. Melotti (2003), por exemplo, alerta que dutos com uniões elásticas ou do tipo ponta e bolsa exigem maior atrito com o solo da envoltória para permanecerem alinhados quando sujeitos a esforços dinâmicos, sob pena de ocorrer abertura das juntas.

Plácido (2006) elaborou um estudo experimental com o objetivo de avaliar em maior profundidade a influência dos parâmetros geométricos da trincheira induzida na redução das tensões. Seu modelo experimental não empregou nenhum duto específico, mas uma base rígida móvel horizontal, com 300 mm de comprimento, instalada no fundo de uma caixa de testes preenchida com areia pura com densidade relativa (D_r) de 75%. Ao deslocar-se para baixo, a base mobilizava o arqueamento ativo na massa de solo acima. Os modelos contaram com células de tensão total de interface posicionadas dentro e fora da base móvel, de modo a tornar possíveis medições nos prismas interno e externos. Na superfície dos modelos eram aplicadas, por meio de uma bolsa pressurizada, sobrecargas de até 150 kPa. No solo de cobertura foram instalados elementos compressíveis preparados a partir do geocomposto drenante fabricado pela Maccaferri América Latina, que é denominado comercialmente MacDrain 2S e possui um núcleo central compressível envolto, em ambas as faces, por dois geotêxteis não tecidos.

Por tratar-se de um núcleo polimérico, houve a preocupação de medir a sua fluência em compressão para três níveis de carregamento: 20 kPa, 100 kPa e 200 kPa. A Fig. 7.6 mostra a variação, ao longo do tempo, da espessura do geocomposto sob os carregamentos supracitados. As deformações imediatas formam a parcela mais importante da compressão do material. Para as tensões de 20 kPa e 100 kPa, as deformações estabilizaram-se em poucas horas, e para a tensão de 200 kPa, em cerca de três dias. O comportamento registrado sugere que a fluência em compressão não seria um fator de preocupação para esse tipo de material.

A verificação da eficiência do geocomposto na redução das tensões foi realizada em etapas, fixando-se a altura do geocomposto em relação ao fundo da caixa de testes (h_{ti}) e variando-se a sua largura (b_{ti}). A Fig. 7.7 mostra, por exemplo,

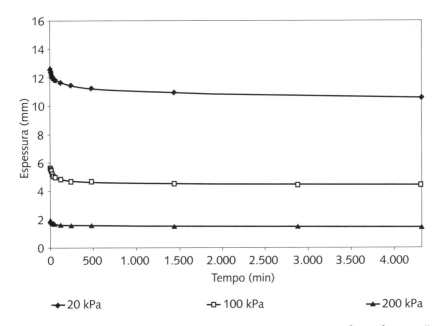

FIG. 7.6 *Curvas de fluência em compressão para um geocomposto submetido a tensões de 20 kPa, 100 kPa e 200 kPa*
Fonte: Plácido (2006).

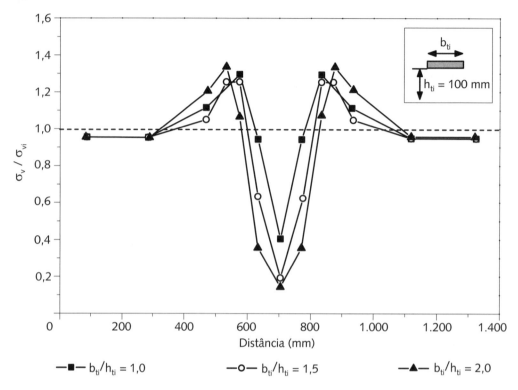

FIG. 7.7 *Distribuição de tensões verticais em modelos de instalação de trincheira induzida com geocompostos*
Fonte: Plácido (2006).

resultados de ensaios realizados com $h_{ti} = 100$ mm e $b_{ti} = 100$ mm, 150 mm e 200 mm, que correspondem a razões b_{ti}/h_{ti} iguais a 1, 1,5 e 2. Todos os ensaios foram submetidos a uma sobrecarga superficial de 150 kPa. A Fig. 7.7 mostra a distribuição da tensão vertical (σ_v) medida ao longo da base da caixa de testes após o deslocamento da base móvel. Essa distribuição é normalizada pela tensão vertical teórica que deveria chegar à base da caixa sem a presença do geocomposto (σ_{vi}). Embora tenha havido uma pequena diferença entre os resultados obtidos com os elementos com $b_{ti}/h_{ti} = 1,5$ e 2,0, o melhor desempenho do sistema foi obtido para o geocomposto mais largo ($b_{ti}/h_{ti} = 2$). A Tab. 7.5 apresenta um resumo dos resultados encontrados.

Outro fator importante a ser analisado é a largura beneficiada (b_b), ou seja, a abrangência horizontal da redução das tensões no maciço além da largura da estrutura (Fig. 7.8). A Fig. 7.9 mostra o comportamento da largura beneficiada (normalizada pela largura do geocomposto, b_b/b_{ti}) com a razão geométrica b_{ti}/h_{ti}. Os dados apresentados foram obtidos a partir dos modelos físicos e de

TAB. 7.5 Resumo dos resultados dos modelos de Plácido (2006)

Ensaio	b_{ti}/h_{ti}	Máxima redução da tensão vertical na base do prisma interno, após deslocamento final da base móvel (%)	Máximo aumento da tensão vertical na região dos prismas externos, após deslocamento final da base móvel (%)
1	1	60	29
2	1,5	81	26
3	2	85	33

análises numéricas com a utilização do MEF, produzidos pelo autor. É possível perceber que a largura beneficiada é maior para instalações com razões geométricas menores. A largura beneficiada normalizada sofre uma acentuada redução com o aumento da razão geométrica, de até aproximadamente $b_{ti}/h_{ti} = 1$. A partir desse ponto, o decréscimo da largura beneficiada normalizada torna-se muito mais suave e tende a estabilizar-se em um valor próximo à unidade, para razões geométricas superiores a 2.

A Fig. 7.10 mostra a variação da redução da tensão com razão geométrica b_{ti}/h_{ti} para tensões aplicadas na superfície da caixa de testes (sobrecargas) entre

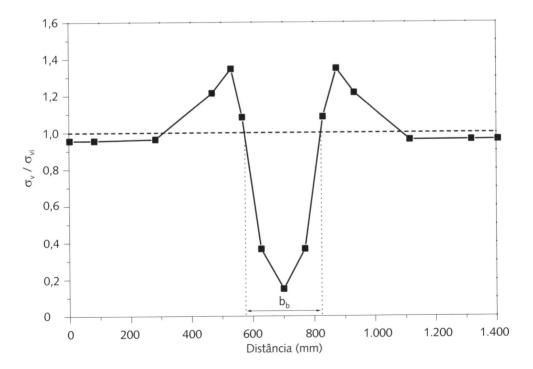

FIG. 7.8 *Conceito de largura beneficiada (b_b)*
Fonte: Plácido (2006).

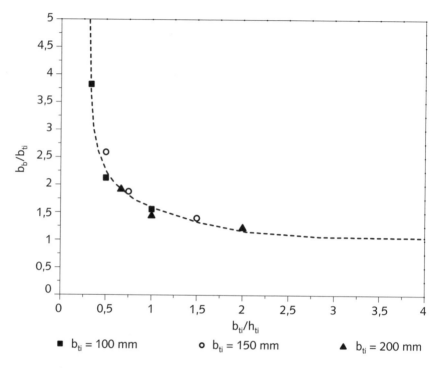

Fig. 7.9 *Relação entre a largura beneficiada normalizada e a razão geométrica da instalação (b_{ti}/h_{ti})*
Fonte: Plácido (2006).

30 kPa e 150 kPa. Os resultados mostram haver uma razão geométrica b_{ti}/h_{ti} ótima, acima da qual não mais se observa o benefício da redução de tensões sobre a estrutura, e sugerem que esse valor ótimo corresponde a aproximadamente $b_{ti}/h_{ti} = 2{,}5$.

7.2 Berço compressível

A técnica do berço compressível consiste no assentamento do duto sobre uma camada de material que possa se comprimir sob efeito das cargas oriundas do peso próprio do duto e do solo de cobertura, além de eventuais sobrecargas (ver Fig. 7.1).

De modo geral, essa técnica só é interessante quando o material de fundação é muito rígido – como uma rocha, por exemplo – ou quando é possível dispor de trechos longos sem saliências ou depressões, de tal forma que não haja deformações longitudinais da linha. Nessas condições, podem ser obtidas reduções de tensões da mesma ordem de grandeza das alcançadas pela falsa trincheira. Não obstante, deve-se atentar para o problema de recalques diferenciais com o berço compressível, como abordado no começo deste capítulo. Em princípio, os mesmos

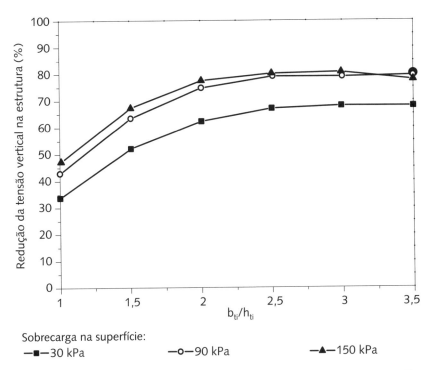

Fig. 7.10 *Comportamento da redução da tensão vertical na estrutura com a razão geométrica da instalação (b_{ti}/h_{ti})*
Fonte: Plácido (2006).

materiais utilizados na confecção da falsa trincheira podem ser utilizados para construir o berço compressível.

7.3 Uso de geossintéticos

O uso de geossintéticos para reduzir os esforços sobre dutos enterrados é uma proposta muito recente, sem precedentes de ordem prática no Brasil. No entanto, por sua potencialidade e porque já se dispõe de metodologia de dimensionamento, os conceitos fundamentais desse método serão expostos nesta seção.

A Fig. 7.11 mostra um esquema do problema que é objeto de estudo. Uma manta de geossintético é disposta horizontalmente no interior do solo, acima de um duto em saliência positiva. O comprimento do geossintético é tal que ele adentra a região dos prismas externos, para garantir uma ancoragem no solo lateral. Assume-se que o geossintético esteja esticado, sem dobras ou ondulações. Admite-se também que, sob efeito dos movimentos relativos que fatalmente ocorrem no sistema, ele seja livre para se deformar, de modo a sustentar parte das cargas verticais atuantes em sua superfície. Quando ancorado, ele comporta-se como uma membrana fixa nas bordas e carregada em sua parte central.

A utilização de geossintéticos para minimizar os esforços sobre a tubulação pressupõe que o prisma interno recalca mais do que os prismas externos. Esses recalques, como já mencionado, são sempre referidos ao plano crítico (Fig. 7.11). Ocorre então um arqueamento positivo sobre o duto, ou seja, as tensões verticais são transferidas do prisma interno para os prismas externos. Isso significa que o geossintético irá se deformar prioritariamente na zona central, sobre o duto.

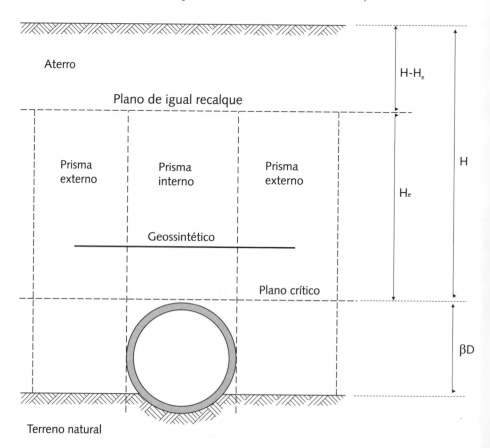

FIG. 7.11 *Uso de geossintético para reduzir as tensões verticais sobre os dutos enterrados*

Viana e Bueno (1998) investigaram o uso de um geotêxtil sobre uma camada de areia fofa ($D_r = 40\%$) disposta sobre o topo de um tubo rígido. Os resultados dos ensaios permitiram concluir que o geotêxtil é um material muito eficiente para reduzir as tensões sobre dutos. Esse trabalho pioneiro contribuiu para a criação de uma técnica construtiva de dutos bastante eficaz, denominada *Geovala*.

A Fig. 7.12 mostra duas formas possíveis de construção de dutos salientes segundo o sistema Geovala (Viana, 2003). A primeira forma (Fig. 7.12a) diz respeito ao caso em que o duto se situa em saliência negativa, ou seja, está no interior de uma vala estreita recoberta por um geossintético. Sobre o duto, executa-se o aterro compactado.

O segundo caso (Fig. 7.12b) refere-se à condição de duto em saliência positiva, onde pode ser incluída uma camada de material compressível entre o duto e o geossintético. Essa camada constitui uma falsa trincheira, e tem o propósito de garantir um maior recalque do prisma interno de solo em relação aos prismas externos e, portanto, assegurar a ocorrência do arqueamento positivo no sistema e a deformação do geossintético.

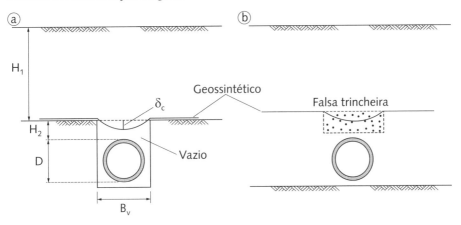

Fig. 7.12 *Instalação de dutos com o uso de geossintético em (a) saliência negativa e (b) saliência positiva*

Se as zonas laterais de ancoragem dos prismas externos forem admitidas como indeformáveis, o geossintético deformado assume a forma de uma parábola, cujo deslocamento vertical (δ_c) pode ser expresso em função da distância horizontal do ponto em questão ao ponto indeslocável mais interno da parede da vala (x):

$$\delta_c = a + cx^2 \qquad [7.2]$$

Arbitrando-se os valores de x, é possível determinar os valores de δ_c correspondentes e, assim, desenhar a parábola.

A posição, as dimensões e o material de preenchimento da falsa trincheira são fatores importantes para a definição das tensões verticais que atingem o topo do duto.

Uma forma mais eficiente, prática e criativa de induzir um comportamento de falsa trincheira consiste em utilizar um elemento pré-fabricado na forma de

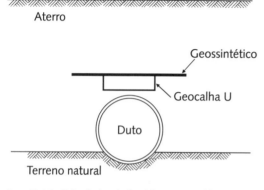

FIG. 7.13 *Trincheira induzida construída com uma geocalha*

U, denominado *geocalha U*, sobre o qual se lança o geossintético (Fig. 7.13). A trincheira induzida assim formada deve ser adequadamente posicionada sobre o duto para transferir as tensões para as laterais. A geocalha também pode ser fabricada a partir de duas linhas paralelas de sacos de ráfia, que são preenchidas com solo do próprio local de instalação e que, após serem enfileiradas ao longo do eixo longitudinal do duto, são recobertas com o geossintético. Para que a largura de ancoragem seja reduzida, o geossintético pode ser fixado nas próprias linhas ou em elementos colocados em suas laterais.

O sistema Geovala também inclui o caso de dutos implantados em vala. Para tanto, é necessário escavar inicialmente uma vala superior rasa e larga e, em seguida, uma vala inferior mais estreita (subvala), onde é implantado o duto. Este, por sua vez, é recoberto pelo geossintético, que deve se estender por toda a largura da vala superior para garantir uma ancoragem adequada. Em seguida, um aterro compactado é lançado até atingir a superfície do terreno. A Fig. 7.14 esquematiza a geovala em instalações de dutos em vala. Ao executar-se o aterro sobre o geossintético, é recomendado não compactar a primeira camada na região que cobre a vala estreita, mas apenas as partes sobre o solo lateral. A partir da segunda camada, o aterro pode ser feito em toda a extensão da vala larga superior.

A geovala sempre induz arqueamento positivo, ou seja, a transferência de tensões ocorre para os prismas externos, fruto do maior deslocamento do

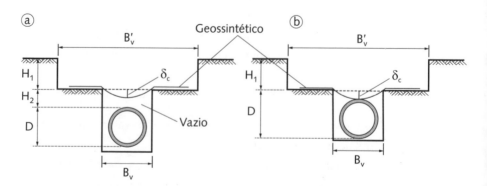

FIG. 7.14 *Dutos em vala com geossintético no topo: (a) o geossintético deformado não toca o duto; (b) o geossintético deformado apoia-se no solo sobre o duto ou toca o seu topo*

plano crítico na região do prisma interno. Duas situações particulares podem ocorrer com relação à deformação do geossintético. O primeiro caso (Fig. 7.14a) refere-se à situação em que a deflexão vertical central do geossintético (δ_c), deformado sob a ação das cargas do aterro, é inferior à altura da subvala (H_2), que corresponde ao espaço entre o topo do duto e a superfície do terreno natural. Nessa condição, o geossintético não toca o topo do duto ao deformar-se. Essa situação pode ser classificada como a de um geossintético reforçando um vazio. Sem um apoio no interior da vala, nenhuma carga chega ao duto. O sistema construtivo gera, na realidade, um túnel em solo que, se bem dimensionado e com paredes estáveis, pode abrigar qualquer tipo de estrutura em seu interior, inclusive tubos muito flexíveis, como os do tipo mangueira, que murcham quando vazios. Um tipo comum de tubo mangueira que tem sido utilizado à superfície do terreno é fabricado a partir de uma tira de geomembrana soldada nas laterais.

No segundo caso (Fig. 7.14b), o geossintético apoia-se no solo sobre o duto ou diretamente sobre o seu topo. Conhecendo as características geométricas da instalação e o peso específico do solo do aterro, é possível calcular a tensão que chega ao topo do duto.

Ao deformar-se, o geossintético mobiliza uma força de tração T, por unidade de largura, que é expressa por (Giroud et al., 1990):

$$T = \sigma_{vb} \cdot B_v \cdot \Omega \qquad \textbf{[7.3]}$$

em que: B_v = largura da vala ou diâmetro externo do duto; Ω = fator adimensional, expresso como:

$$\Omega = \frac{1}{4}\left(\frac{2\,\delta_C}{B_v} + \frac{B_v}{2\,\delta_C}\right) \qquad \textbf{[7.4]}$$

O fator Ω é relacionado à deformação vertical do geossintético (ε) pelas seguintes expressões:

$$1 + \varepsilon = 2\Omega\,\mathrm{arcsen}\left(\frac{1}{2\Omega}\right) \qquad \text{para } \delta_c/B_v \leqslant 0{,}5 \qquad \textbf{[7.5]}$$

$$1 + \varepsilon = 2\Omega\left(\pi - \mathrm{arcsen}\,\frac{1}{2\Omega}\right) \qquad \text{para } \delta_c/B_v > 0{,}5 \qquad \textbf{[7.6]}$$

Admitindo-se uma deformação vertical máxima para o geossintético (em geral, entre 2% e 5%), definida uma deflexão central máxima δ_c e sabendo-se a dimensão B, pode-se calcular o parâmetro Ω. Alternativamente, estabelecendo-se a deformação do geossintético, é possível calcular Ω e, em seguida, determinar a deflexão central. Finalmente, com o valor de Ω, pode-se calcular a tensão de tração no geossintético (T).

A tensão vertical resultante sobre o duto (σ_v) pode ser obtida subtraindo-se da tensão vertical que chega à face superior do geossintético, resultante do efeito do arqueamento positivo, a tensão absorvida pelo geossintético em efeito membrana, σ_{vb}. A tensão σ_v que deverá ser utilizada para o dimensionamento do duto é dada pela seguinte equação (ver Eq. 4.23 e Fig. 4.5 para notação utilizada):

$$\sigma_v = \frac{B_v \left(\gamma - \frac{2c}{B_v} \right)}{2k_r \, \mathrm{tg}\, \phi} \left[1 - \exp\left(-k_r \, \mathrm{tg}\, \phi \, \frac{2H_e}{B_v} \right) \right] +$$
$$+ \left[q + (H - H_e) \right] \cdot \exp\left(-k_r \, \mathrm{tg}\, \phi \, \frac{2H_e}{B_v} \right) - \frac{T}{B_v \Omega}$$

[7.7]

É importante esclarecer que o sistema Geovala pode ser empregado em qualquer situação, independentemente do tipo de instalação ou de solo presente no local da obra. Em particular, é sempre possível empregar com vantagem o sistema Geovala com o uso da geocalha.

Uma preocupação que pode povoar de imediato a mente do leitor refere-se ao fato de que recalques induzidos em algum ponto de um maciço podem se propagar até a superfície do terreno. Isso seria indesejável, visto que pode causar desconforto se, por exemplo, houver uma rua ou rodovia sobre o local. Se a altura de cobertura for pequena, a bacia de recalques provavelmente irá se propagar até a superfície do terreno. Por outro lado, se a altura de cobertura de solo (do duto até a superfície) for superior a aproximadamente duas a três vezes o diâmetro do duto ou à largura da falsa trincheira, é pouco provável que esse efeito se manifeste até a superfície do terreno. Em geral, os efeitos dos movimentos relativos que ocorrem próximo do topo do duto dissipam-se no interior do solo, quando se tem alturas de cobertura espessas anulando-se no plano de igual recalque (Cap. 4). Esse é o limite superior acima do qual o solo funciona apenas como uma sobrecarga, não interferindo no fenômeno de transferência de tensões que ocorre por causa do arqueamento.

De modo a minimizar a influência de bacias de recalque na superfície, a norma britânica BS 8006 recomenda que, no caso de vazios, a deflexão δ_s a ser observada na superfície seja inferior a 1% e 2% de δ_c para, respectivamente, uma rodovia de primeira classe e uma via secundária (Fig. 7.15).

Uma expressão que inclui os parâmetros da Fig. 7.15 e que pode ser utilizada para a previsão da deformação máxima no reforço ($\varepsilon_{\mathrm{máx}}$) é a seguinte (BS 8006, 1995):

$$\varepsilon_{\mathrm{máx}} = \frac{8 \left(\frac{\delta_s}{\delta_c} \right)^2 \left(B_v + \frac{2H}{\mathrm{tg}\, \theta_d} \right)}{3 \, B_v^4}$$

[7.8]

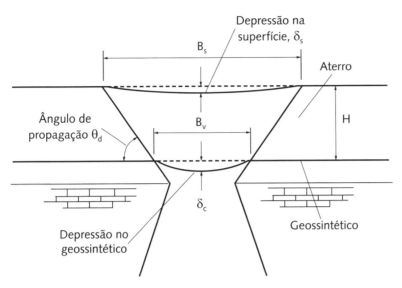

FIG. 7.15 *Propagação da bacia de recalques até a superfície do terreno*
Fonte: BS 8006 (1995).

Os termos da Eq. 7.8 são explicitados na Fig. 7.15. O ângulo de propagação θ_d pode ser admitido como igual ao ângulo de atrito de pico do solo de aterro.

8 ESPECIFICAÇÕES CONSTRUTIVAS

O sucesso da construção de uma dutovia enterrada pressupõe um projeto adequado e um planejamento cuidadoso das etapas da obra, de tal forma que os imprevistos esperados durante a construção possam ser minimizados. O plano da obra é descrito por meio das especificações construtivas, que devem conter todas as exigências do projetista, desde a fase inicial de planejamento da construção até os testes finais de aceitação do duto. Os principais aspectos referentes às especificações construtivas são abordados a seguir.

8.1 PLANEJAMENTO DA CONSTRUÇÃO

O planejamento da construção é uma etapa fundamental para que problemas geotécnicos adicionais, atrasos no cronograma e eventuais embargos da obra sejam evitados. Deve-se, inicialmente, proceder a uma análise criteriosa do projeto e de suas interferências ao meio físico no qual a obra será implantada, além do impacto que causará na vida das pessoas afetadas pela instalação. É na fase de planejamento da construção que detalhes executivos importantes prescritos pelo projetista, como a escolha dos equipamentos utilizados e a forma de condução e controle de cada atividade, são ajustados e aperfeiçoados. Uma boa sintonia entre projetista e executor facilita muito a execução da obra. É importante, na fase de planejamento, estar atento a todas as interferências ao andamento da obra, de modo que os imprevistos possam ser minimizados.

No caso dos dutos enterrados, é imprescindível conhecer todas as nuances do subsolo onde o duto será implantado, visto que se trata de uma obra geotécnica. Os aspectos topográficos do local devem ser avaliados com cautela, estabelecendo-se cuidadosamente as cotas-limite da instalação. É importante ter em mente que as tubulações devem vencer desníveis topográficos, seja de forma forçada, seja sob a ação da gravidade.

A instalação de dutos em zonas urbanas deve ser precedida da obtenção de licença de uso do subsolo nas agências reguladoras que tenham jurisdição sobre ruas, avenidas, praças e demais logradouros públicos, além dos responsáveis por propriedades privadas. Em geral, esses locais possuem serviços essenciais em operação, como redes de abastecimento de água e gás, coleta de esgoto, telefonia, TV a cabo e energia elétrica. A interrupção temporária desses serviços, juntamente com o bloqueio de vias públicas de transporte, deve ser planejada com antecedência junto aos órgãos responsáveis.

A escavação de valas deve ser feita de forma conveniente e segura. Para tanto, devem-se dispor de projetos que minimizem o impacto sobre os serviços preexistentes e que sejam respaldados no conhecimento prévio do subsolo local. Sondagens de simples reconhecimento e, quando o caso exigir, ensaios laboratoriais devem compor a prospecção do subsolo. Qualquer negligência em relação ao conhecimento do subsolo pode ter reflexos na segurança da obra, com risco de acidentes e danos não somente à própria obra como também a estruturas vizinhas.

Bota-foras oriundos da remoção de pavimentos e calçadas para a escavação de valas devem ter destinos previamente estabelecidos. Atualmente, com as questões ambientais conquistando cada vez mais a importância que merecem, as áreas de bota-fora devem ser restritas a locais seguros no que se refere à contaminação do meio ambiente. Aspectos como o transporte e o reaproveitamento do solo escavado para reaterro devem ser criteriosamente avaliados e incentivados na fase de planejamento.

A instalação do duto é uma fase da obra que também necessita de planejamento adequado. Principalmente quando a obra envolve dutos de grande diâmetro ou ocorre em tramos muito longos, deve-se prever o uso de equipamentos especiais para estocagem no canteiro de obras, no descarregamento e na movimentação dentro da vala. Como mencionado anteriormente, em centros urbanos isso pode requerer ações particulares extras, como a interdição do tráfego local e a supressão temporária de serviços básicos.

A necessidade de serviços de rebaixamento do nível d'água, tratamento da fundação e escoramento das paredes da vala deve ser avaliada e planejada cuidadosamente, em virtude do custo e do tempo adicionais que representam à obra.

8.2 SERVIÇOS PRELIMINARES

Uma obra de dutovia enterrada é iniciada com o preparo do terreno. Essa etapa varia de caso a caso, e pode compreender atividades como limpeza do terreno (podendo envolver desmatamento e destocamento), remoção de pavimentos, regularização de greides e execução de cercas ou tapumes para impedir acessos indevidos à área. Em síntese, o local deverá estar preparado para o início das atividades quando todos os obstáculos para a execução da obra tiverem sido removidos com segurança.

A instalação do canteiro de obras envolve a execução de uma infraestrutura física capaz de abrigar todas as atividades de gerenciamento da construção, incluindo o recebimento e a estocagem dos dutos, do maquinário utilizado e dos meios de controle de qualidade da instalação, entre outros.

8.3 Compra, recebimento e estocagem dos tubos

A compra dos tubos deve basear-se em informações obtidas de resultados de testes mecânicos e de estanqueidade fornecidos por laboratórios idôneos. Além disso, aspectos de compatibilidade do tubo com o meio físico também devem ser considerados. Por exemplo, ambientes agressivos podem requerer tubos feitos com material resistente à corrosão ou que não sofram degradação em contato com os fluidos transportados.

Os tubos devem ser recebidos por pessoal qualificado, capaz de identificar cada elemento adquirido, relacionando o tipo de material, o diâmetro nominal e a espessura da parede. Os funcionários responsáveis por essa atividade também devem ser capazes de detectar defeitos de fabricação ou oriundos do transporte, como trincas, quebras localizadas nas extremidades e mudanças na forma geométrica, como empenos e ovalizações.

O manuseio dos tubos deve ser feito com cuidado. Para serem descarregados, os de maior diâmetro e de paredes mais espessas podem exigir equipamentos específicos, como guindastes. Deve-se atentar para que o tubo não sofra deflexões excessivas durante o erguimento.

No canteiro de obras, os tubos devem ser armazenados em locais seguros, devendo ser removidos apenas quando forem utilizados. Se, por restrição de espaço, o empilhamento em diversos níveis for necessário, deve-se obedecer ao número máximo especificado de unidades empilháveis. Evitam-se, assim, deformações permanentes da seção transversal dos tubos flexíveis. Adicionalmente, alturas de empilhamento exageradas devem ser evitadas, principalmente quando não se dispõem de equipamentos de manuseio adequados para levar o tubo da pilha ao local de instalação. Em geral, pilhas com altura superior a 2 m não são recomendadas.

Os tubos com encaixes do tipo ponta e bolsa devem ser apoiados preferencialmente em suportes de madeira, a fim de impedir a concentração de esforços na região da bolsa. O empilhamento desses tubos deve ser feito em camadas com orientações de ponta e bolsa alternadas, de modo a manter a pilha nivelada e impedir a concentração de tensões nas bolsas.

8.4 Testes de especificação e recebimento

O controle de qualidade do material recebido deve ser verificado por meio de amostragem e testes em um determinado número de corpos de prova por lote, de modo a atender às especificações de projeto. Os corpos de prova selecionados devem passar por uma série de verificações. Para dutos de concreto, por exemplo, os testes realizados são: inspeção visual e dimensional, compressão, permeabilidade e estanqueidade de junta e absorção (NBR 8890).

Em relação aos ensaios de compressão, a resistência nominal de dutos rígidos de concreto, simples ou armado, é medida em laboratório por meio do ensaio de três cutelos (Fig. 8.1). Nessa montagem, um segmento de tubo é disposto em uma prensa sobre dois suportes metálicos inferiores paralelos, com comprimento igual ao do segmento a ser ensaiado. Em seguida, uma carga crescente é aplicada ao longo da geratriz superior do tubo por meio de um suporte superior com geometria igual à dos dois inferiores. A carga é levada até que sejam observadas fissuras longitudinais no segmento ensaiado.

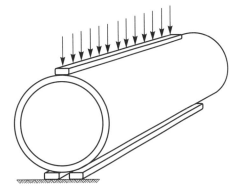

FIG. 8.1 *Esquema do ensaio de três cutelos*

A resistência estrutural do tubo está relacionada à carga necessária para provocar fissuras de 0,25 mm de abertura e 300 mm de comprimento mínimo (carga de fissura) ou à carga máxima medida (carga de ruptura). A carga de fissura corresponde ao limite último de fissuração, enquanto a carga de ruptura diz respeito ao estado limite último. Para um determinado diâmetro comercial, a NBR 8890 classifica o tubo de acordo com a carga de fissura ou a carga máxima atingida.

Mesmo que os devidos cuidados na confecção do berço em uma instalação não sejam tomados, as condições de apoio do duto geralmente são melhores na instalação do que no ensaio de três cutelos. Isso significa que a carga necessária para levar o duto à ruptura em campo geralmente é superior àquela obtida no ensaio. A relação entre a carga de ruptura em uma situação qualquer no campo e a carga de ruptura nominal determinada no ensaio de três cutelos é denominada *fator de berço* (F_c). O valor de F_c depende basicamente do ângulo de contato entre a base do duto e o material do berço, e geralmente é superior à unidade, como será abordado na seção 8.7. Para a determinação da capacidade de carga do duto, a carga nominal obtida no ensaio deve ser multiplicada por um valor de F_c correspondente ao tipo de instalação.

Dutos flexíveis são ensaiados em compressão diametral em uma montagem conhecida como ensaio de placas paralelas, como preconiza a NBR 9053. Nesse ensaio, um segmento de tubo é comprimido entre duas placas rígidas até que se atinja uma deflexão (ΔY) igual a, no mínimo, 5% do diâmetro do tubo (D). O resultado do ensaio é uma curva que correlaciona a carga aplicada (P) à deflexão sofrida pelo tubo (ΔY/D). A Fig. 8.2 mostra o resultado de um ensaio de placas paralelas em um tubo de PVC com diâmetro externo de 75 mm e espessura de parede de 2 mm. A classe de rigidez do tubo (CR), igual a $E_p I/D^3$, é determinada pela seguinte expressão (NBR 9053):

$$CR = \frac{E_p I}{D^3} = 0{,}0186 \cdot \frac{P/L}{\Delta Y} \qquad [8.1]$$

em que: E_p = módulo de elasticidade do material do tubo; I = momento de inércia da parede do tubo por unidade de comprimento; L = comprimento do tubo ensaiado.

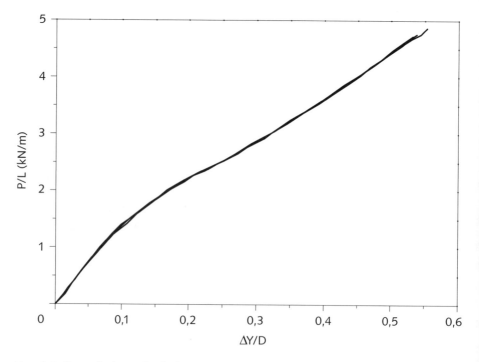

FIG. 8.2 *Exemplo de resultado de ensaio de placas paralelas em um tubo de PVC*

8.5 ESCAVAÇÃO DA VALA

A escavação da vala deve ser rigorosamente avaliada na etapa de elaboração das especificações construtivas. A sequência construtiva deve ser determinada de modo que os serviços de escavação sejam inteiramente ajustados ao cronograma da obra.

Se a escavação for total ou parcialmente mecanizada, os tipos de equipamento utilizado devem ser previamente selecionados levando-se em conta suas limitações técnicas e econômicas. Essa seleção deve levar em conta o tipo e o volume de material a ser escavado, a profundidade e a largura da escavação, a necessidade de escoramento das paredes, a forma de apoio do duto, o espaço disponível entre o duto instalado e as paredes, o tipo de escoramento e a sua retirada, entre outros aspectos.

A largura da vala deve ser determinada de modo a permitir os serviços de instalação do duto e a compactação do solo. O espaço entre o duto e as paredes da vala deve ser superior à largura dos equipamentos portáteis de compactação, como placas vibratórias e soquetes manuais ou mecânicos. Recomenda-se que a largura da vala seja maior ou igual ao diâmetro do duto acrescido de 400 mm ou, ainda, a 1,25 vezes o diâmetro do duto mais 300 mm, devendo ser adotado o maior dos dois valores.

O controle do greide e dos alinhamentos, na vala, deve ser feito de modo muito criterioso, principalmente em instalações que operam por gravidade. Os métodos de controle podem ser simples, desde que permitam atender às exigências estabelecidas nas especificações de projeto. A escavação da vala deve ultrapassar a profundidade do greide de projeto em, no mínimo, 100 mm, de modo a permitir a colocação de uma camada regularizadora com essa espessura, sobre a qual o duto repousará (berço). Em algumas situações, pode ser necessária a substituição parcial do solo de fundação por um material de melhor qualidade.

As valas que demandam escoramentos necessitam de atenção especial, devendo, inclusive, ser supervisionadas pelo engenheiro responsável em etapas críticas, como o início das atividades, a travessia dos solos em piores condições e a escavação em grandes profundidades. Geralmente, o escoramento é feito com pranchões metálicos ou de madeira dispostos de modo a impedir a fuga do material contido para dentro da vala. Os pranchões podem ser reaproveitados ou deixados no local após o reaterro da vala. Caso seja utilizado escoramento reaproveitável, deve-se se certificar que o aterro não será danificado durante a remoção. Os vazios deixados após a remoção devem ser preenchidos e adequadamente compactados.

Valas escavadas abaixo do nível d'água do terreno requerem operações de rebaixamento do lençol freático para que a estabilidade da escavação seja mantida. Essas atividades de rebaixamento também precisam ser adequadamente incorporadas ao planejamento da obra para não provocar atrasos e, eventualmente, problemas operacionais.

Para que o nível d'água seja rebaixado, deve-se utilizar um sistema de ponteiras dispostas ao longo do perímetro da vala e interligadas a bombas de sucção. Para que a vala permaneça estável, o nível d'água deve ser mantido abaixo da cota de escavação até que o material de aterro atinja uma altura igual ou superior ao nível freático original. Durante o rebaixamento do nível d'água, medidas preventivas devem ser adotadas, a fim de evitar o carreamento de finos e a criação de vazios no solo.

8.6 Execução da envoltória

8.6.1 Recomendações gerais

Denomina-se *envoltória* o material compactado adjacente ao duto, compreendendo o aterro inicial, a zona do reverso e o berço (ver Fig. 1.5). A sua correta execução é muito importante para o desempenho adequado da tubulação.

O material utilizado na compactação da envoltória deve ser isento de fragmentos grandes de rocha. Solos de alta plasticidade ou com alto teor de matéria orgânica também devem ser evitados. Além disso, deve-se evitar, na envoltória, o uso de materiais erodíveis que possam ser facilmente carreados por líquidos oriundos de falhas nas juntas, o que poderia ocasionar a abertura de vazios e colocar a estrutura em risco.

As camadas devem ser lançadas simultaneamente em ambos os lados do duto e possuir espessura não superior a 150 mm para permitir uma compactação adequada. Em hipótese nenhuma deve ser permitida a compactação em elevações diferentes nas laterais do duto. Em geral, o grau de compactação mínimo especificado para as camadas é de 85% em relação à energia normal de Proctor.

Em solos com maior fração de finos, a compactação da envoltória é feita com soquetes manuais ou pneumáticos. Em solos granulares, a compactação é mais eficiente se executada por equipamentos portáteis vibratórios. Recomenda-se cautela durante a atividade de compactação, visto que os equipamentos podem gerar esforços dinâmicos capazes de danificar ou desalinhar o duto instalado. Nunca devem ser permitidos golpes diretos na tubulação. Cuidados adicionais devem ser tomados com os dutos flexíveis para que seu formato e alinhamento não sejam modificados pelo excesso de compactação.

O controle da compactação do solo da envoltória deve ser feito após o término da compactação de cada camada. No caso de solos com finos, verifica-se, em campo, o grau de compactação e o desvio de umidade de cada camada lançada. Como explicado na seção 2.7, tendo-se os valores de laboratório do teor de umidade ótima e do peso específico seco máximo, é possível definir sobre a aceitação ou não dos serviços. No caso de solos arenosos, a compacidade relativa e o teor de umidade devem ser verificados *in situ*.

Algumas recomendações construtivas específicas para a execução de envoltórias de dutos rígidos e flexíveis são apresentadas a seguir. Para os dutos rígidos, são expostas as especificações tradicionais de Spangler, extensivamente utilizadas em nível mundial, cujo foco principal é o berço empregado. Por essa razão, elas são denominadas, neste texto, de *berços clássicos*. São também descritas as especificações construtivas da Ontario Concrete Pipe Association (OCPA, 2012), que têm recebido boa aceitação. As recomendações para dutos flexíveis são baseadas na norma ASTM D-2321 e nas especificações da National Corrugated Steel Pipe Association (NCSPA, 2008).

8.6.2 Recomendações construtivas para envoltórias de dutos rígidos

Berços clássicos

O berço é o elemento de apoio da tubulação e tem a função de proporcionar uma distribuição de tensões uniforme nas zonas inferiores do perímetro do duto, onde geralmente não se confere compactação adequada ao solo de aterro. Ele também serve para regularizar o local de apoio do duto, evitando superfícies irregulares e materiais pontiagudos ao longo do comprimento da instalação. Nos dutos rígidos, o berço deve fornecer um suporte que garanta condição de apoio uniforme e minimize os recalques diferenciais, evitando, assim, a abertura de juntas e o surgimento de trincas na parede. A distribuição da reação na base da tubulação é função do ajuste entre a estrutura e a metade inferior do solo de apoio.

Os berços clássicos para dutos rígidos são agrupados em quatro classes distintas: D, C, B e A, de acordo com os cuidados tomados na sua confecção (Spangler; Handy, 1982). Tem-se, como premissa básica, que o berço seja constituído de material de baixa compressibilidade, de modo a permitir um apoio uniforme ao duto. As classes mencionadas são descritas a seguir.

Berço classe D: Em um berço classe D, os cuidados tomados para ajustar a base do duto à fundação são mínimos ou inexistentes (Fig. 8.3a). Em fundação em solo, não há preocupação no preenchimento das saliências e reentrâncias na zona de apoio do duto com material compactado (Fig. 8.3b,c). Em fundação em rocha, deve-se apoiar o duto sobre um colchão de material granular de regularização. O material da envoltória pode ser levemente compactado. Por suas características construtivas, esse tipo de berço também é denominado *berço inadmissível*. O fator de berço (F_c) utilizado no berço classe D é igual a 1,1.

Berço classe C: No berço classe C, assume-se um maior cuidado na moldagem da zona de apoio do duto (Fig. 8.4). Em fundação em solo, a zona de apoio

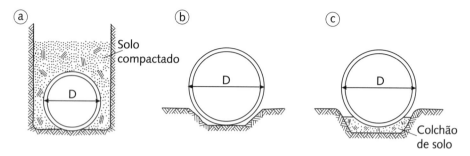

Fig. 8.3 *Berço classe D (a) em vala; (b) em aterro com fundação em solo; (c) em aterro com fundação em rocha*

deve ter uma largura correspondente a, no mínimo, 50% do diâmetro externo do duto (Figs. 8.4a,b). Em fundação em rocha, deve-se providenciar um colchão de material granular (Fig. 8.4c). Para alturas de cobertura de solo sobre o duto de até 7 m, a espessura do colchão deve ser de 300 mm. Para alturas de cobertura superiores, a espessura deve ser igual a 40 mm para cada metro de aterro. É necessário que a envoltória seja executada com solo granular compactado até uma altura mínima de 150 mm acima de seu topo, e os espaços vazios sob o duto devem ser completamente preenchidos. O berço classe C também é conhecido como *berço ordinário*, e seu fator de berço é de 1,5.

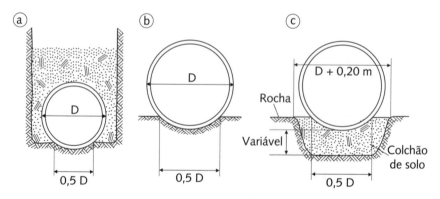

Fig. 8.4 *Berço classe C (a) em vala; (b) em aterro com fundação em solo; (c) em aterro com fundação em rocha*

Berço classe B: Em um berço classe B, o duto repousa sobre uma superfície moldada que abrange 60% de seu diâmetro externo (Fig. 8.5). A superfície de apoio é rigorosamente moldada com o auxílio de um gabarito, proporcionando ao duto um encaixe perfeito. A envoltória, executada com solo granular, deve estender-se a uma altura mínima de até 300 mm acima de seu topo. O solo

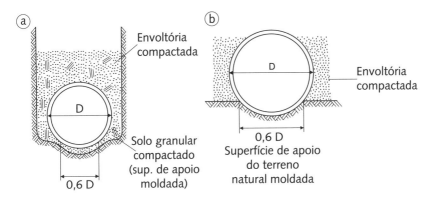

FIG. 8.5 *Berço classe B (a) em vala; (b) em aterro*

da envoltória deve ser compactado em camadas, não excedendo 150 mm de espessura. É também denominado *berço de primeira classe*, e seu fator de berço é igual a 1,9.

Berço classe A: O duto repousa em uma base de concreto, armado ou não, que deve envolver a sua parte inferior em uma extensão vertical máxima igual a D/4 (Fig. 8.6). A extensão do berço de concreto sob o duto deve ser igual a, no mínimo, D/4. O berço classe A, também conhecido como *berço de concreto*, possui fator de berço entre 2,25 e 3,4.

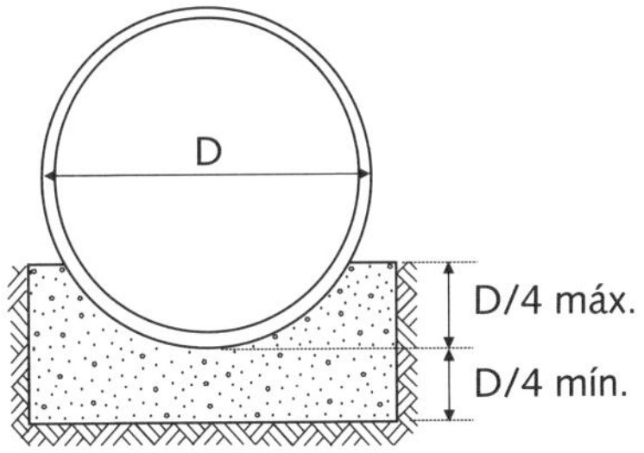

FIG. 8.6 *Berço classe A*

O fator de berço em dutos rígidos em projeção positiva é determinado pela Eq. 8.2 (Spangler, 1933), que leva em consideração as tensões laterais ativas que advêm do solo adjacente ao duto.

$$F_c = \frac{1,431}{N - xq} \quad [8.2]$$

em que: N = parâmetro função da distribuição da reação vertical (Tab. 8.1); x = parâmetro função da área de atuação da tensão horizontal no duto, expresso pela razão de saliência β (Tab. 8.2); q = parâmetro obtido por meio da seguinte expressão:

$$q = \frac{\beta K_a}{C_s}\left(\frac{H}{D} + \frac{\beta}{2}\right) \quad [8.3]$$

em que: β = razão de saliência (ver Fig. 4.3); K_a = coeficiente de empuxo ativo; C_s = fator de carga para dutos salientes positivos (ver seção 4.1); D = diâmetro do duto.

A Eq. 8.2 aplica-se a dutos que fissuram inicialmente na base. Quando as fissuras se iniciam no topo – o que ocorre tipicamente com tubos apoiados em

TAB. 8.1 Parâmetro N para dutos em projeção positiva (berços classes B, C e D)

Classe do berço	N
B	0,707
C	0,840
D	1,310

TAB. 8.2 Parâmetros x e x' para dutos circulares sob aterro

Razão de saliência (β)	0	0,3	0,5	0,7	0,9	1
x	0	0,217	0,423	0,594	0,655	0,638
x'	0,150	0,743	0,856	0,811	0,678	0,638

berços de concreto de boa qualidade (classe A) –, o fator de carga pode ser escrito segundo a Eq. 8.4. Os valores de x' são fornecidos na Tab. 8.2.

$$F_c = \frac{1,431}{0,505 - x'q} \qquad [8.4]$$

Especificações da OCPA

A vala (ou o aterro) é dividida em regiões com funções distintas, como mostra a Fig. 8.7. A camada de apoio do duto, por sua vez, é dividida em duas regiões (zonas 1 e 2), utilizando o conceito de berço compressível. A região central do berço (zona 1), situada exatamente sob o duto, possui largura igual a $D/3$ e deve ser executada com solo solto, sem compactação. Por outro lado, as regiões laterais que compõem a zona 2 devem ser adequadamente compactadas. A maior compressibilidade da zona central induz recalques na região do prisma interno e mobiliza o arqueamento positivo. A zona 3, compreendida entre o reverso e a linha d'água, possui a função de inibir deslocamentos laterais do duto, e deve receber compactação igual à da zona 2.

A região acima da linha d'água pode ser preenchida com material ligeiramente compressível, de modo a permitir a redução das tensões sobre o duto rígido. Essa região só deve ser bem compactada se o duto estiver situado sob pavimentos.

Três categorias de solo são consideradas em quatro tipos de instalação. O Quadro 8.1 agrupa os tipos de solo de acordo com as classificações Unificada (SUCS) e Rodoviária. Os solos granulares limpos bem ou mal graduados pertencem à categoria I. São da categoria II os solos granulares siltosos e argilosos com menos de 20% de partículas passando na peneira n° 200. A categoria III

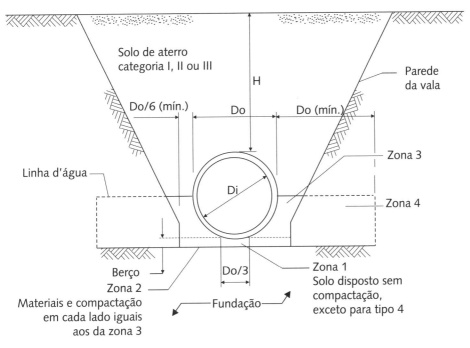

FIG. 8.7 *Instalação em vala para dutos rígidos proposta pela OCPA*

engloba os demais tipos de solo. As especificações dos quatro tipos de instalação são resumidas no Quadro 8.2.

A instalação em aterro é tratada na Fig. 8.8. As categorias de solo descritas são as mesmas indicadas no Quadro 8.1, e as especificações das instalações são iguais às relacionadas no Quadro 8.2. Como descrito no Cap. 4, nas instalações em aterro, o duto pode ser saliente positivo ou saliente negativo. O duto saliente positivo é implantado com a geratriz superior projetando-se acima da superfície do solo natural (ver Fig. 4.3). Já o duto saliente negativo é instalado em uma vala rasa, denominada subvala, com profundidade suficiente para que sua geratriz superior não seja projetada acima do solo natural (ver Fig. 4.5). Em seguida, o duto é coberto pelo aterro compactado.

QUADRO 8.1 Categorias de solo para instalação do método da OCPA

Categoria	Solo	Classificação SUCS*	Sistema Rodoviário
I	Solos granulares limpos	GW, GP, SW, SP	A1, A3
II	Solos siltosos e pouco argilosos (menos de 20% passando na #200)	GM, SM, ML, GC, SC	A2, A4
III	Solos siltosos e argilosos	CL, MH, GC, SC	A5, A6, A7

*Para nomenclatura do SUCS, ver seção 2.3.

QUADRO 8.2 Tipos de instalação do método da OCPA

Instalação	Espessura das zonas 1 e 2	Categoria de solo e GC nas zonas 2 e 3		Categoria de solo e GC na zona 4	
Tipo I	Fundação em solo: D/24 ou 75 mm, no mínimo Fundação em rocha: D/12 ou 150 mm, no mínimo	Categoria I	95%	Categoria I	90%
				Categoria II	95%
				Categoria III	100%
Tipo II		Categoria I	90%	Categoria I	85%
		Categoria II	95%	Categoria II	90%
				Categoria III	95%
Tipo III		Categoria I	85%	Categoria I	85%
				Categoria II	90%
				Categoria III	95%
Tipo IV		Não é necessário compactar (se for categoria III, usar GC = 85%)			

1. GC = grau de compactação a ser utilizado em relação à energia de Proctor normal. Os solos nas zonas 2, 3 e 4 devem ser compactados com um grau de compactação igual ou superior ao especificado.
2. Para instalações em vala:
- A distância entre o topo da vala e o greide acabado deve ser menor ou igual a 0,1H ou, para rodovias, a distância entre seu topo e a base do pavimento deve ser menor ou igual a 0,3 m.
- A largura da vala deve ser suficiente para permitir a compactação das zonas 2 e 3.
3. Para instalações em aterro com dutos salientes negativos:
- A distância entre o topo da vala e o greide acabado deve ser maior ou igual a 0,1H ou, para rodovias, a distância entre seu topo e a base do pavimento deve ser maior ou igual a 0,3 m.
- A subvala deve possuir largura mínima de $1,33D_0$ ou o necessário para a compactação adequada das zonas 2 e 3.
- O solo natural das paredes da subvala deve possuir estabilidade equivalente à de um solo compactado, segundo as especificações para as zonas 4 ou 5, ou deve ser removido e substituído por solo compactado, de acordo com as especificações exigidas.

8.6.3 Recomendações construtivas para envoltórias de dutos flexíveis

Os materiais para uso em envoltórias de dutos flexíveis podem ser agrupados em sete classes distintas (ASTM D-2321). As descrições dos materiais das classes e os grupos do Sistema Unificado de Classificação de Solos (SUCS) a que pertencem são apresentados no Quadro 8.3. As características das classes são relacionadas em seguida.

Classe IA: Esses materiais fornecem máxima estabilidade e suporte ao duto e atingem densidades elevadas com esforços de compactação relativamente baixos para uma ampla faixa de teores de umidade. Na zona do reverso, a compactação deve ser procedida manualmente para resultar em um suporte uniforme da tubulação. Sua elevada permeabilidade permite que sejam usados em drenos.

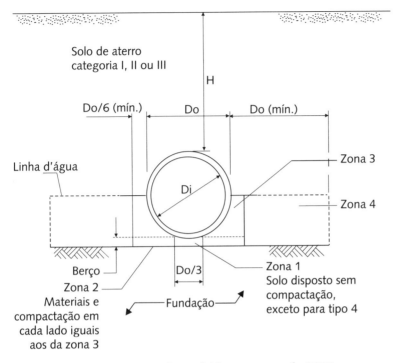

FIG. 8.8 *Instalação em aterro para dutos rígidos proposta pela OCPA*

Não obstante, não devem ser utilizados em situações que levem à migração de finos de solos adjacentes.

Classe IB: Os materiais da classe IB são obtidos a partir da dosagem de materiais de classe IA e areia, para serem obtidas distribuições granulométricas que minimizem a segregação de partículas de solos adjacentes. Como resultado da mistura, é obtido um material de graduação mais densa que os da classe IA. Quando adequadamente compactado, o material atinge alta rigidez e resistência e,

QUADRO 8.3 Classes de materiais para envoltórias

Classe	Descrição ou Grupo SUCS
IA	Fragmentos de rocha, pedra, brita, cascalho com poucos ou nenhum fino
IB	Misturas de areia e materiais da Classe IA, com distribuição granulométrica selecionada para minimizar segregação de partículas; poucos ou nenhum fino
II	GW, GP, SW, SP
III	GM, GC, SM, SC
IVA	ML, CL
IVB	MH, CH
V	OL, OH, PT

Fonte: modificado de ASTM D-2321.

dependendo do teor de finos, pode ser considerado livre drenante. Esses materiais devem atingir grau de compactação mínimo igual a 85% da energia normal de Proctor.

Classe II: Se adequadamente compactados, esses materiais proporcionam alto nível de suporte ao duto. Se instalados em locais com fluxo de água subterrânea, os materiais da classe II devem ser verificados quanto à segregação de partículas de solos adjacentes. Caso não possuam finos, podem ser utilizados em drenos. Devem atingir grau de compactação mínimo igual a 85% da energia normal de Proctor.

Classe III: Esses materiais fornecem níveis de suporte razoáveis se compactados adequadamente. Não devem ser usados em locais sujeitos a instabilidades decorrentes do regime da água no subsolo. Se permanecerem em condição submersa, não devem ser utilizados para compor o berço da envoltória. Devem ser compactados com grau de compactação mínimo de 90% da energia normal de Proctor. O teor de umidade de compactação deve ser mantido próximo ao ótimo para minimizar os esforços de compactação.

Classe IV-A: Os materiais da classe IV-A fornecem níveis de suporte razoáveis à tubulação se compactados adequadamente, porém devem passar por avaliação geotécnica mais rigorosa. Podem não ser adequados em aterros muito altos ou sob a ação de cargas superficiais de tráfego elevadas. Esses materiais não devem ser usados em locais sujeitos a instabilidades decorrentes do regime da água no subsolo nem ser utilizados para compor fundação, berço ou reverso em condição submersa. Devem ser compactados com grau de compactação mínimo de 95% da energia normal de Proctor. Durante a compactação, o teor de umidade deve ser mantido próximo ao ótimo para minimizar os esforços de compactação.

Classes IV-B e V: Os materiais pertencentes a essas classes não devem ser utilizados em envoltórias, mas apenas no aterro superior.

A compactação da envoltória deve ser feita com equipamentos portáteis para evitar danos ao duto. Nos solos de classes I e II, a compactação deve ser procedida com placa vibratória, ao passo que nos solos de classes III e IV-A a compactação deve ser feita com soquete portátil (manual ou mecânico). Os materiais de classes II, III e IV-A devem ser compactados com teor de umidade dentro da faixa de $\pm 3\%$ do teor de umidade ótima.

O material da envoltória deve ser compactado em camadas com espessura não superior a 150 mm e não deve conter partículas com tamanho superior a 40 mm.

Por ser um local de difícil acesso, a zona do reverso deve receber atenção especial durante a compactação. Deve-se proceder à compactação cuidadosamente, de modo a garantir o completo contato do material com o duto, evitando-se, assim, futuras deflexões excessivas da tubulação. A disposição do material no reverso deve ser feita com uma pá, e a compactação, com um soquete ou molde.

Se utilizados, equipamentos pesados devem ser mantidos a uma distância mínima de 1 m a 2 m da tubulação, para que danos à estrutura sejam evitados. Os equipamentos devem trafegar paralelamente ao eixo longitudinal do duto até que a elevação do aterro alcance uma altura igual a 3/4 do diâmetro do duto.

A altura do aterro inicial deve ser igual a, no mínimo, 300 mm ou $D/8$, devendo-se adotar o maior dos dois valores. A altura de cobertura mínima de solo, desde o topo do duto até a superfície do terreno, deve ser igual a 0,6 m ou D (devendo-se assumir o maior dos dois valores) para materiais de classes IA e IB, ou 0,9 m ou D (devendo-se assumir o maior dos dois valores) para materiais de classes II, III e IV-A. A largura mínima da envoltória para cada lado do duto deve estar compreendida entre $1D$ e $2,5D$, de modo a garantir suporte adequado à tubulação.

A espessura do berço pode ser estimada em 40 mm para cada metro de aterro sobre ele, não devendo ser inferior a 100 mm para apoio em solo ou 150 mm para apoio em rocha. Em dutos flexíveis, o ideal é que o berço tenha compressibilidade igual à do aterro compactado para que o sistema se deforme de maneira uniforme durante o processo construtivo. Berços muito rígidos, que não permitem deflexões do duto durante as fases de construção e operação, podem provocar concentração de tensões e devem ser evitados.

8.7 INSTALAÇÃO DO DUTO

A instalação do duto deve ser feita de forma cuidadosa, respeitando-se os greides e alinhamentos. Os tubos mais pesados devem ser descidos até o fundo da vala por equipamento mecânico, facilitando, assim, os encaixes e fixações. O tubo nunca pode ser jogado nem arrastado no fundo da vala. Com tubos com ponta e bolsa, é prática corrente descer o tubo com a bolsa voltada para a direção de montante, que é a posição de instalação.

A união entre tramos pode ser soldada, rosqueada, cimentada ou articulada. Basicamente, a união deve garantir a estanqueidade da linha, tanto no caso de dutos forçados como em gravidade.

Uniões com juntas soldadas geralmente são feitas no campo, fora da vala. As juntas soldadas devem resistir aos esforços gerados na tubulação, além do atrito lateral do material da envoltória.

Em juntas cimentadas ou articuladas, os materiais de vedação são de borracha, mástique ou à base de cimento, podendo ser pré-acoplados às peças.

As juntas de borracha tornaram-se muito populares e podem ser de quatro tipos:

- banda simples, com uma face plana colocada na ponta do tubo;
- anel de vedação (*o-ring*), preso em um rebaixo na ponta e confinado pela bolsa no processo de união;
- anel deslizante, posicionado na ponta e rotacionado para a posição quando a bolsa é forçada em posição;
- junta lubrificada, com face plana fixa na ponta e apertada pela bolsa.

O mástique é uma mistura de materiais à base de betume ou borracha butílica com fino de mineral inerte, e é aplicado a frio sobre superfície cuidadosamente limpa, isenta de poeira ou material oleoso.

As ligações com materiais à base de cimento são feitas de argamassa plástica aplicada na parte inferior da bolsa e na parte superior da ponta, de modo a revestir todo o contorno do tubo e permitir o escoamento do excesso quando a ponta é forçada à união.

8.8 TESTES DE ESTANQUEIDADE

As especificações construtivas devem ainda prever ensaios de estanqueidade da linha. Essas verificações podem envolver rotinas simples, como isolar parte da tubulação, preencher o tubo com água e verificar possíveis fugas de água. Nos casos em que se requer estanqueidade sob pressão, isola-se parte da linha e aplica-se pressão de ar comprimido.

REFERÊNCIAS BIBLIOGRÁFICAS

AASHTO - AMERICAN ASSOCIATION OF STATE HIGHWAY AND TRANSPORTATION OFFICIALS. *Standard specifications for highway bridges*. 17. ed. [S.l.], 2002.

ABNT - ASSOCIAÇÃO BRASILEIRA DE NORMAS TÉCNICAS. *NBR 6459*: Solo – Determinação do limite de liquidez. Rio de Janeiro, 1984. 6 p.

ABNT - ASSOCIAÇÃO BRASILEIRA DE NORMAS TÉCNICAS. *NBR 7180*: Solo – Determinação do limite de plasticidade. Rio de Janeiro, 1984. 3 p.

ABNT - ASSOCIAÇÃO BRASILEIRA DE NORMAS TÉCNICAS. *NBR 7181*: Solo – Análise granulométrica. Rio de Janeiro, 1984. 13 p.

ABNT - ASSOCIAÇÃO BRASILEIRA DE NORMAS TÉCNICAS. *NBR 7182*: Solo – Ensaio de compactação. Rio de Janeiro, 1986. 10 p.

ABNT - ASSOCIAÇÃO BRASILEIRA DE NORMAS TÉCNICAS. *NBR 10905*: Solo – Ensaios de palheta *in situ*. Rio de Janeiro, 1989. 9 p.

ABNT - ASSOCIAÇÃO BRASILEIRA DE NORMAS TÉCNICAS. *NBR 12004*: Solo – Determinação do índice de vazios máximo de solos não coesivos. Rio de Janeiro, 1990. 6 p.

ABNT - ASSOCIAÇÃO BRASILEIRA DE NORMAS TÉCNICAS. *NBR 12007*: Solo – Ensaio de adensamento unidimensional. Rio de Janeiro, 1990. 15 p.

ABNT - ASSOCIAÇÃO BRASILEIRA DE NORMAS TÉCNICAS. *NBR 12051*: Solo – Determinação do índice de vazios mínimo de solos não coesivos. Rio de Janeiro, 1991. 15 p.

ABNT - ASSOCIAÇÃO BRASILEIRA DE NORMAS TÉCNICAS. *NBR 12069*: Solo – Ensaio de penetração de cone *in situ* (CPT). Rio de Janeiro, 1992. 11 p.

ABNT - ASSOCIAÇÃO BRASILEIRA DE NORMAS TÉCNICAS. *NBR 6502*: Rochas e solos. Rio de Janeiro, 1995. 18 p.

ABNT - ASSOCIAÇÃO BRASILEIRA DE NORMAS TÉCNICAS. *NBR 13292*: Solo – Determinação do coeficiente de permeabilidade de solos granulares à carga constante. Rio de Janeiro, 1995. 8 p.

ABNT - ASSOCIAÇÃO BRASILEIRA DE NORMAS TÉCNICAS. *NBR 9053*: Tubos de PVC – Determinação da classe de rigidez. Rio de Janeiro, 1999. 3p.

ABNT - ASSOCIAÇÃO BRASILEIRA DE NORMAS TÉCNICAS. *NBR 14545*: Solo – Determinação do coeficiente de permeabilidade de solos granulares à carga variável. Rio de Janeiro, 2000. 12 p.

ABNT - ASSOCIAÇÃO BRASILEIRA DE NORMAS TÉCNICAS. *NBR 6484*: Solo – Sondagens de simples reconhecimento com SPT – Método de ensaio. Rio de Janeiro, 2001. 17 p.

ABNT - ASSOCIAÇÃO BRASILEIRA DE NORMAS TÉCNICAS. *NBR 8890*: Tubos de concreto de seção circular, para águas pluviais e esgotos sanitários – Requisitos e métodos de ensaio. Rio de Janeiro, 2007. 30 p.

AISI - AMERICAN IRON AND STEEL INSTITUTE. *Handbook of steel drainage and highway construction products*. 2. ed. (edição canadense). [S.l.]: AISI, 2007. 470 p.

ALLGOOD, R. J.; TAKAHASHI, S. K. Balanced design and finite element analysis of culverts. *Highway Research Record*, HRB, n. 413, p. 45-56, 1972.

ALONSO, U. R. *Rebaixamento temporário de aquíferos*. São Paulo: Oficina de Textos, 2007. 152 p.

ASTM - AMERICAN SOCIETY FOR TESTING AND MATERIALS. *Standard practice for underground installation of thermoplastic pipe for sewers and other gravity-flow applications*. Philadelphia, 2011. 12 p.

AWWA - AMERICAN WATER WORKS ASSOCIATION. *Steel pipe* - a guide for design and installation. 4. ed. Denver, 2004.

BACHER, A. E.; KIRKLAND, D. E. California Department of Transportation structural plate pipe culvert research: design summary and implementation. *Transportation Research Record*, HRB, n. 1008, p. 89-94, 1985.

BALDI, G.; BELOTTI, R.; GHIONNA, V.; JAMIOLKOWSKI, M.; PASQUALINI, E. Cone resistance of a dry medium sand. *Proceedings of the 10th International Conference on Soil Mechanics and Foundation Engineering*, Stockholm, v. 2, p. 427-432, 1981.

BRANSBY, M. F.; NEWSON, T. A.; DAVIES, M. C.; BRUNNING, P. Physical modeling of the upheaval resistance of buried offshore pipelines. In: PHILLIPS, R.; GUO, J.; POPESCU, R. (Eds.). *Physical Modeling in Geotechnics* - ICPMG '02. Lisse: Swets & Zeitling, 2002. p. 899-904.

BROMS, B. Lateral earth pressure due to compaction of cohesionless soils. *Annals of the 4th Conference on Soil Mechanics*, Budapest, p. 273-384, 1971.

BROOKER, E. W.; IRELAND, H. O. Earth pressures at rest related to stress history. *Canadian Geotechnical Journal*, v. 2, n. 1, p. 1-15, 1965.

BS 8006. *Code of practice for strengthened/reinforced soils and fills*. British Standards, 1995. 198 p.

BUENO, B. S. *The behaviour of thin walled pipes in trenches*. 337 f. Tese (Ph.D.) – University of Leeds, U.K., 1987.

BUENO, B. S.; SILVA, C.; BARBOSA, P. Previsão da carga de ruptura de condutos flexíveis a partir da curva carga x deflexão. *Geotecnia*, n. 63, p. 27-37, 1991.

BULSON, P. S. *Buried structures* - static and dynamic strength. [S.l.]: Chapman and Hall, 1985.

BURNS, J. Q.; RICHARD, R. M. Attenuation of stresses for buried cylinders. *Proceedings of the Symposium on Soil-Structure Interaction*, Tucson, Arizona, p. 378-392, 1964.

CAMPANELLA, R. G.; SULLY, J. P.; GREIG, J. W.; JOLLY, G. Research and development of lateral stress piezocone. *Transportation Research Record*, n. 1278, p. 215-224, 1990.

CAQUOT, A. L.; KERISEL, J. *Traité de mécanique des sols*. Paris : Gauthier-Villars, 1949.

CHEN, F. H. *Foundations on expansive soils*. 2. ed. [S.l.]: Elsevier, 1988. 463 p.

CHENEY, J. A. Bending and buckling of thin-walled open-section rings. *Journal of the Engineering Mechanics Division*, ASCE, v. 89, n. EM5, 1963.

COMPSTON, D. G.; CRAY, P. A.; SCHOFIELD, A. N.; SHANN, C. D. Design and construction of thin-walled buried pipes. *CIRIA Report*, London, 1973.

COSTA, Y. D. J. *Modelagem física de condutos enterrados sujeitos a perda de apoio ou elevação localizada*. 320 f. Tese (Doutorado) – Escola de Engenharia de São Carlos, Universidade de São Paulo, São Carlos, 2005.

COSTA, Y. D. J.; ZORNBERG, J. G.; BUENO, B. S.; COSTA, C. L. Failure mechanisms in sand over a deep active trapdoor. *Journal of Geotechnical and Geoenvironmental Engineering*, v. 135, n. 11, p. 1741-1753, 2009.

CROFTS, J. E.; MENZIES, B. K.; TARZI, A. I. Lateral displacement of shallow buried pipelines due to adjacent deep trench excavations. *Géotechnique*, v. 27, n. 2, p. 161-179, 1977.

DAVIES, M. P.; CAMPANELLA, R. G. Piezocone technology: downhole geophysics for the geoenvironmental characterization of soil. *Proceedings of the Symposium on the Application of Geophysics to Engineering and Environmental Problems (SAGEEP '95)*, Orlando, 1995. 11 p.

DE BEER, E. E. Computation of beams resting on soil. *II International Conference on Soil Mechanics and Foundation Engineering*, Rotterdam, v. 1, p. 119-121, 1948.

DEEN, R. C. Performance of a reinforced concrete pipe culvert under rock embankment. *Highway Research Record*, n. 262, p. 14-28, 1969.

DICKIN, E. A. Uplift resistance of buried pipelines in sand. *Soils and Foundations*, v. 34, n. 2, p. 41-48, 1994.

DUNCAN, J. M.; CHANG, C. Y. Nonlinear analysis of stress and strain on soils. *Journal of Soil Mechanics and Foundation*, ASCE, v. 96, n. SM5, p. 1629-1653, 1970.

ENGESSER, F. Ueber den Erdduck gegen innere Stützwande (Tunnelwande). *Deutsche Bauzeitung*, n. 16, p. 91-93, 1882.

EVANS, C. H. *An examination of arching in granular soils*. Thesis (M.Sc.) – Department of Civil Engineering, MIT, Massachusetts, 1983.

FINN, W. D. Boundary value problems of soil mechanics. *Journal of the Soil Mechanics and Foundations Division*, v. 89, n. SM5, 1963.

GIROUD, J. P.; BONAPARTE, R.; BEECH, J. F.; GROSS, B. A. Design of soil layer – geosynthetic system overlying a void. *Geotextiles and Geomembranes*, v. 9, p. 11-50, 1990.

GODDARD, J. B. *Plastic pipe design* – technical note 4103. 1994. Disponível em: <http://ads-pipe.com/techsup/tech4103.html>.

GUMBEL, J. E.; O'REILLY, M. P.; LAKE, L. M.; CARDER, D. R. The development of a new design method for buried flexible pipes. *Proceedings of the Europipe '82*, p. 87-98, 1982.

HANDY, R. L. The arch in soil arching. *Journal of Geotechnical Engineering*, v. 111, n. 3, p. 302-318, 1985.

HARTLEY, J. D.; DUNCAN, J. M. E' and its variation with depth. *Journal of Transportation Engineering*, v. 113, n. 5, p. 538-553, 1987.

HETÉNYI, M. *Beams on elastic foundation*. Ann Arbor: University of Michigan Press, 1946.

HOËG, K. *Pressure distribution on underground structural cylinders*. Tech. rep. TR-65-98. U.S. Air Force Weapons Lab., MIT, 1966.

HOWARD, A. K. Modulus of soil reaction values for buried flexible pipeline. *Journal of Geotechnical Engineering Division*, v. 103, n. GT1, p. 33-43, jan. 1977.

HUNTSMAN, S. R.; MITCHELL, J. K.; KLEJBUK, L. W.; SHINDE, S. B. Lateral stress measurements during cone penetration. *Proceedings of the ASCE Specialty Conference* In Situ '86: use of *in situ* tests in geotechnical engineering, Blacksburg, Virginia, p. 617-634, 1986.

INGOLD, T. S. The effects of compaction on retaining walls. *Géotechnique*, v. 29, n. 3, p. 265-283, 1979.

JAKY, J. The coefficient of earth pressure at rest. *Journal of the Society of Hungarian Architects and Engineers*, p. 355-358, 1944.

JAMIOLKOWSKI, M.; LADD, C. C.; GERMAINE, J. T.; LANCELOTTA, R. New developments in field and laboratory testing of soils. State-of-the-art report. *Proceedings of the XI International Conference on Soil Mechanics and Foundation Engineering*, San Francisco, A. A. Balkema, v. 1, p. 57-153, 1985.

JANSSEN, H. A. Versuche über Getreidedruck in Silozellen. *Z. D. Vereins deutscher Ingenieure*, v. 39, p. 1045, 1895.

JEYAPALAN, J. K.; ETHIYAJEEVAKARUNA, S. W.; BOLDON, B. A. Behavior and design of buried very flexible plastic pipes. *Journal of Transportation Engineering*, v. 113, n. 6, p. 642-657, nov. 1987.

JEYAPALAN, J. K.; HAMIDA, H. B. Comparison of German to Marston design methods. *Journal of Transportation Engineering*, v. 114, n. 4, p. 420-434, 1988.

JEYAPALAN, J. K.; JARAMILLO, P. A. New modulus of soil reaction – E' values for buried thermoplastic pipe design. Hydraulics of pipelines. In: FOWLES, D. T.; WEGENER, D. H. *Proceedings of the International Conference*. Phoenix: ASCE, 1994.

KATTI, S. K.; KULKARNI, S. K.; FOTEDAR, S. K. Shear strength and swelling pressure characteristics of expansive soils. *II International Research Engineering Conference on Expansive Clay Soils*, p. 334-342, 1969.

KJARTANSON, R. A.; LOHNES, R. A.; KLAIBER, F. W.; MCCURNIN, B. T. Full-scale field test of uplift resistance of corrugated metal pipe culvert. *Transportation Research Record*, n. 1514, p. 74-82, 1995.

KRIZEK, R. J.; PARMELEE, R. A.; KAY, J.; ELNAGGER, H. Structural analysis and design of pipe culverts. *National Cooperative Highway Research Program Report*, HRB, n. 116, 1971.

KRYNINE, D. P. Stability and stiffness of cellular cofferdams (discussion). *Transactions of the ASCE*, v. 110, p. 1175-1178, 1945.

KULHAWY, F. H.; MAYNE, P. H. *Manual on estimating soil properties for foundation design*. [S.l.]: Electric Power Research Institute, 1990.

KULHAWY, F. H.; TRAUTMANN, C. H.; NICOLAIDES, C. N. Spread foundations in uplift: experimental study. *Proceedings of the Session on Foundations for Transmission Line Towers*, ASCE, p. 96-109, 1987.

LARSEN, N. G. A practical method for constructing rigid conduits under high fills. *Proceedings of the Annual Meeting*, Highway Research Board, v. 41, n. 41, p. 273-279, 1962.

LAMBE, T. W. Soil stabilization. In: LEONARDS, G. A. (Ed.). *Foundation engineering handbook*. New York: McGraw-Hill, 1962. Cap. 4.

LEVINTON, Z. Elastic foundation analyzed by the method of redundant reactions. *Transactions of the ASCE*, v. 114, n. 40-52, 1947.

LING, C. B. On the stresses in a plate containing two circular holes. *Journal of Applied Physics*, v. 19, n. 1, p. 77-82, 1948.

LOHNES, R. A.; KLAIBER, F. W.; AUSTIN, T. A. Uplift failure of corrugated metal pipe. *Transportation Research Record*, n. 1514, p. 68-73, 1995.

LUNNE, T.; ROBERTSON, P. K.; POWELL, J. J. M. *Cone penetration testing in geotechnical practice*. [S.l.]: Taylor & Francis, 1997.

LUSCHER, U. Buckling of soil-surrounded tubes. *Journal of the Soil Mechanics and Foundations Division*, v. 88, n. SM6, p. 211-228, 1966.

LUSCHER, U.; HOËG, K. The beneficial action of the surrounding soil on the load carrying capacity of buried tubes. *Proceedings of the Symposium on Soil-Structure Interaction*, Tucson, Arizona, p. 393-402, 1964.

MACHADO, S. L.; BUENO, B. S.; VILAR, O. M. Análise numérica do método de trincheira induzida de condutos enterrados em aterros rodoviários. *30ªReunião Anual de Pavimentação*, Salvador, ABPv, v. 2, p. 647-673, 1996.

MARSTON, A.; ANDERSON, A. O. The theory of loads on pipes in ditches and tests of cement and clay drain tile and sewer pipe. *Bulletin 31*, Iowa Engineering Experiment Station, 1913.

MASADA, T. Modified Iowa formula for vertical deflection of buried flexible pipe. *Journal of Transportation Engineering*, ASCE, v. 126, n. 5, p. 440-446, 2000.

MCGRATH, T. J.; CHAMBERS, R. E.; SHARFF, P. A. Recent trends in installation standards for plastic pipe. In: BUCZALA, G. S.; CASSADY, M. J. (Eds.). *Buried plastic pipe technology*. ASTM STP 1093. Philadelphia: ASTM, 1990. p. 281-293.

MCNULTY, J. W. *An experimental study of arching on sand*. Tech. report. Vicksburg: U.S. Waterways Experimental Station, 1965. 674 p.

MELOTTI, O. K. *Tubulações enterradas*: o uso da trincheira induzida. 137 f. Dissertação (Mestrado) – Escola de Engenharia de São Carlos, Universidade de São Paulo, São Carlos, 2002.

MEYERHOF, G. G.; ADAMS, J. I. The ultimate uplift capacity of foundations. *Canadian Geotechnical Journal*, v. 5, n. 4, p. 225-244, 1968.

MEYERHOF, G. G.; BAIKIE, L. D. Strength of steel culverts sheets bearing against compacted sand backfill. *XLII Annual Meeting*, Highway Research Board, p. 1-19, 1963.

MEYERHOF, G. G.; FISHER, C. L. Composite design of underground steel structures. *Engineering Journal*, v. 46, n. 9, p. 36-41, 1963.

MOSER, A. P.; FOLKMAN, S. *Buried pipe design*. 3. ed. [S.l.]: McGraw-Hill, 2008.

MOSER, A. P.; BISHOP, R. R.; SHUPE, O. K.; BAIR, D. R. Deflection and strains in buried FRP pipe subjected to various installation conditions. *Transportation Research Record*, Washington D.C., n. 1008, 1985.

MURRAY, E. J.; GEDDES, J. D. Uplift of anchors plates in sand. *Journal of Geotechnical Engineering*, v. 113, n. 3, p. 202-215, 1987.

NCSPA - NATIONAL CORRUGATED STEEL PIPE ASSOCIATION. *Corrugated steel pipe design manual*. [S.l.], 2008. 624 p.

NIELSON, F. D. Modulus of soil reaction as determined from triaxial shear test. *Highway Research Record*, n. 185, p. 80-90, 1967a.

NIELSON, F. D. Soil structure arching analysis of buried flexible structures. *Highway Research Record*, n. 185, p. 36-50, 1967b.

NIELSON, F. D.; BHANDHAUSAVEE, C.; YEB, K. S. Determination of modulus of soil reaction from standard soil test. *Highway Research Record*, n. 284, p. 1-12, 1969.

NIELSON, F. D.; STATISH, N. D. Design of circular soil-culvert systems. *Highway Research Record*, n. 413, p. 67-76, 1972.

OCPA - ONTARIO CONCRETE PIPE ASSOCIATION. *Concrete pipe design manual*. [S.l.], 2012.

OHDE, J. Die berechnung der sohldruckverteilung unter grundungskorpern. *Bauingenieur*, Helf 14/16, Helf 17/18, 23 Jahrgang 1942.

PEARSON, A. E.; MILLIGAN, G. W. E. Model tests of reinforced soil in conjunction with flexible culverts. In: MCGOWN, A.; YEO, K. C.; ANDRAWES, K. Z. (Eds.). *Performance of reinforced soil structures*. London: Thomas Telford, 1991. p. 365-369.

PEARSON, F. H. *Journal of the environmental engineering division*, v. 103, n. EE5, p. 767-783, 1977.

PLÁCIDO, R. R. *Uso de geocomposto como camada indutora para a redução de tensões sobre a estrutura*. 103 f. Dissertação (Mestrado) – Escola de Engenharia de São Carlos, Universidade de São Paulo, São Carlos, 2006.

POULOS, H. G. Analysis of longitudinal behavior of buried pipes. *Proceedings of the Conference on Analysis and Design in Geotechnical Engineering*, Austin, Texas, v. 1, p. 199-223, 1974.

PREVOST, R. C.; KIENOW, K. K. Basics of flexible pipe structural design. *Journal of Transportation Engineering*, v. 120, p. 652-671, 1994.

RAD, N. S.; LUNNE, T. *Correlations between piezocone results and laboratory soil properties*. Report 52155-39. Oslo: Norwegian Geotechnical Institute, 1986.

RAJANI, B. B.; MORGENSTERN, N. Pipelines and laterally loaded piles in elasto-plastic medium. *Journal of Geotechnical Engineering*, v. 119, n. 9, p. 1431-1448, 1993.

ROBERTSON, P. K. Soil classification using the cone penetration test. *Canadian Geotechnical Journal*, v. 27, n. 1, p. 151-158, 1990.

ROBERTSON, P. K.; CAMPANELLA, R. G.; GILLESPIE, D.; GREIG, J. Use of piezometer cone data. *Proceedings of the ASCE Specialty Conference* In Situ '86: use of *in situ* tests in geotechnical engineering, Blacksburg, p. 1263-1280, 1986.

ROWE, R. K.; DAVIS, E. H. The behaviour of anchor plates in sand. *Géotechnique*, v. 32, n. 1, p. 25-41, 1982a.

ROWE, R. K.; DAVIS, E. H. The behaviour of anchor plates in clay. *Géotechnique*, v. 32, n. 1, p. 9-23, 1982b.

SANDRONI, S. S.; BRUGGER, P. J.; ALMEIDA, M. S. S. Geotechnical properties of Sergipe clay. In: ALMEIDA, M. (Ed.). *Recent developments in soil and pavement mechanics*. Rotterdam: Balkema, 1997. p. 271-277.

SANTICHAIANAINT, K. *Centrifuge modeling and analysis of active trapdoor in sand*. Thesis (Ph.D.) – Department of Civil, Environmental and Architectural Engineering, University of Colorado, Boulder, 2002.

SCHEER, A. C.; WILLETT Jr., G. A. Rebuilt Wolf Creek culvert behaviour. *Highway Research Record*, Washington, D.C., n. 262, p. 1-13, 1969.

SCHMERTMANN, J. H. *Guidelines for cone penetration tests, performance and design*. Report TS-78-209-US. Washington: FHWA, 1978.

SEED, R. B.; DUNCAN, J. M. Soil–structure interaction effects of compaction-induced stresses and deflections. *Geotechnical Engineering Research Report*, n. UCB/GT83-06. Berkeley: University of California, 1983.

SELVADURAI, A. P. S. Soil-pipe interaction during ground movement. In: BENNETT, F. L.; MACHEMEHL, J. L. (Eds.). *Civil engineering in the Arctic Offshore, ASCE Specialty Conference*, San Francisco, 1985.

SENNESET, K.; SANDVEN, R.; JANBU, N. The evaluation of soil parameters from piezocone tests. *Transportation Research Record*, TRB, n. 1235, p. 24-37, 1989.

SHAFFER, G. E. *Discussions in Transactions*. New York: ASCE, 1947. p. 354-363.

SILVEIRA, K. D. *Análise paramétrica do comportamento de condutos enterrados flexíveis e de grande diâmetro*. Dissertação (Mestrado) – Escola de Engenharia de São Carlos, Universidade de São Paulo, São Carlos, 2001.

SLADEN, J. A.; OSLWELL, J. M. The induced trench method - a critical review and case history. *Canadian Geotechnical Journal*, v. 25, p. 541-549, 1988.

SOUTHWELL, R. V. On the analysis of experimental observation in problems of elastic stability. *Proceedings of the Royal Society*, London, n. A135, p. 601-616, 1932.

SPANGLER, M. G. The supporting strength of rigid pipe culverts. *Bulletin 112*, Iowa State College, 1933.

SPANGLER, M. G. The structural design of flexible pipe culverts. *Bulletin 153*, Iowa Engineering Experiment Station, 1941.

SPANGLER, M. G. Underground conduits - an appraisal of modern research. *American Society of Civil Engineers*, New York, v. 113, 1948.

SPANGLER, M. G. Theory of loads on negative projecting conduits. *Proceedings of HRB*, v. 30, p. 153-161, 1950.

SPANGLER, M. G.; HANDY, R. L. *Soil engineering*. 4. ed. New York: Harper & Row, 1982. 819 p.

STANKOWSKI, S.; NIELSON, F. D. *An analytical-experimental study of underground structural cylinder systems*. Tech. rep. n. 1-642. Las Cruces: University of New Mexico, 1969. 234 p.

STEWART, W. P.; CAMPANELLA, R. G. Practical aspects of *in-situ* measurements of material damping with the SCPT. *Canadian Geotechnical Journal*, v. 30, n. 2, p. 211-219, 1993.

STONE, K. J. L.; MUIR WOOD, D. Effects of dilatancy and particle size observed in model tests on sand. *Soils and Foundations*, v. 32, n. 4, p. 43-57, 1992.

TAM, Y. B. *Photoelastic study of multiple pipe system*. 44 f. Thesis (M. Sc.) – University of New Mexico, Las Cruces, 1968.

TAYLOR, R. K.; SPANGLER, M. G. Induced-trench method of culvert installation. *Highway Research Record*, n. 443, p. 15-31, 1973.

TERZAGHI, K. Stress distribution in dry and saturated sand above a yielding trap-door. *Proceedings of the I International Conference on Soil Mechanics and Foundation Engineering*, Cambridge, v. 1, p. 35-39, 1936.

TERZAGHI, K. Evaluation of coefficients of subgrade reaction. *Géotechnique*, v. 5, n. 4, p. 297-326, 1955.

TIMONSHENKO, P. S.; GERE, J. M. *Theory of elastic stability*. New York: McGraw-Hill, 1961. 541 p.

TJELTA, T. I.; TIEGES, A. W. W.; SMITS, F. P.; GEISE, J. M.; LUNNE, T. *In-situ* density measurements by nuclear backscatter for an offshore soil investigation. *Proceedings of the Offshore Technology Conference*, Richardson, Texas, Paper n. 4917, 1985.

TROTT, J. J.; TAYLOR, R. N.; SYMONS, I. F. Tests to validate centrifuge modelling of flexible pipes. *Ground Engineering*, p. 17-28, sept. 1984.

UNIBELL. *Deflection*: the pipe-soil mechanism. Uni-TR-1-97. [S.l.]: Unibell PVC Pipe Association, 1997.

USACE - U.S. ARMY CORPS OF ENGINEERS. *Engineering design*: conduits, culverts, and pipes. Manual n. 1110-2902. Washington, D.C., 1997.

VALSANGKAR, A. J.; BRITTO, A. M. *Centrifuge tests of flexible circular pipes subjected to surface loading*. Supplementary Report 530. Crowthorne: Transport and Road Research Laboratory, 1979.

VALSANGKAR, A. J.; BRITTO, A. M.; GUNN, M. J. Application of the Southwell plot method to the inspection and testing of buried flexible pipes. *Proceedings of the Institute of Civil Engineers*, London, part 2, n. 71, p. 63-81, 1981.

VASLESTAD, J.; JOHANSEN, T. H.; HOLM, W. Load reduction on rigid culverts beneath high fills: long-term behavior. *Transportation Research Record*, n. 1415, p. 58-68, 1993.

VESIC, A. Beams on elastic subgrade and the Winkler's hypothesis. *V Conference on Soil Mechanics and Foundation Engineering*, Paris, p. 845-850, 1961.

VIANA, P. M. F. *Condutos enterrados*: redução de esforços sobre a estrutura. 157 p. Dissertação (Mestrado) – Escola de Engenharia de São Carlos, Universidade de São Paulo, São Carlos, 1998.

VIANA, P. M. F. *Geovala*: um novo processo construtivo para dutos enterrados. 238 f. Tese (Doutorado) – Escola de Engenharia de São Carlos, Universidade de São Paulo, São Carlos, 2003.

VIANA, P. M. F.; BUENO, B. S. Condutos enterrados: redução de esforços sobre a estrutura. *XII Cobramseg*, Brasília, v. 2, p. 1055-1061, 1998.

VIANA, P. M. F.; BUENO, B. S. Aplicabilidade do método gráfico de Southwell para prever a carga de ruptura em tubulações enterradas. *II Seminário Brasileiro de Dutos*, IBP, 1999.

VILLARD, P.; GOURC, J. P.; GIRAUD, H. A geosynthetic reinforcement solution to prevent the formation of localized sinkholes. *Canadian Geotechnical Journal*, v. 37, p. 987-999, 2000.

WALTERS, J. V.; THOMAS, J. N. Shear zone development in granular materials. *Proceedings of the IV International Conference on Numerical Methods in Geomechanics*, Edmonton, v. 1, p. 263-274, 1982.

WATKINS, R. K. Some observations on the ring buckling of buried flexible pipes. Discussions. *Highway Research Record*, HRB, n. 30, p. 14-18, 1963.

WATKINS, R. K.; ANDERSON, L. R. *Structural mechanics of buried pipes*. 1. ed. [S.l.]: CRC Press, 1999.

WATKINS, R. K.; SPANGLER, M. G. Some characteristics of the modulus of passive resistance of soil: a study in similitude. *Annual Meeting*, Highway Research Board, v. 37, p. 576-583, 1958.

WHITE, H. L.; LAYER, J. P. The corrugated metal conduit as a compression ring. *Highway Research Record*, HRB, n. 39, p. 389-397, 1960.

YOUNG, O. C.; TROTT, J. J. *Buried rigid pipes* - structural design of pipelines. [S.l.]: Elsevier, 1984. 234 p.

ZUIDBERG, H. M.; RICHARDS, A. F.; GEISE, J. M. Soil exploration offshore. *Proceedings of the IV International Geotechnical Seminar*, Singapore, p. 3-11, 1986.

Índice Remissivo

A

acréscimo de tensão, 30
altura de cobertura, 16
amostrador, 57
anel de vedação, 226
anel deslizante, 226
areia, 19, 24
argila, 19, 24
arqueamento, 70, 72
    de solo, 75
    negativo, 69, 87
    positivo, 69, 77, 79, 81

B

banda simples, 226
berço, 16, 217
    classe A, 219
    classe B, 218
    classe C, 217
    classe D, 217
    compressível, 190, 202
bulbo de tensões, 30

C

carga cinética, 27
carga hidráulica total, 27
carregamento de extensão infinita, 30
carregamentos finitos, 30
classificação granulométrica, 23
classificação unificada, 23
coeficiente
    de empuxo ativo, 49
    de empuxo ativo de Rankine, 94
    de empuxo passivo, 50
    de permeabilidade, 27
compactação do solo, 32
compra dos tubos, 212

compressão
    anelar, 134
    confinada, 38
    secundária, 37
condição ativa, 49
condição passiva, 50, 86
condutividade hidráulica, 27
cone elétrico, 61
cortinas engastadas, 166
curva Fuller-Talbot, 20
curva granulométrica, 19

D

deflexão excessiva, 114
densidade relativa, 35
desvio do teor de umidade, 34
duto
    em vala, 10, 96
    enterrados, 10
    flexíveis, 14, 113
    forçados, 16
    livres, 16
    rígidos, 93
    salientes, 10
    salientes positivos, 97, 221
    sem trincheira, 11

E

elevação de dutos, 180
empuxo de terra, 48
empuxo em repouso, 49
ensaio
    consolidado drenado, 45
    consolidado não drenado, 45
    de adensamento, 38
    de cisalhamento direto, 42, 43
    de compressão triaxial, 44

de palheta, 59

de penetração do cone, 60

não consolidado não drenado, 45

oedométrico, 38

envoltória, 16

escoramento das paredes de valas, 165

estroncas, 167

expansão, 188

F

falsa trincheira, 11, 190–193

flambagem, 114, 136

flambagem de tubos flexíveis, 138

fluência em compressão, 199

fórmula de Iowa, 116

G

geocalha, 208

geovala, 190, 205, 208

gerenciamento da construção, 211

graduação dos solos, 23, 24

grau de compactação, 34

I

índice de vazios, 35

índices físicos, 18

instalações muito rasas, 162

instalações múltiplas, 10, 155

intemperismo físico, 17

intemperismo químico, 17

interações longitudinais, 169

investigação do subsolo, 54

J

junta lubrificada, 226

juntas de borracha, 226

L

largura beneficiada, 200

limite

de Atterberg, 22

de consistência, 22

de contração, 22

de liquidez, 22

de plasticidade, 22

M

manuseio dos tubos, 212

método

AISI para dutos de aço, 147

alemão, 108

de Allgood e Takahashi, 141

de Burns e Richard, 128

de Coulomb, 48

de Meyerhof e Fisher, 140

de Rankine, 48

de Southwell, 152

módulo de reação do solo, 119

P

pedregulho, 19, 24

permeabilidade, 26

peso específico, 32

dos grãos, 18

natural, 18

seco máximo, 32

piezocone, 63

piezométrica, 27

pipe jacking, 12

planejamento da construção, 210

plastificação da parede, 113

ponta e bolsa, 212

pré-adensamento, 40

preenchimento de valas com concreto, 163

pressão neutra, 29

prisma interno, 11

prismas externos, 11

programa de investigação do subsolo, 54

R

razão de atrito, 64

razão de pressão neutra, 64

razão de saliência, 11
recalque, 36
   imediato, 36
      por compressão primária, 36, 37
      por compressão secundária ou
         fluência, 36
resistência ao cisalhamento, 41
rigidez estrutural, 13
rigidez relativa, 13, 14
ruptura por deflexão excessiva, 114

S
saliência, 10, 11
saprólito, 18
silte, 19, 24
solo, 17
   arenoso, 25
   argiloso, 26
   de alteração, 18
   de cobertura, 16

fino, 25
grosso, 20, 25
residual, 17
residual jovem, 18
sedimentar, 17
uniforme, 21
sondagem a trado, 55
sondagem de simples reconhecimento, 55

T
tensão
   de pré-adensamento, 39
   efetiva, 29
   intergranular, 29
   vertical total, 29
teor de umidade, 18
teor de umidade ótimo, 32
trecho de compressão virgem, 39